やさしく
学ぶ

測量士補試験

合格テキスト

近藤大地［編著］

改訂
3版

Ohmsha

本書を発行するにあたって、内容に誤りのないようできる限りの注意を払いましたが、本書の内容を適用した結果生じたこと、また、適用できなかった結果について、著者、出版社とも一切の責任を負いませんのでご了承ください。

はじめに

　測量士補試験は，測量法及び測量法施行令に基づいて行われる国家資格で，合格すれば公共測量業務で必要な測量士補の資格が取得できます。また，土地家屋調査士の午後試験に出題される「測量・作図」試験が免除になるメリットもあります。試験は年一回実施（例年5月中旬）され，受験資格がありませんので，だれでも受験することができます。合格ラインは28問中18問以上の正答とされ，例年の合格率は20～30％となっています。

　本書は，はじめて測量士補試験にチャレンジする方でも学びやすいよう，「ポイントを絞った丁寧な解説書」をコンセプトとして，第1版を2016年に，第2版を2020年に発行し，多くの方々から好評いただきました。今回の改訂では，このコンセプトを引き継ぎつつ，最近の測量士補試験の動向や2023年3月の「国土交通省　公共測量作業規程の準則（以下，準則)」の改正を踏まえ，一部項目内容について整理・加筆しました。

　最近の動向として，国土交通省では，ICT（情報通信技術）を建設現場に導入して，生産性の向上性をめざす取り組みである「i-Construction」を推進しています。その流れを受けて，近年の準則改正ではドローン（以下，UAV）測量やレーザ測量などの新しい技術が次々と準則に追加されています。これにより，測量士補試験でもこれら新しい技術に関する出題が増えてきています。また，2022年5月に航空法が新たに改正され，UAVの機体認証と操縦ライセンスの制度が設けられ，レベル4飛行（有人地帯における目視外飛行）が可能になったことも，今後のUAV測量において大きな動きといえます。これら新しい技術に関しては過去の出題例が少ないため，試験対策をとるのが困難です。そこで参考になるのが測量士試験の午前（択一式）問題です。国土地理院が示す測量士補試験の問題作成方針でも「測量士試験に出題されている範囲の中で，特に基礎となる知識を問うもの」とありますので，新しい分野については測量士試験で定着してきたものが測量士補試験で出題される傾向にあります。そのため，新しく準則に取り入れられた技術については測量士試験の問題を分析し，ポイントとなりそうな箇所をまとめています。

　新しい技術の問題が増え，難易度が上がっているようにも思えますが，試験問題全体としてはバランスをとって作成されていますので，これまで繰り返し出題

してきた問題については比較的解きやすくなっている傾向にあります。28問中18問以上の正答で合格ラインに達することができますので、新しい技術の問題に動揺することなく、落ち着いて解くことを心がけてください。

　本書の構成は、これまでと同様に、各テーマ「解説」+「練習問題」の2部構成になっており、「解説」はできるだけ図や吹き出しを設け、ポイントが視覚的にわかりやすいようにしています。また、「練習問題」では、正解までの手順を丁寧に解説し、随所で重要ポイントやつまずきやすいポイントも併せて掲載しています。特に計算問題では、1章「測量計算の基礎」において、電卓を用いることができない測量士補試験に役立つ計算の工夫の仕方や、三角関数や単位換算などの基礎知識についてまとめています。また、各項目の式展開の中でも随時参照できるようにしています。

　本書では出題頻度に合わせ、その重要度を★印で表しています。★★★は最重要項目として、出題頻度が高い分野であり、この項目は必ず覚えるように努力してください。★★は重要項目として、数年おきに出題されている分野になりますので、合格ライン到達のためにはここまでしっかり仕上げるようにしてください。★は最近の出題数が少なくなったものです。NEW の記載があるものは、近年の準則改正で新たに追加された技術であり、過去の問題は少ないですが、今後の出題が予想されるものになります。

　解説をなるべく丁寧にするため、例題や問題数は各テーマ2～4問と厳選していますが、解答の解説後に出題パターンやその傾向等を示していますので、参考にしてください。本書を有効に活用され、多くの皆様が「測量士補試験」に合格されることを祈っております。最後まであきらめずにがんばってください。

2023年11月

近　藤　大　地

目　次

1章◆測量計算の基礎

2章◆測量に関する法規

3章◆GNSS を含む基準点測量

4 章◆水準測量

5 章◆地形測量

6 章 ◆ 写真測量及びレーザ測量

7 章 ◆ GIS を含む地図編集

8 章◆応用測量

1章

測量計算の基礎

出題頻度とそのテーマ

★★★ 測量計算における基本事項／計算の工夫／単位換算／相似比計算／三角関数の応用／測量士補試験の基礎計算問題

合格のワンポイントアドバイス

　最近の計算問題の傾向として，三角関数や弧度法の単位換算などの基本知識を問うパターンの問題が増えつつあります。

　そこで，本章は測量士補試験の計算にかかわる基礎知識のほか，単位換算や三角関数などの基礎部分を詳しく丁寧に解説しています。また，電卓を用いることのできない測量士補試験における計算の工夫についてもまとめています。

1.1 ▶ 測量計算における基本事項

 測量士補試験の計算問題を解くためには，角度や距離，単位や三角関数などの知識が必要になります。初めて，又は改めて勉強をするという方は，ぜひこの知識を入れて勉強を進めてください。

1.1.1　距離と角度の単位

(1) 距離

　測量において，距離は一般的に m（メートル）単位で表し，mm（ミリメートル）まで求めることになります。したがって，数値としては小数第3位まで表記します。

例）1 2 . 3 4 5 m

小数第2位で
cm（センチメートル）

小数第3位で
mm（ミリメートル）

1 mm = 0.001 m
1 cm = 0.01 m

補足

測量士補試験では，1 m を 1.000 m のように小数点以下が 0 でも表記していることがあります。これは，小数第3位のミリメートル単位まで計測した結果，1.000 m ちょうどになったことを意味しています。もちろん計算上は 1 で構いません。

(2) 角度（デグリー単位）

　一般的に角度は円を360等分した度〔°〕という単位で示されます。測量では1度〔°〕を60等分した分〔′〕，1分を60等分した秒〔″〕まで求めます。この度分秒で表す角度の単位を**デグリー単位（度数法）**と呼びます。

　※度分秒の単位換算については 1.3 節で解説します

$$1° = 60′ \quad 1′ = 60″$$
$$1° = 3600″ \quad (60′ \times 60″)$$

① デグリー単位の表し方

12° 34′ 56″（12度34分56秒と呼ぶ）

② デグリー単位の計算

例）31° 45′ 50″ + 20° 04′ 30″

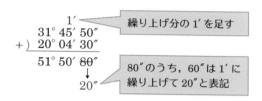

$$
\begin{array}{r}
1' \\
31°\ 45'\ 50'' \\
+)\ 20°\ 04'\ 30'' \\
\hline
51°\ 50'\ \cancel{80''} \\
\downarrow \\
20''
\end{array}
$$

繰り上げ分の 1′ を足す

80″のうち，60″は 1′ に
繰り上げて 20″ と表記

例）20° 36′ 10″ − 330° 14′ 45″

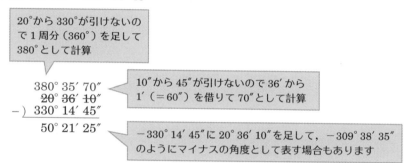

20°から 330°が引けないので 1 周分（360°）を足して 380°として計算

$$
\begin{array}{r}
380°\ 35'\ 70'' \\
\cancel{20°}\ \cancel{36'}\ \cancel{10''} \\
-)\ 330°\ 14'\ 45'' \\
\hline
50°\ 21'\ 25''
\end{array}
$$

10″から 45″が引けないので 36′ から 1′（＝60″）を借りて 70″として計算

−330° 14′ 45″に 20° 36′ 10″を足して，−309° 38′ 35″のようにマイナスの角度として表す場合もあります

(3) 角度（ラジアン単位）

角度にはラジアン（弧度法，記号：rad）と呼ばれる単位があります。ラジアンは弧の長さと円の半径の比で表される角度のことであり，図 1.1 のように，弧の長さと円の半径が同じとき 1 rad となります。この関係から，角度に半径をかけて弧の長さを求めることができます。

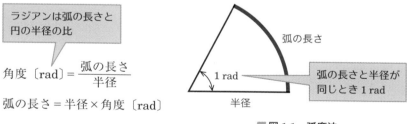

ラジアンは弧の長さと円の半径の比

$$
角度〔rad〕= \frac{弧の長さ}{半径}
$$

弧の長さ ＝ 半径 × 角度〔rad〕

弧の長さと半径が同じとき 1 rad

■図 1.1　弧度法

図1.2のように，デグリー単位（度数法）とラジアン単位（弧度法）の関係は，円周の長さを求める式から単位換算ができます。

半径rのときの円周の長さは$2\pi r$で表され，そのときの角度（デグリー単位）は360°です。円周の長さは弧の長さでもあるので，半径を1としたとき円周の長さは2πとなります。つまり，360°のとき2π〔rad〕という関係式が成り立ちます。

$$360^\circ = 2\pi \text{〔rad〕}$$

上記の式を変形すると，以下のような関係となります。

＜1°のときの角度〔rad〕＞

$$1^\circ = \frac{\pi}{180} \text{〔rad〕}$$

＜1 radのときの角度〔°〕＞

$$1\ \text{rad} = \frac{180^\circ}{\pi}$$

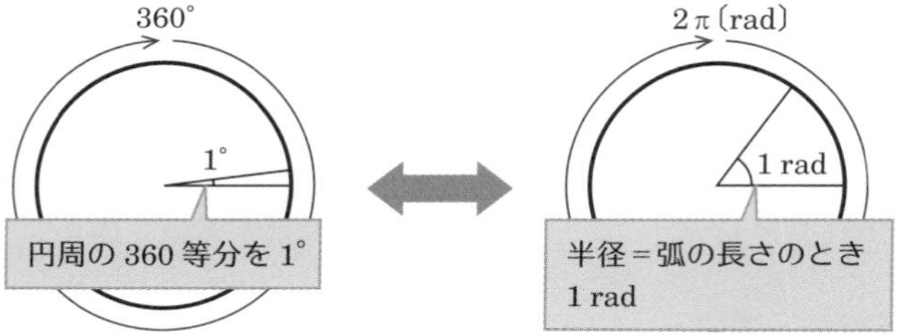

（a）デグリー単位（度数法）　（b）ラジアン単位（弧度法）

■図1.2　デグリー単位とラジアン単位の関係

測量計算ではこのラジアン単位をたびたび用いることになるので，デグリー単位との関係を理解しておきましょう。

※デグリー単位とラジアン単位の換算については1.3節で解説します

1.1.2　円周率π

円周率π（パイ）は円の直径を1としたときの円周の長さ，すなわち，円周の長さは直径の長さの何倍かを表すものです。したがって，円周の長さと直径の関係は以下の式で表されます。

$$円周率\ \pi = \frac{円周の長さ}{直径}$$

円周の長さ＝円周率 π ×直径

　一般に円周率 π ＝3.14 で計算されるように，円周の長さは直径のおおよそ 3 倍ということがわかります。円周率 π の値は 3.14159265… というように終わることのない数（無理数といいます）ですが，測量士補試験では「π ＝3.142 とする」のように問題に与えられています。

図 1.3

1.1.3　記号（ギリシャ文字）

　円周率の π や α，β などのギリシャ文字は，図や公式の記号としてよく用いられます。代表的な文字の読み方は覚えておきましょう。

表 1.1　測量士補で用いられるギリシャ文字（備考は主な用いられ方）

文字	読み方	備考	文字	読み方	備考
α	アルファ	一般に角度を表す	μ	ミュー	単位の接頭語ではマイクロと呼ぶ
β	ベータ		ρ	ロー	ラジアン単位の ρ'' として用いられる
θ	シータ		π	パイ	円周率
ϕ	ファイ		Σ	シグマ	合計を表す
γ	ガンマ		Δ	デルタ	δ の大文字で微小値や補正量を表す
δ	デルタ				

　ギリシャ文字はアルファベットと呼ばれる A，B，C などのラテン文字などの元になった文字でもあります。ちなみに，アルファベットの語源もアルファとベータからきています。

1.1.4 単位と接頭語

　単位とはものの量を数値で表すための基準（1のときの量）となるものです。例えばm（メートル）は1mの長さの基準が決められており，2mは1mの2倍の長さ，3mは3倍の長さを表しています。このmを**基本単位**と呼びます。

　km（キロメートル）やmm（ミリメートル）のk（キロ）やm（ミリ）は**接頭語**と呼ばれるもので，その基本単位の何倍かを表しています。例えば，キロは1000倍，ミリは1000分の1倍となります。測量士補試験では，μ（マイクロ）という接頭語も頻繁に出てくるので，覚えておきましょう。

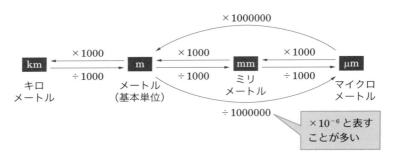

　この他，面積を表すm²（平方メートル）や体積を表すm³（立方メートル），速度を表すm/s（メートル毎秒）などは**組立単位**と呼ばれます。組立単位からはその計算式がわかりますので，接頭語とともに覚えておきましょう。

- ・m²（平方メートル）　→ m を2乗（m×m）
- ・m³（立方メートル）　→ m を3乗（m×m×m）
- ・m/s（メートル毎秒）→ m を s（秒）で割る（m÷s）

■表1.2　主な接頭語

倍数	名称	記号
10^{12}	テラ	T
10^{9}	ギガ	G
10^{6}	メガ	M
10^{3}	キロ	k
10^{2}	ヘクト	h
10^{1}	デカ	da
基本単位		
10^{-1}	デシ	d
10^{-2}	センチ	c
10^{-3}	ミリ	m
10^{-6}	マイクロ	μ
10^{-9}	ナノ	n
10^{-12}	ピコ	p

1.1.5 三平方の定理（ピタゴラスの定理）

三平方の定理は，直角三角形の高さの2乗と底辺の2乗の和が，斜辺の2乗に等しいという定理です。ピタゴラスの定理とも呼ばれ，直角三角形の3辺の長さの関係を表す公式です（**図1.4**）。

三次元空間の2点間距離（斜距離）についても三平方の定理を拡張した式で求めることができます。**図1.5**のように，X, Y, Zを座標軸として，各座標成分を(x, y, z)としたときの斜距離Lを求める式は，次のようになります。

$$L = \sqrt{x^2 + y^2 + z^2}$$

測量では三次元座標を扱うこともあり，この斜距離を求める問題も出題されています。

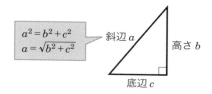

$a^2 = b^2 + c^2$
$a = \sqrt{b^2 + c^2}$
斜辺 a
高さ b
底辺 c

■**図1.4　三平方の定理**

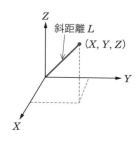

Z
斜距離 L
(X, Y, Z)
Y
X

■**図1.5　斜距離 L**

☞3.10節「緯距・経距と三次元座標」

1.1.6 三角比と三角関数

直角三角形は1辺と1つの鋭角の大きさが決まればもう1辺の長さを求めることができます。これは**三角比**と呼ばれるもので，$\sin$（正弦），$\cos$（余弦），$\tan$（正接）で表されます。三角比を示すときは，**図1.6**のように直角三角形の直角を右下に示して，左下の鋭角（ここではθとする）と各辺の関係で表します（**表1.3**）。

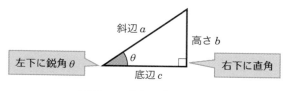

斜辺 a
高さ b
左下に鋭角 θ
θ
底辺 c
右下に直角

■**図1.6　鋭角と各辺の関係**

■ 表 1.3　三角比と求め方

sin	cos	tan
$\sin\theta=\dfrac{\text{高さ }b}{\text{斜辺 }a}$ 高さ $b=$ 斜辺 $a\times\sin\theta$	$\cos\theta=\dfrac{\text{底辺 }c}{\text{斜辺 }a}$ 底辺 $c=$ 斜辺 $a\times\cos\theta$	$\tan\theta=\dfrac{\text{高さ }b}{\text{底辺 }c}$ 高さ $b=$ 底辺 $c\times\tan\theta$
※ sin は斜辺 a と θ より高さ b を求めることができる。	※ cos は斜辺 a と θ より底辺 c を求めることができる。	※ tan は底辺 c と θ より高さ b を求めることができる。

　三角比の関係式はそれぞれの頭文字から**図 1.7** のように覚える方法があります。また，三角比の角 θ はあらゆる角度においても成り立つことから，sin，cos，tan のことを**三角関数**とも呼びます。

　三角比の中でも，**表 1.4** に示す次の 3 つパターンについては，その比を覚えておくと計算の時にとても役立ちます。

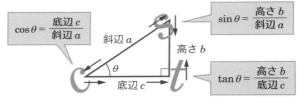

■ 図 1.7　三角比の覚え方

■ 表 1.4　よく出る三角比の値

$\theta=30°$	$\theta=60°$	$\theta=45°$
$\sin 30°=\dfrac{1}{2}\quad \cos 30°=\dfrac{\sqrt{3}}{2}$ $\tan 30°=\dfrac{1}{\sqrt{3}}$	$\sin 60°=\dfrac{\sqrt{3}}{2}\quad \cos 60°=\dfrac{1}{2}$ $\tan 60°=\dfrac{\sqrt{3}}{1}=\sqrt{3}$	$\sin 45°=\dfrac{1}{\sqrt{2}}\quad \cos 45°=\dfrac{1}{\sqrt{2}}$ $\tan 45°=\dfrac{1}{1}=1$

※ 30°と 60°は θ におく角度を入れ替えただけで，直角三角形の形状は同じです。

三角比や三角関数は測量のために考え出されたものと言われています。そのため，測量士補試験では必須の知識であり，その応用問題も多数出題されています。

例題 ☑ ☑ ☑

新点Bの標高を求めるため，図のとおり，既知点Aから新点Bに対して斜距離及び高低角の観測を行った。新点Bの標高はいくらか。ただし，$\sqrt{3} = 1.732$ とする。なお，各種の補正は考えないものとする。

斜距離 900.00 m

目標高
1.80 m

B

高低角 30°

器械高
1.50 m

新点Bの
標高

A

既知点Aの標高
330.00 m

解説 点Aの器械高から点Bの目標高の高低差を X とすると，斜距離と高低角の sin を用いて求まるので

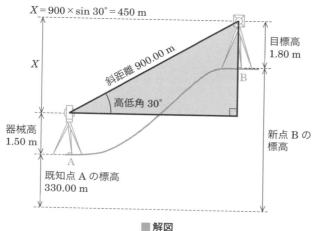

$X = 900 \times \sin 30° = 450$ m

X

斜距離 900.00 m

目標高
1.80 m

B

高低角 30°

器械高
1.50 m

新点Bの
標高

A

既知点Aの標高
330.00 m

■ 解図

$$X = 900 \times \sin 30° = 900 \times \frac{1}{2} = 450.000 \text{ m}$$

測点 B の標高は

　　測点 B の標高＝測点 A の標高＋器械高＋X－目標高

　　　　　　　　＝ 330 + 1.5 + 450 − 1.8

　　　　　　　　＝ 779.70 m

【解答】新点 B の標高 779.70 m

☞ 3.11 節「斜距離と高低角による標高計算（間接水準測量）」

1.1.7　関数表の使い方

sin，cos，tan や√（平方根：ルート）を用いた計算をする場合，問題用紙の巻末についている関数表を用いて解くことになります。そのため，関数表の使い方を理解しておいてください。

本書でも巻末に関数表を掲載しています。

＜cos 50°の場合＞　　　　　　　　　　　＜√55 の場合＞

　　cos 50° = 0.64279　　　　　　　　　　　√55 = 7.41620

■表 1.5　三角関数

度	sin	cos	tan
46	0.71934	0.69466	1.03553
47	0.73135	0.68200	1.07237
48	0.74314	0.66913	1.11061
49	0.75471	0.65606	1.15037
50	0.76604	0.64279	1.19175
51	0.77715	0.62932	1.23490
52	0.78801	0.61566	1.27994

■表 1.6　平方根

	√		√
1	1.00000	51	7.14143
2	1.41421	52	7.21110
3	1.73205	53	7.28011
4	2.00000	54	7.34847
5	2.23607	55	7.41620
6	2.44949	56	7.48331
7	2.64575	57	7.54983

補足 📖 90°を超える三角関数

関数表は $0°\sim90°$ の値しか示されていません。そのため，$90°$ を超える値については次のように計算して，$90°$ 以内の値として考えます。

■ 表 1.7

$\alpha = 0°\sim90°$	$\alpha = 90°\sim180°$
$\theta = \theta$	$\theta = 180° - \alpha$
$\alpha = 180°\sim270°$	$\alpha = 270°\sim360°$
$\theta = \alpha - 180°$	$\theta = 360° - \alpha$

測量で $90°$ 以上の角度を扱うのは，その多くが座標における方向角（北方向から右回りの角度）を示すものです。$90°$ を超える角度は北から又は南からの角度として考えます。

例題　☑☑☑

　平面直角座標系上※1において，点 P は，点 A からの方向角※2 が 310°0′0″，平面距離が 1000.00 m の位置にある。点 A の座標値を $X = -500.00$ m，$Y = +1000.00$ m とする場合，点 P の X 座標及び Y 座標の値はいくらか。なお，関数の数値が必要な場合は，巻末の関数表を使用すること。

> ※1　平面直角座標系は測量で用いられる座標の一つで，縦軸が X，横軸が Y となっているので注意しましょう。
> 　　　☞3.8 節「基準点成果表」
> ※2　方向角は北（X）方向から右回りの角度
> 　　　☞3.9 節「方向角の計算」

 解説

問題を図に表すと**解図 1** のようになります。

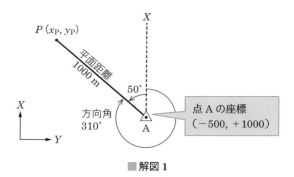

■**解図 1**

　点 A の座標値がわかっているので，点 A から点 P への移動量がわかれば，点 P の座標値を求めることができます。そして，その移動量は三角関数を用いて求めます。

　ここで，方向角が 310°（0′0″は省略）となっていることから，90°以内の角度で表すと，270°〜360°の範囲にあるので，360°−310°＝50°で計算することになります。

　解図 1 から直角三角形を取り出し，**解図 2** のように，平面距離を斜辺，$\theta = 50°$ として，sin と cos を使って，移動量を求めます。

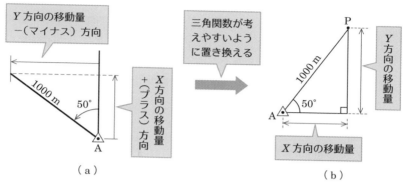

■解図 2

X 方向の移動量 $= 1000 \text{ m} \times \cos 50° = 1000 \times 0.64279 = 642.79 \text{ m}$

Y 方向の移動量 $= 1000 \text{ m} \times \sin 50° = 1000 \times 0.76604 = 766.04 \text{ m}$

※ $\cos 50°$ と $\sin 50°$ については関数表より導き出してください。

　算出した移動量を用いて，点 A から点 P の座標値を求めますが，その際，移動の方向（＋，－）に注意するようにしましょう。

　解図 2（a）より，X 座標の移動は＋，Y 座標の移動は－となります。

　したがって，点 P の座標値 (x_P, y_P) は

$x_P = -500 \text{ m} + 642.79 \text{ m} = +142.79 \text{ m}$

$y_P = +1000 \text{ m} - 766.04 \text{ m} = +233.96 \text{ m}$

【解答】点 P の座標値（＋142.79 m, ＋233.96 m）

☞ 3.10 節「緯距・経距と三次元座標」

1.2 ▶計算の工夫

測量士補試験では電卓は使用できませんので，計算問題を手計算で解く必要があります。計算の工夫の仕方を知っておくと，効率よく，計算間違いも減らすことができます。ここでは，いくつか役立つ方法を紹介します。

1.2.1　小数点の掛け算と割り算

　小数点が入る問題で役立つ方法が，計算前に小数点の位置を移動させてしまうことです。計算前に小数点を移動させると計算式がシンプルになることも多く，計算間違いを減らすことにもつながります。

(1) 小数点の掛け算

　「掛け算では小数点が左右逆方向に同じ数だけ移動する」

　例）15000×0.004

　この計算では，0.004 の小数点をなくすことを考えます。そこで0.004 の小数点を右に3つ移動させて4とします。一方の15000 は逆方向（左）に3つ移動させるので15 となります。すると，15×4 とシンプルな計算になります。

(2) 小数点の割り算

　「割り算では小数点が左右同じ方向に同じ数だけ移動する」

　例）$\dfrac{0.063}{0.007}$

　割り算の場合は小数点が同じ方向に動くので，分母分子の小数点を右に3つ移動させると小数点をなくして，$\dfrac{63}{7}$ の計算にすることができます。

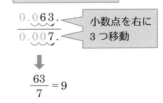

掛け算では小数点が左右逆方向に同じ数だけ移動する

$15.000. \times 0.004.$

小数点を左に3つ移動　　小数点を右に3つ移動

$15 \times 4 = 60$

割り算では小数点が左右同じ方向に同じ数だけ移動する

$0.063.$
―――――
$0.007.$

小数点を右に3つ移動

$\dfrac{63}{7} = 9$

Point

計算式によっては両方の小数点が消えない場合もありますが，一方の小数点をなくすだけでも，計算式はシンプルになります。

補足 📖 なぜ，掛け算や割り算で小数点の移動が可能になるのか

＜掛け算で小数点が左右逆方向に同じ数だけ移動する理由＞
15000×0.004 の掛け算の式で小数点が逆方向に動いた理由は，一方の数に 1000 を掛けたので，もう一方の数を 1000 で割ったということです。計算式の一方に掛けたり割ったりした場合，もう一方にはそれとは逆のことを同じ量だけすれば計算結果は変わりません。
＜割り算で小数点が左右同じ方向に同じ数だけ移動する理由＞
割り算において，割る数と割られる数（つまり分母と分子）に同じ数を掛けても割っても答えは同じになることから，分母を 1000 倍すれば分子も 1000 倍，分母を 1000 で割れば分子も 1000 で割るということになり，分母分子で小数点が同じ方向に動くことになります。

1.2.2 指数を含んだ計算

数や文字の右肩に付記して，その累乗を示す数字や文字のことを**指数**といいます。10^2 や a^n などの 2 や n を指します。測量計算では有効数字を示す際に 10 のべき乗の指数表記がよく用いられます。10 のべき乗の場合，指数の数を小数点の移動量と考えることもできます。

$$2.65 \times 10^3 = 2650$$

2.650.
3乗なので，小数点を右に3つ移動

$$1.21 \times 10^{-6} = 0.00000121$$

0.000001.21
−6乗なので，小数点を左に6つ移動

計算式に有効数字の指数値（10^n）を含む場合，指数部分を後から計算する方法もあります。

例題 ✓ ✓ ✓

$\{(+4 \times 10^{-6}) + (25 - 20) \times (1.2 \times 10^{-6})\} \times (-70.3253)$ を計算しなさい。

解説 指数部分を残しながら計算を進めます。

$$\{+4 \times 10^{-6} + (25 - 20) \times 1.2 \times 10^{-6}\} \times (-70.3253)$$
$$= (+4 \times 10^{-6} + 5 \times 1.2 \times 10^{-6}) \times (-70.3253)$$
$$= (+4 \times 10^{-6} + 6 \times 10^{-6}) \times (-70.3253)$$
$$= (10 \times 10^{-6}) \times (-70.3253)$$
$$= -703.253 \times 10^{-6}$$
$$= -0.000703253$$

−6乗なので，小数点を左に6つ移動

これは標尺補正量の式です。一見難しく感じる計算も，解き方次第でより簡単に求めることができます。

☞ 4.6 節「標尺補正の計算」

1.2.3 基準値を用いた計算

測量で平均値や最確値*を求める場合，ミリ単位や秒単位といった誤差の範囲で数値を扱うことから，ある数値付近で計算することが多くなります。その際，共通する部分を基準として，端数部分のみで計算する方法があります。例題を解きながら考えてみましょう。

補足 📖

最確値とは真値に最も近い値で，測定値から求めます。　　　☞ 3.6 節「最確値・標準偏差」

例題 ✓ ✓ ✓

距離測量を行い，次の結果を得た。5 回の測定値の平均値はいくらか。

① 32.415 m　② 32.405 m　③ 32.410 m　④ 32.397 m　⑤ 32.408 m

解説

平均値なので，5 つの測定値を合計して，5 で割れば求めることができますが，測定値を見ると，32.400 m 付近の値であることがわかります。

そこで，**解表**のように，基準値を 32.400 m として，各測定値の端数を取り出します。この時，端数は小数点がつくと計算がしづらいので，mm 単位にして整数値で計算します。

端数のみで平均値を求めると

$$\frac{+15+5+10-3+8}{5}=\frac{35}{5}=7$$

ここで求めた 7 は mm 単位となるので，基準値とした 32.400m の小数第 3 位部分に加えた **32.407 m** となります。

■ 解表

基準値〔m〕	測定値〔m〕	端数〔mm〕
32.400	① 32.415	＋15
	② 32.405	＋5
	③ 32.410	＋10
	④ 32.397	−3
	⑤ 32.408	＋8

┌ 7 を加える
32.40⓪m ⟹ 32.407 m

【解答】 32.407 m

1.2.4 数の表し方（小数点と分数）

　計算問題を解く際に，小数点と分数の表記方法を変えることで計算問題が解きやすくなる場合があります。例えば，0.1 は 1 を 10 で割った値，0.01 は 1 を 100 で割った値であり，以下のような関係になります。

$$0.1 = \frac{1}{10} \qquad 0.01 = \frac{1}{100}$$

　これはどんな数値にも当てはまるので，以下のように小数点表記を分数表記に変えることが可能です。

$$4.9 = \frac{49}{10} \qquad 0.5 = \frac{5}{10} = \frac{50}{100} \qquad 0.036 = \frac{36}{1000}$$

　分数と小数点の表記が混ざった式では，以下のように計算すると，計算が比較的簡単になります。

$$\frac{1}{25} \times 0.5 = \frac{1}{\cancel{25}_{1}} \times \frac{\cancel{50}^{2}}{100} = \frac{2}{100} = 0.02$$

分数に変換

1.2.5 √（ルート：平方根）の外し方

　「2 乗すると x になる数」のことを「x の平方根（へいほうこん）」といい，$\sqrt{x}$（ルート x）と書きます。例えば，2 を 2 乗すると 4 となるので，2 は 4 の平方根です。これを式で表すと

$$\sqrt{4} = \sqrt{2^2} = 2$$

となります。また，その他の主な関係式は

$$\sqrt{9} = \sqrt{3^2} = 3 \qquad \sqrt{16} = \sqrt{4^2} = 4 \qquad \sqrt{25} = \sqrt{5^2} = 5 \qquad \sqrt{100} = \sqrt{10^2} = 10$$

となります。以上のことからわかるように，$\sqrt{\ }$ の中がある数の 2 乗値であれば簡単に $\sqrt{\ }$ を外すことができます。また他の $\sqrt{\ }$ の値でも 0 ～ 100 までの整数値であれば，巻末の関数表を用いて $\sqrt{\ }$ を外した値を導き出すことができます。ただし，$\sqrt{\ }$ の中が小数点や 100 以上の整数値などの場合，$\sqrt{\ }$ の外し方は少し工夫が必要になります。

＜小数点表記を分数表記にして $\sqrt{\ }$ を外す方法＞

⇒ 分数表記をした際に，$\sqrt{\ }$ の中の数値がある数の 2 乗または 0 ～ 100 までの整数値にできる場合に活用できます。

例）$\sqrt{0.36}$

$$\sqrt{0.36} = \sqrt{\frac{36}{100}} = \frac{\sqrt{36}}{\sqrt{100}} = \frac{\sqrt{6^2}}{\sqrt{10^2}} = \frac{6}{10} = 0.6$$

☞ 4.4 節「往復観測の許容誤差」

＜分解して $\sqrt{\ }$ を外す方法＞

⇒ $\sqrt{\ }$ の中の数値が 10 や 100 の 2 乗と 0 ～ 100 までの整数値に分けられる場合に活用できます。

関数表から $\sqrt{78} = 8.83176$

例）$\sqrt{780000}$

$$\sqrt{780000} = \sqrt{78} \times \sqrt{10000} = \sqrt{78} \times \sqrt{100^2} = \sqrt{78} \times 100 = 8.83176 \times 100$$
$$= 883.176$$

☞ 3.10 節「緯距・経距と三次元座標」

＜関数表から予測して近似する方法＞

⇒上記の方法で外せない場合，測量士補試験は多肢択一式の出題形式なので，近似値を求めて答えを導く方法もあります。

例）$\sqrt{8.53}$

関数表より，$\sqrt{8.53}$ 前後の値を確認すると，$\sqrt{8} = 2.82843$，$\sqrt{9} = 3.00000$ なので，$\sqrt{8.53}$ は，2.82843 から 3 の間の値であることがわかります。よって，選択肢の中からこの範囲にあるものを選べばよいことになります。

1.2.6 式の変形

式の変形は，覚えた公式をさまざまな形で活用するために必要なことです。等

1章

式の関係を知っておくと式の変形は簡単に行うことができます。

(1) 移項

一方の辺からもう一方の辺へ項を移す場合は符号を変えます。

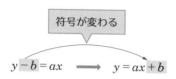

符号が変わる

$$y - b = ax \longrightarrow y = ax + b$$

> **補足** 📖
> この移項は左辺の $-b$ を消すために，両辺に b を足していることになります。

(2) 分数式の変形

等式はそのつり合いから，両辺に同じこと（＋，－，×，÷）をしても関係は変わりません。分数式の変形はそのつり合いの関係を用いて，両辺に逆数をかけることで求めていきます。

例）$\dfrac{y}{x} = \dfrac{a}{b}$ を b について変形しなさい。

両辺に b をかける　　両辺に $\dfrac{x}{y}$ をかける　　b について求める式に変形

$$\frac{y}{x} = \frac{a}{b} \longrightarrow \frac{y \times b}{x} = \frac{a \times b}{b} \longrightarrow \frac{yb}{x} \times \frac{x}{y} = \frac{a}{1} \times \frac{x}{y} \longrightarrow b = \frac{ax}{y}$$

分数式は上記のように，逆数をかけて式を変形していくので，変数 a, b, x, y をそれぞれ一つのブロックとして考えると，もう少し簡単に行うことができます。

$$\frac{y}{x} = \frac{a}{b}$$

変数を一方の辺からもう一方の辺へ移す際，**分母は分子**に，**分子は分母**に入れ替えます。

上記の式を b について解くと，以下のように入れ替えて変形します。

$$\frac{y}{x} = \frac{a}{b} \longrightarrow \frac{b}{x} \;{=}\; \frac{a \; x}{y} \longrightarrow b = \frac{a \; x}{y}$$

> 変数を移す際は，「分母は分子」に，「分子は分母」に入れ替え，求めたい変数のみを一方の辺に残すようにします

＜測量士補試験の数式の変形例＞

・$\dfrac{f}{H} = \dfrac{1}{m}$ ［H について解く］

$$\dfrac{f}{H} = \dfrac{1}{m}$$

$$m \quad f \quad = \quad 1 \quad H$$
$$\underline{H} \qquad\quad \underline{m}$$

$$H = mf$$

H について求める式に変形

・$\cos\theta = \dfrac{y}{x}$ ［y について解く］

$$\cos\theta = \dfrac{y}{x}$$

$$x \quad \cos\theta \quad = \quad \dfrac{y}{x}$$

$$y = x\cos\theta$$

y について求める式に変形

☞ 3.10 節「緯距・経距と三次元座標」
☞ 6.4 節「地上画素寸法と撮影高度」

1.2.7　近似値計算

　本当の値に近い値のことを近似値（きんじち）といいます。四捨五入した数値や円周率を 3.14 で表すことも近似値です。測量士補試験は多肢択一式の出題形式なので，近似値から答えを導く方法も有効です。

例題

568 133.24 ÷ 45 000 はいくらか。

  1　9.26　　2　10.63　　3　11.26　　4　12.63　　5　13.26

解説

割り算なので，まずは小数点を左に 3 つ移動させます。⇒ 568.13324 ÷ 45
これでもまだ桁数が多いので，568.13324 を 568 で近似させます。

     $568 \div 45 = 12.62\cdots$

     ※通常の計算結果は，$568133.24 \div 45000 = 12.62518311$

選択肢の中から 12.62 の値に近い答えは 12.63 なので，答えは 4 となります。

【解答】4

 補足

計算の途中で近似をすると，最終的な計算結果の誤差が大きくなる場合があるので，近似値で計算するのは計算の最後にして，少なくとも有効数字 3 桁はとるようにしましょう。選択肢に近い数値が 2 つ以上ある場合は，有効数字を 4 桁，5 桁と増やしてみてください。

1.3 ▶ 単 位 換 算

時速から秒速，ラジアン単位からデグリー単位など単位換算は多くの人が苦手と感じるところです。ただ，最近ではこうした単位換算そのものを問う問題も出題されていますので，基礎をしっかり身につけて，苦手意識を克服しておきましょう。

1.3.1　度分秒の単位換算

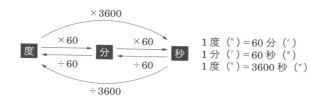

1 度（°）＝ 60 分（′）
1 分（′）＝ 60 秒（″）
1 度（°）＝ 3600 秒（″）

例題 ☑ ☑ ☑

36° 18′ 42″を秒〔″〕の単位に換算しなさい。

解説

　度分秒から秒に換算する場合は，度と分のそれぞれを秒に換算して，それらを合計することで求めます。

$$36° を秒に換算 \implies 36° \times 3600″ = 129600″$$
$$18′ を秒に換算 \implies 18′ \times 60″ = 1080″$$
$$42″はそのまま \implies = 42″$$

これら 3 つの値を合計して，$129600″ + 1080″ + 42″ = \mathbf{130722″}$

【解答】130722 秒

例題 ☑ ☑ ☑

35.58°を度分秒に換算しなさい。

解説

　度を度分秒に換算する場合は，整数部を残し，小数点以下を換算します。

$\boxed{35}.58°$

　　　└─→ 分に換算：$0.58° \times 60′ = 34.8′$

次に，分の小数点以下を秒に換算します。

$\boxed{34}.8'$

秒に換算：$0.8' \times 60'' = 48''$

度分秒で組み合わせると，**35° 34′ 48″**

【解答】35° 34′ 48″

例題 ☑ ☑ ☑

213″を分秒に換算しなさい。

秒単位を分秒に換算する場合は，与えられた数値を超えない 60 の倍数を見つけましょう。

213″を超えない 60 の倍数は $60 \times 3 = 180$ となります。この倍数を求める式の 3 が分の単位です。また，端数はそのまま秒単位となるので，$213'' - 180'' = 33''$ となります。したがって，答えは **3′ 33″** となります。

$$60 \times \boxed{3} = 180 \quad \Longrightarrow \quad 端数（213 - 180 = \boxed{33}）が秒単位$$

倍数を求める式の 3 が分（′）の単位

【解答】3′ 33″

1.3.2 ラジアン単位〔rad〕⇔デグリー単位（度分秒）換算

ラジアン〔rad〕とデグリー（度分秒）の関係は，半径を 1 としたときの円周の長さの式から考えます（⇨1.1.1 項（3）「角度（ラジアン単位）」）。

$$360° = 2\pi \text{ rad} \quad \longrightarrow \quad 180° = \pi \text{ rad}$$

ラジアン単位をデグリー単位に換算 | デグリー単位をラジアン単位に換算

$$1 \text{ rad} = \frac{180°}{\pi} \text{（度）}$$

$$（度）\quad 1° = \frac{\pi}{180} \text{ rad}$$

$$1 \text{ rad} = \frac{180 \times 60'}{\pi} \text{（分）}$$

$$（分）\quad 1' = \frac{\pi}{180 \times 60'} \text{ rad}$$

$$1 \text{ rad} = \frac{180 \times 3600''}{\pi} \text{（秒）}$$

$$（秒）\quad 1'' = \frac{\pi}{180 \times 3600''} \text{ rad}$$

Point

計算では **1 rad＝57.3°** を覚えると便利です。

1 rad は前述の式から，以下のように計算できます。

$$1\ \text{rad} = \frac{180°}{\pi} = 57.29577951\cdots \fallingdotseq 57.3°$$

つまり，rad を度に換算する場合は 57.3° をかける，度を rad に換算する場合は 57.3° で割って求めることができます。また分単位や秒単位から rad に換算する場合は，分の場合は $57.3 \times 60'$，秒の場合は $57.3 \times 3600''$ を用いることで計算できます。

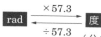

$$\begin{cases} \text{分の場合は } 57.3 \times 60' \\ \text{秒の場合は } 57.3 \times 3600'' \end{cases}$$

補足 📖

円周率 $\pi = 3.142$ としている場合，計算結果が若干異なることがありますが，測量士補試験では選択肢から近い値を選んでください。

補足 📖 $\rho'' = 2'' \times 10^5$ の解説

測量士補試験では，1 rad を秒単位に換算する際，$\rho = 2'' \times 10^5$ をかけることがあります（⤵ 3.7 節「偏心補正計算」）。これは，次の換算式を近似値として表したものです。

$$1\ \text{rad} = \frac{180 \times 3600''}{\pi} = 206264 \fallingdotseq 200000 = 2'' \times 10^5$$

測量士補試験では電卓を使用できないので，計算がしやすいような数値が与えられます。

例題 1 ☑☑☑

0.81 rad を度分に換算するといくらか。ただし，円周率 $\pi = 3.142$ とする。

  1 38° 24′   **2** 46° 24′   **3** 46° 40′   **4** 48° 40′   **5** 92° 49′

 解説

まずは，0.81 rad を度単位に換算します。

$$0.81 \times 57.3 = 46.413°$$

46.413° の小数点以下を分単位に換算します。

$$0.413 \times 60' = 24.78'$$

度分で表すと **46° 24.78′** となります。よって，もっとも近い選択肢は 2 となります。

【解答】2

例題 2 ☑☑☑

51° 12′ 20″ をラジアン単位に換算するといくらか。ただし，円周率 $\pi = 3.142$ とする。

  1 0.447   **2** 0.766   **3** 0.894   **4** 1.119   **5** 1.385

解説

まずは，51° 12′ 20″を秒単位に換算します。

$51° \times 3600″ = 183600″$

$12′ \times 60″ = 720″$

$20″ \quad \Rightarrow \quad = 20″$

$183600″ + 720″ + 20″ = 184340″$

換算した秒単位をラジアン単位に換算するので，秒単位に換算した値を 57.3 × 3600″で割ります。

$$\frac{184340}{57.3 \times 3600} = \frac{184340}{206280} = \frac{184}{206} = 0.893\cdots$$

> 桁数が多いので，小数点を移動して有効数字 3 桁で近似計算（☞ 1.2.1 項「小数点の掛け算と割り算」，☞ 1.2.7 項「近似値計算」）

よって，もっとも近い選択肢は 3 の **0.894** となります。

[解答] 3

1.3.3 時速〔km/h〕⇔秒速〔m/s〕

時速や秒速などの組立単位の換算を行う場合，単位そのものに着目します。

$1 \, \text{km} = 1000 \, \text{m}$

$1 \, \text{h}$（時間）$= 3600 \, \text{s}$（秒）

> $1 \, \text{h} = 60 \, \text{min}$（分）　$1 \, \text{min} = 60 \, \text{s}$（秒）より
> $1 \, \text{h} = 60 \times 60 = 3600 \, \text{s}$

時速の km/h は km を h（時間）で割ること（単位時間あたりの距離）を表しているので，$\dfrac{\text{km}}{\text{h}}$ となります。これをそれぞれ，m と s（秒）に換算すると

$$1 \, \text{km/h} = \frac{\text{km}}{\text{h}} = \frac{1000 \, \text{m}}{3600 \, \text{s}} = \frac{1}{3.6} \, \text{m/s}$$

つまり，時速を秒速に換算するときは時速を 3.6 で割るということになります。ちなみに，秒速を時速に換算する場合は秒速に 3.6 をかけるということになります。

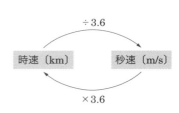

・**時速〔km/h〕を秒速〔m/s〕に換算** ⟹ **時速÷3.6＝秒速**

・**秒速〔m/s〕を時速〔km/h〕に換算** ⟹ **秒速×3.6＝時速**

☞ 6.6.4 項「撮影基線長とシャッター間隔」問題③

1.4 ▶ 相似比計算

比の計算は測量士補試験で出題される内容の一つになります。逆に言えば，比の計算を理解できれば，解ける計算問題も増えることになりますので，確実にマスターしましょう。

1.4.1　比と比の値

　斜面勾配 $1:2$ や縮尺 $1:25000$ のように，比は日常生活でも身近に用いられています。比は2つ以上の数字の割合も表しており，$1:2$ は $\dfrac{1}{2}$，$1:25000$ は $\dfrac{1}{25000}$ とも表記されます。これら分数での表記を**比の値**といいます。

比の記号に横棒をつけて
割り算にするイメージ

$1:2$ の辺の比 $\longrightarrow$ $1 \div 2 = \dfrac{1}{2}$ ◀ 比の値

1.4.2　相似図形と辺の比

　図 1.8 のように，形を変えずに拡大や縮小した図形を**相似図形**といいます。測量士補試験ではとくに三角形の相似図形における辺の比の関係から値を求める問題が出題されています。

＜三角形の相似条件＞
・2組の辺の比とその間の角が等しい（**例** AB：DE，AC：DF，○）
・2組の角がそれぞれ等しい（**例** ○と◎）
・3組の辺の比がそれぞれ等しい（**例** AB：DE，BC：EF，AC：DF）

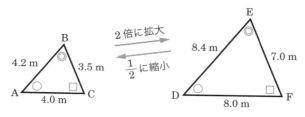

■図 1.8　相似図形

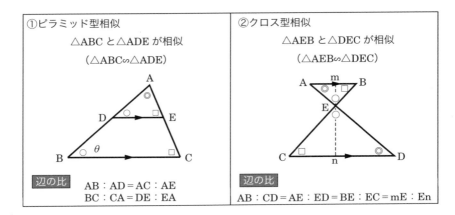

<＜測量士補試験でよく出る相似パターン＞>

①ピラミッド型相似

△ABC と △ADE が相似

（△ABC∽△ADE）

辺の比
AB : AD = AC : AE
BC : CA = DE : EA

②クロス型相似

△AEB と △DEC が相似

（△AEB∽△DEC）

辺の比
AB : CD = AE : ED = BE : EC = mE : En

1.4.3　比の計算

　等しいの比の性質として，「$A : B$ のとき，同じ数でかけても（割っても）比は等しい」という条件があります。この関係は比の値で表しても同じです。

　＜$A : B$ のとき，同じ数でかけても比は等しい＞

$$3 : 5 = 9 : 15 \quad \xrightarrow{比の値で表すと} \quad \frac{3}{5} = \frac{9}{15}$$

（×3）

　＜$A : B$ のとき，同じ数で割っても比は等しい＞

$$12 : 8 = 3 : 2 \quad \xrightarrow{比の値で表すと} \quad \frac{12}{8} = \frac{3}{2}$$

（÷4）

　比の計算をする場合，等しい比の性質から導く方法もありますが，もう一つの方法として，「内項の積と外項の積は等しい」という性質から式をたてる解き方もあります。

＜内項の積と外項の積は等しい＞

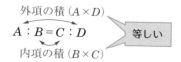

　測量士補試験では，主に5.2節「等高線とその計算」と6.4節「地上画素寸法と撮影高度」で比を用いて求める問題が出題されています。ともによく出題される問題ですので，例題を解き，それぞれの節でも問題を解くようにしましょう。

例題 ✓ ✓ ✓

　測量機を用いた縮尺 1/1000 の地形図作成において，傾斜が一定な斜面上の点A と点Bの標高を測定したところ，それぞれ 105.1 m, 96.6 m であった。また，点A, B間の水平距離は 80 m であった。このとき，点A，B間を結ぶ直線とこれを横断する標高 100 m の等高線との交点は，地形図上で点Aから何 cm の地点か。なお，関数の値が必要な場合は，巻末の関数表を使用すること。

　1　3.2 cm　　2　4.8 cm　　3　5.3 cm　　4　7.4 cm　　5　7.6 cm

地形図上での長さを問われていますが，先に実際の長さを求めて，後でその値を 1000 分の 1 にする（1000 で割る）ことにします。まずは，問題文を読みながら，図にすることが重要です（**解図1**）。

解説

　解図1をよく見ると，直角三角形ではありますが，**解図2**のようにピラミッド型の相似図形であることがわかります。

　この相似図形の辺の比から，比の計算により x の値を求めます。

　　　$5.1 : x = 8.5 : 80$

　内項の積と外項の積は等しいことから

　　　$8.5 \times x = 80 \times 5.1$

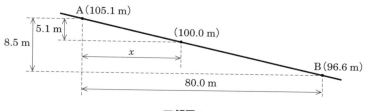

■解図1

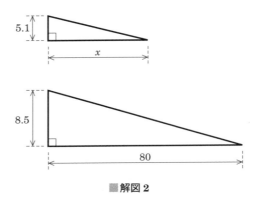

■解図 2

$$x = \frac{80 \times 5.1}{8.5} = 48 \text{ m}$$

地形図の縮尺 1/1000 上での長さなので

$$48 \times \frac{1}{1000} = 0.048 \text{ m} = \textbf{4.8 cm}$$

［解答］ 2

例題 ☑ ☑ ☑

　画面距離 10 cm，撮像面での素子寸法 5 μm のデジタル航空カメラを用いて鉛直空中写真を撮影した。撮影基準面での地上画素寸法を 20 cm とした場合，撮影高度はいくらか。ただし，撮影基準面の標高は 0 m とする。なお，関数の値が必要な場合は，巻末の関数表を使用すること。

　　1　3200 m　　2　3600 m　　3　4000 m　　4　4400 m　　5　4800 m

 解説　これは 6.4 節「地上画素寸法と撮影高度」からの出題となります。各種用語についてはそちらを確認してください。ここでは相似比と比の計算に着目して解説していきます。

　まずは，問題文を図に描くと，クロス型相似の形になります（解図）。

　単位は m に揃えておきます。

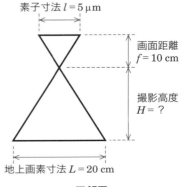

■解図

素子寸法 $l = 5\ \mu\mathrm{m} = 5 \times 10^{-6}\ \mathrm{m}$

画面距離 $f = 10\ \mathrm{cm} = 0.1\ \mathrm{m}$

地上画素寸法 $L = 20\ \mathrm{cm} = 0.2\ \mathrm{m}$

撮影高度を H として辺の比で表すと

$$l : L = f : H$$

比の値にすると

$$\frac{l}{L} = \frac{f}{H}$$

H を求める式に変形して，それぞれの数値を代入します。

$$H = \frac{f \times L}{l} = \frac{0.1 \times 0.2}{0.000005} = \frac{20000}{5} = 4000\ \mathbf{m}$$

小数点を移動
（☞ 1.2.1 項「小数点の掛け算と割り算」）

【解答】3

補足 📖 -----

上記の解説では，辺の比（$l : L = f : H$）を比の値として解きました。

これは，「内項の積と外項の積は等しい」という条件からも式を導くことができます。

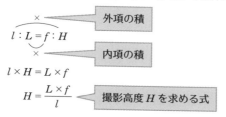

外項の積

$$l : L = f : H$$

内項の積

$$l \times H = L \times f$$

$$H = \frac{L \times f}{l}$$

撮影高度 H を求める式

1.5 ▶ 三角関数の応用

三角関数の応用として，正弦定理や余弦定理を用いて解く問題が出題されます。公式は難しく感じるかもしれませんが，角と辺の関係がわかれば簡単に導くことができます。

1.5.1 正弦定理

正弦定理とは，三角形の向かい合う辺と角に対して「辺の長さ」と「角の正弦（sin）」の比が常に外接円の直径（$2R$）と等しいことを表したものです。**図1.9** のような三角形において，次の式が成り立ちます。

$$\frac{a}{\sin A} = \frac{b}{\sin B} = \frac{c}{\sin C} = 2R$$

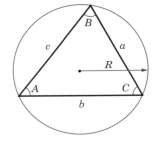

■図1.9

Point

＜公式の覚え方＞
正弦定理は角と対応する辺の関係をおさえて覚えましょう。

$$\frac{\bigcirc}{\sin \bullet} = \frac{\square}{\sin \blacksquare} = \frac{\triangle}{\sin \blacktriangle}$$

測量士補の計算では，上記のうち，2項を用いて辺の長さや角を求める問題が出題されています

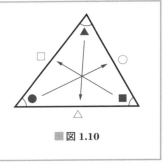

■図1.10

☞3.7節「偏心補正計算」

1.5.2 余弦定理

余弦定理（よげんていり）は，「2辺とその間の角」から「角の対辺の長さ」を求めたり，「3辺の長さ」から「角の大きさ」を求めるのに使います。余弦定理の式として以下の3つの式が示されていますが，角と辺の関係からこのうちの1つの式について覚えるだけで構いません。

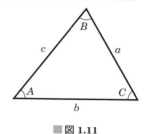

■図1.11

$$a^2 = b^2 + c^2 - 2bc \cos A$$

$$b^2 = c^2 + a^2 - 2ca \times \cos B$$

$$c^2 = a^2 + b^2 - 2ab \times \cos C$$

また，式を変形して，3辺から1つの角を求める式になります。

$$a^2 = b^2 + c^2 - 2bc \cos A$$

$$2bc \cos A = b^2 + c^2 - a^2$$

$$\cos A = \frac{b^2 + c^2 - a^2}{2bc}$$

$$A = \cos^{-1}\left(\frac{b^2 + c^2 - a^2}{2bc}\right)$$

> 逆三角関数（$\cos^{-1}$）から角を求める式
> ☞ 1.5.3 項「逆三角関数」

なお，余弦定理から角を求める問題は出題されていませんが，こうした式に変形できることを覚えておきましょう。

Point

＜公式の覚え方＞
余弦定理は，**図1.12**より角と辺の関係を理解したうえで，式については，三平方の定理の応用として考えると覚えやすくなります。

$$\underline{X^2 = \square^2 + \triangle^2} \underline{- 2\,\square\,\triangle \cos \theta}$$

三平方の定理の項　　　調整項

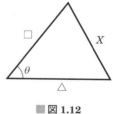

■図1.12

> 調整項という言葉はありませんが，三平方の定理を拡張して覚えるために仮に名付けています

例題 ✓ ✓ ✓

頂点 A, B, C を順に直線で結んだ三角形 ABC で, 辺 AB = 6.0 m, 辺 AC = 3.0 m, ∠BAC = 125° としたとき, 辺 BC の長さはいくらか。なお, 関数の値が必要な場合は, 巻末の関数表を使用すること。

1　4.9 m　　2　8.1 m　　3　8.6 m　　4　24.4 m　　5　65.6 m

問題を図にします（**解図**）。2 辺とその間の角の数値が与えられており, その角の対辺が辺 BC となるので, 余弦定理の式を用いて求めます。

余弦定理の式に問題で与えられた数値を代入すると

$$BC = \sqrt{6^2 + 3^2 - 2 \times 6 \times 3 \times \cos 125°}$$

ここで, 125° は関数表にないので, 90° 以内の角で示すと, 180° − 125° = 55° となります（☞ 1.1.7 項「関数表の使い方」）。ただし, cos においてはその値がマイナス（−）となるので注意が必要です（$\cos 125° = -\cos 55°$）。

$$BC = \sqrt{6^2 + 3^2 - 2 \times 6 \times 3 \times (-\cos 55°)}$$
$$= \sqrt{36 + 9 - 36 \times (-\cos 55°)}$$
$$= \sqrt{36 + 9 - 36 \times (-0.57358)}$$
$$= \sqrt{45 + 20.64888}$$
$$= \sqrt{65.64888}$$

> 関数表より $\cos 55° = 0.57358$

B

6 m　125°　　　C

A　3 m

■解図

$\sqrt{65.64888}$ は, $\sqrt{65} \sim \sqrt{66}$ の間の値となるので, 関数表で確認すると, 8.062 26 ～ 8.124 04 の間の値ということになります（☞ 1.2.5 項「√の外し方」）。

このことから, 選択肢で最も近い値は 2 の **8.1 m** ということになります。

【解答】2

☞ 3.7 節「偏心補正計算」

1

章

1.5.3　逆三角関数

$\sin\theta$ や $\cos\theta$ などの三角関数から角度 θ を求めるときに用いる関数を**逆三角関数**といいます。例えば，sin の逆三角関数は $\sin^{-1}$（アークサイン）といい，cos, tan の逆三角関数も同様に，$\cos^{-1}$（アークコサイン），$\tan^{-1}$（アークタンジェント）と呼びます。三角関数と逆三角関数の関係は次のようになります。

<三角関数>　　<逆三角関数>

$$\sin\theta = \frac{b}{a} \longleftrightarrow \theta = \sin^{-1}\left(\frac{b}{a}\right)$$

$$\cos\theta = \frac{c}{a} \longleftrightarrow \theta = \cos^{-1}\left(\frac{c}{a}\right)$$

$$\tan\theta = \frac{b}{c} \longleftrightarrow \theta = \tan^{-1}\left(\frac{b}{c}\right)$$

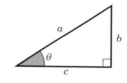

■図 1.13

逆三角関数は，三角関数の辺の比の関係から角度 θ を求めることができます

例題　✓ ✓ ✓

　図の三角形の角度 θ を求めよ。なお，関数の数値が必要な場合は巻末の関数表を使用すること。

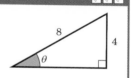

解説

問題図より，斜辺と高さの値が与えられているので，$\sin\theta$ を用いると

$$\sin\theta = \frac{4}{8} = \frac{1}{2} = 0.5$$

角度 θ を求めるので，$\sin^{-1}$ を用いると

$$\theta = \sin^{-1}(0.5) = \mathbf{30°}$$

【解答】30°

補足 📖

測量士補試験では電卓を使用できないので，関数表から逆引きします。例題の場合，$\sin \theta$ の値が 0.5 なので，関数表の sin の欄から 0.5 を見つけて，そこから角度（30°）を求めることができます。

■表 1.8　三角関数

度	sin	cos	tan
0	0.00000	1.00000	0.00000
1	0.01745	0.99985	0.01746
2	0.03490	0.99939	0.03492
·	·	·	·
·	·	·	·
·	·	·	·
29	0.48481	0.87462	0.55431
30	0.50000	0.86603	0.57735
31	0.51504	0.85717	0.60086

補足 📖

通常，$\sin X$ から X の角度を求める場合，$\sin^{-1}$（アークサイン）を用いることになりますが，X の角度が小さいとき，$\sin X \fallingdotseq X$ として計算することがあります。この証明は，$\sin X$ の微分や極限値などから求めることができますが，その証明を理解するのは簡単でありません。イメージとしては，図 1.14 のように，扇形の角度 X を小さくしていくと $\sin X$ と X の値が同じに近づくというものです。ただし，この際の X はラジアン単位であるため，計算から度分秒の角度（デグリー単位）を求める場合は，ラジアン単位をデグリー単位に換算する必要があります。

☞3.7 節「偏心補正計算」

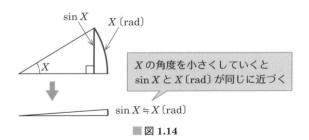

$\sin X$　X〔rad〕

X

X の角度を小さくしていくと $\sin X$ と X〔rad〕が同じに近づく

$\sin X \fallingdotseq X$〔rad〕

■図 1.14

1.6 ▶ 測量士補試験の基礎計算問題

近年の測量士補試験では，ラジアン単位への換算や図形に与えられた条件から角度や距離を求める問題が出題されています。これは測量の実務というよりも計算の基礎知識を問うものと位置づけられます。本章で紹介した計算の基礎知識や方法を活用して，これらの問題を解けるようにしておきましょう。

1.6.1　計算の基礎知識を問う問題の主な出題内容

・度分秒からそれぞれの単位への換算（ ☞ 1.3.1 項「度分秒の単位換算」）
・ラジアン単位への換算（ ☞ 1.3.2 項「ラジアン単位⇔デグリー単位換算」）
・図形に与えられた条件から角度や距離，面積を求める（ ☞ 1.5 節「三角関数の応用」）

　計算の基礎知識を問う問題は，上記のような内容が出題されています。単位換算はさまざまなパターンで出題されています。図形問題については，問題文から自分で図を描き，与えられた条件からどのようにすれば答えを導くことができるかを考える必要があります。また，問題を解くためには正弦定理や余弦定理を用いる場合や，補助線を引くなどの工夫が必要な場合もあります。

例題

　次の a ～ c の各問の答えの組合せとして最も適当なものはどれか。ただし，円周率 $\pi = 3.142$ とする。なお，関数の値が必要な場合は，巻末の関数表を使用すること。
a. 43° 52′ 10″ を秒単位に換算するといくらか。
b. 43° 52′ 10″ をラジアン単位に換算するといくらか。
c. 頂点 A，B，C を順に直線で結んだ三角形 ABC で，辺 BC = 6 m，∠BAC = 130°，∠ABC = 30° としたとき，辺 AC の長さはいくらか。

	a	b	c
1	157920″	0.383 ラジアン	3.916 m
2	157920″	0.766 ラジアン	4.667 m
3	157930″	0.766 ラジアン	3.916 m
4	157930″	0.383 ラジアン	4.667 m
5	157930″	0.766 ラジアン	4.667 m

解説

a，b，c の問いをそれぞれ順に解説します。

「a. 43° 52′ 10″ を秒単位に換算するといくらか。」（☞ 1.3.1 項「度分秒の単位換算」）

43° を秒単位に換算すると → 43° × 3600″ = 154800″

18′ を秒単位に換算すると → 52′ × 60″ = 3120″

10″ はそのままなので，これら 3 つの値を合計すると

154800″ + 3120″ + 10″ = **157930″**

「b. 43° 52′ 10″ をラジアン単位に換算するといくらか。」

度分秒をラジアン単位に換算する場合は，度，分，秒のいずれかの単位に換算しておく必要がありますが，先の問いで秒単位に換算しているので，その値（157930″）を用いてラジアン単位に換算します。

秒をラジアン単位に換算するには，157930″ を 57.3 × 3600″ で割って求めることができるので（☞ 1.3.2 項「ラジアン単位⇔デグリー単位換算」）

$$\frac{157930″}{57.3 \times 3600″} = \frac{157930}{206280} = \frac{158}{206} ≒ 0.767 \text{ rad}$$

> 桁数が多いので，小数点を移動して，有効数字 3 桁で近似計算（☞ 1.2.1 項「小数点の掛け算と割り算」，☞ 1.2.7 項「近似値計算」）

よって，b の選択肢でもっとも近い値は **0.766 ラジアン**となります。

「c. 頂点 A，B，C を順に直線で結んだ三角形 ABC で，辺 BC = 6 m，∠BAC = 130°，∠ABC = 30° としたとき，辺 AC の長さはいくらか。」

問いの内容を図で表すと次のようになります（**解図**）。図の関係から正弦定理を用いて値を求めることができるので（☞ 1.5.1 項「正弦定理」）式をたてると

$$\frac{6}{\sin 130°} = \frac{AC}{\sin 30°}$$

辺 AC を求める式に変形（☞ 1.2.6 項「式の変形」）すると

$$AC = \frac{6 \times \sin 30°}{\sin 130°}$$

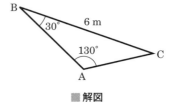

■ 解図

ここで，sin 130° は 90° を超えた角になることから，90°～180° の範囲の角なので，180° − 130° = 50° で計算します（☞ 1.1.7 項「関数表の使い方」）。sin 30° と sin 50° は関数表から求めます。

> ☞ 1.2.7 項「近似値計算」

$$AC = \frac{6 \times \sin 30°}{\sin 50°} = \frac{6 \times 0.5}{0.76604} = \frac{3}{0.76604} = \frac{3}{0.766} ≒ \textbf{3.916 m}$$

【解答】3

1
章

問題 1　☑ ☑ ☑

　次のa～cの各問の答えとして最も近いものの組合せはどれか。ただし，円周率π＝3.14とする。なお，関数の値が必要な場合は，巻末の関数表を使用すること。

a.　30° 11′ 26″を10進法に換算するといくらか。

b.　120°をラジアンに換算するといくらか。

c.　三角形ABCで辺AB＝5.0 m，辺BC＝7.0 m，辺AC＝4.0 mとしたとき，∠ABCの角度はいくらか。

	a	b	c
1	30.19055°	1.05 ラジアン	44°
2	30.19055°	2.09 ラジアン	34°
3	30.19055°	2.09 ラジアン	44°
4	30.61666°	1.05 ラジアン	34°
5	30.61666°	2.09 ラジアン	44°

　単位換算は答えの選択肢も確認しながら落ち着いて解くことが大切です。図形問題は図を描いて答えの求め方を探りましょう。

解説

　a，b，cの問いをそれぞれ順に解きます。

「a. 30° 11′ 26″を10進法に換算するといくらか。」

　10進法への換算と問われると，一見わかりにくいですが，答えの選択肢を見ると，度単位へ換算するとよいことがわかります。

　30° 11′ 26″の分秒の部分（11′ 26″）を度単位に換算すると

　　11′ ÷ 60 ≒ 0.183°

　　26″ ÷ 3600 ≒ 0.0072°

☞ 1.3.1 項「度分秒の単位換算」

すなわち，30° 11′ 26″を度単位で表すと

　　30° + 0.183° + 0.0072° = 30.1902°

よって，aの選択肢でもっとも近い値は**30.19055°**となります。

- **補足** 📖 --
　度分秒を度単位に換算することが難しく感じる場合は，aの答えの選択肢（度単位）から度分秒に換算して求める方法もあります。

「b. 120°をラジアンに換算するといくらか」

　度単位をラジアン単位に換算するには，120°を57.3°で割って求めることができるので（☞ 1.3.2 項「ラジアン単位⇔デグリー単位換算」）

$$\frac{120°}{57.3°} ≒ 2.094 \text{ rad}$$

よって，b の選択肢でもっとも近い値は **2.09 ラジアン**となります。

「**c. 三角形 ABC で辺 AB＝5.0 m，辺 BC＝7.0 m，辺 AC＝4.0 m としたとき，∠ABC の角度はいくらか。**」

問題文を図にします。

解図より，3 辺の値が与えられており，そのうちの 1 つの角を求めることになるので，余弦定理の式を変形して用いることができます（☞ 1.5.2 項「余弦定理」）。

余弦定理を解図に当てはめて考えると以下の式になります。

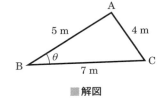

■解図

$$AC^2 = BA^2 + BC^2 - 2 \times BA \times BC \times \cos\theta$$

$\cos\theta$ を求める式に変形して数値を代入します。

$$\cos\theta = \frac{AC^2 - BA^2 - BC^2}{-2 \times BA \times BC} = \frac{4^2 - 5^2 - 7^2}{-2 \times 5 \times 7} = \frac{16 - 25 - 49}{-70} = \frac{-58}{-70} = 0.8285\cdots$$

計算した値を巻末の関数表から逆引きして角度を求めます（☞ 1.5.3 項「逆三角関数」）。

$\cos$ の欄で 0.8285 に最も近い値は 0.82904 であり，そこでの角度を読み取ると **34°** であることがわかります。

【解答】2

出題傾向

正弦定理や余弦定理を用いて解く図形問題は今後も予想されます。長さを求めるのか，角度を求めるのか，状況に応じて式を変形して求められるようにしましょう。

問題 2 ✓✓✓

次の文の ア 及び イ に入る数値の組合せとして最も適当なものはどれか。なお，関数の値が必要な場合は，巻末の関数表を使用すること。

点 A，B，C，D で囲まれた四角形の平たんな土地 ABCD について，いくつかの辺長と角度を観測したところ，∠ABC＝90°，∠DAB＝105°，AB＝BC＝20 m，AD＝10 m であった。このとき AC＝ ア m であり，土地 ABCD の面積は イ m² である。

	ア	イ
1	28.284	270.711
2	28.284	322.475
3	34.641	150.000
4	34.641	286.603
5	34.641	350.000

図を描いたうえで，必要に応じて補助線も書き加えることで答えの求め方が見えてきます。

 文章を読んで図に描くと解図（a）のようになります。

頂点 A と頂点 C の間に補助線を引いて，①と②の三角形に分けて考えます（解図（b））。

∠ABC = 90°，AB = BC なので，三角形①は直角二等辺三角形であることから，∠CAB = ∠BCA = 45° となります。

∠DAB = 105° なので，∠DAC = 105° − 45° = 60° となります。

面積も求めるので，補助線 AC の線上に頂点 D から垂線を引き，その交点を M とします（解図（b））。

（ア）AC の長さは，三角形①が 45° の直角三角形となることから，三角比（1：1：$\sqrt{2}$）より

$$AC = 20 \times \sqrt{2} = 20 \times 1.41421 = 28.2842$$

アの選択肢より **28.284 m** となります。

（イ）三角形①は AB = 20 m，BC = 20 m の直角三角形なので

三角形①の面積 = $20 \times 20 \div 2 = 200 \ \text{m}^2$

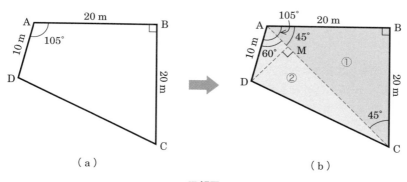

■解図

三角形②は AC を底辺，DM を高さとして面積を求めることができるので

DM $= 10 \times \sin 60° = 10 \times 0.86603 \fallingdotseq 8.66$ m

三角形②の面積 $= 28.284 \times 8.66 \div 2 \fallingdotseq 122.47$ m^2

土地 ABCD の面積 $= ① + ② = 200$ m$^2 + 122.47$ m$^2 = 322.47$ m^2

したがって，イの選択肢より，**322.475 m** となります。

[解答] 2

出題傾向

計算の基礎知識を問う問題は，毎年のように出題されています。単位換算は度分秒からそれぞれの単位に変えるパターンやその逆もあります。図形問題は正弦定理や余弦定理を用いて解くものから直角三角形などの特性を踏まえて解くものなど，今後さまざまなパターンで出題されることが考えられますので，本章の基礎知識をしっかりと整理しておくようにしましょう。

問題 3

　細部測量において，測点 A に測量機器を整置し，測点 B を観測したときに 2′ 00″の方向誤差があった場合，測点 B の水平位置の誤差はいくらか。ただし，点 A，B間の水平距離は 96 m，角度 1 ラジアンは，(2×10^5)″とする。また，距離測定と角度測定は互いに影響を与えないものとし，その他の誤差は考えないものとする。

1　48 mm　　2　52 mm　　3　58 mm　　4　64 mm　　5　72 mm

ラジアン（弧度法）の知識を問われている問題です。この問題の場合，単位換算は 2×10^5″を用いて解きましょう。

解説

　問題を図示します（**解図**）。

　解図より弧の長さにあたる部分が水平位置の誤差となるので，ラジアンの式より

弧の長さ＝角度〔rad〕×半径

から求めることができます。

　観測した値はデグリー単位（2′ 00″）なので，ラジアン単位に換算します。

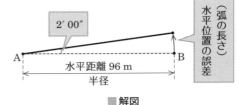

■解図

　ここで，問題では 1 rad $= (2 \times 10^5)$″として与えられていますので，1″に対するラジアンの角度は次の式で表すことができます。

$$1'' = \frac{1}{2 \times 10^5} \text{ rad}$$

すなわち，$2'$（$= 120''$）に対するラジアンの角度を式で表すと

$$120'' \times \frac{1}{2 \times 10^5} \text{ rad}$$

弧の長さの式に代入すると

> 解答の選択肢がミリ単位なので，
> 半径 96 m＝96000 mm で計算

$$\text{弧の長さ（水平位置の誤差）} = \frac{120}{2 \times 10^5} \times 96000$$

$$= \frac{11520000}{200000} = \frac{1152}{20} = 57.6 \text{ mm} \fallingdotseq \mathbf{58 \text{ mm}}$$

> 小数点を移動

[解答] 3

出題傾向

ラジアンの知識から水平位置の誤差を求める問題は過去にも何度か出題されていますので解けるようにしておきましょう。

問題 4 ☑ ☑ ☑

　図は，水準測量における観測の状況を示したものである。標尺の長さは 3 m であり，図のように標尺がレベル側に傾いた状態で測定した結果，読定値が 1.500 m であった。標尺の上端が鉛直に立てた場合と比較してレベル側に水平方向で 0.210 m ずれていたとすると，標尺の傾きによる誤差はいくらか。最も近いものを次の中から選べ。なお，関数の値が必要な場合は，巻末の関数表を使用すること。

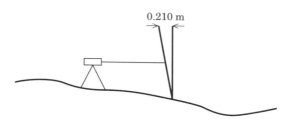

0.210 m

1　4 mm　　2　10 mm　　3　14 mm　　4　20 mm　　5　24 mm

標尺と水平方向のずれ量の関係を直角三角形として考えて，三角関数を使って解いてみましょう。

解説

標尺の傾き角度を x として，標尺の長さとその水平方向のずれ量から，逆三角関数の $\tan^{-1}$（アークタンジェント）を使って角度を求めます（**解図 1**）。

$$x = \tan^{-1}\left(\frac{0.210}{3}\right) = \tan^{-1}(0.07)$$

0.07 を関数表の tan の欄から逆引きすると，0.06993 が近い値となるので，その角度である 4° を傾き角度とします（☞ 1.5.3 項「逆三角関数」）。

次に，傾いた状態で読定値 1.500 m のときの鉛直時の読定値を L として，cos を使ってその値を求めます（☞ 1.1.6 項「三角比と三角関数」）（**解図 2**）。

$$L = 1.5 \times \cos(4°) = 1.5 \times 0.99756 = 1.49634 \fallingdotseq 1.496$$

標尺の傾きによる誤差 $= 1.500 - 1.496 = 0.004$ m $= \mathbf{4\ mm}$

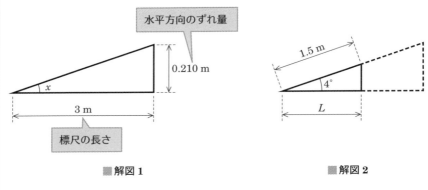

■解図 1　　　　　　　　　　　　　　■解図 2

【解答】 1

出題傾向

最近の測量士補試験では，さまざまなパターンで計算の基礎知識を問う問題が出題されています。図を描くなどして三角関数やラジアンなどで解けるかどうかを見極める力をつけておくことが大切です。

測量に関する法規

出題頻度とそのテーマ ➡ 出題数 3 問

★★★	測量法／測量の基準（ジオイドと準拠楕円体）／公共測量における現地作業

合格のワンポイントアドバイス

　「測量に関する法規」はすべて文章問題で，過去の出題傾向とあまり変わらないのがこの章の特徴です。法規と聞いて様々な用語や数値を覚えるといった印象がありますが，決してそんなことはありません。問題を何度も解いてポイントを整理しておきましょう。

　これまでの出題傾向としては，測量法から 1 問，測量の基準（ジオイドと準拠楕円体）から 1 問，公共測量における現地作業から 1 問の計 3 問となっています。

2.1 ▶ 測　量　法

測量法は大事な法律であり，毎年出題されていますが，問題を解くにあたって
すべて覚える必要はありません。問われているポイントは限定されていますの
で，過去に出題された問題を繰り返し解くことで身に付けていきましょう。

2.1.1 測量法とは

測量法は，国や地方公共団体が関わる測量において，正確かつ円滑に進めるう
えで基本となるものです。第1章
から第8章（第1条〜第66条）で
構成され，基本測量や公共測量など
の実施規則，測量士や測量士補の登
録規定，地図などの測量成果物の取
扱い，罰則規定など，測量業務全般
を規定した法律となっています。

第1章	総則（目的及び用語，測量の基準）
第2章	基本測量（計画及び実施，測量成果）
第3章	公共測量（計画及び実施，測量成果）
第4章	基本測量及び公共測量以外の測量
第5章	測量士及び測量士補
第6章	測量業者
第7章	補則
第8章	罰則

■図2.1　測量法の構成

2.1.2 測量法の重要ポイント

過去に出題されているところを中心に，その一文を抜粋（一部改正）しまし
た。測量士補試験では測量法のすべてを覚える必要はありませんので，各条項の
ポイントを覚えるようにしておきましょう。

| 第1条 | 目的 | 測量法 |

この法律は，国若しくは公共団体が費用の全部若しくは一部を負担し，若しくは補
助して実施する土地の測量又はこれらの測量の結果を利用する土地の測量につい
て，その実施の基準及び実施に必要な権能※を定め，測量の**重複を除き**，並びに測
量の**正確さを確保**するとともに，測量業を営む者の登録の実施，業務の規制等によ
り，測量業の適正な運営とその健全な発達を図り，もって各種測量の調整及び測量
制度の改善発達に資することを目的とする。

> **補足** 📖
> ※権能とは，ある事柄について権利を主張し行使できる能力のことをいいます。この場
> 合，公的機関の権限を意味しています。

Point

測量法において，国や公共団体が関係する土地の測量の目的は以下の3つです。
①測量の**重複の排除**　②測量の**正確さの確保**　③測量業の適正な運営
これらの目的は，測量の一定の精度を確保して，測量にかかる費用を有効的に活用するためにあります。

第3条　測量　　　　　　　　　　　　　　　　　　　　　　　　　測量法

この法律において「測量」とは，土地の測量をいい，**地図の調製※及び測量用写真の撮影**を含むものとする。

補足
※調製とは，注文に応じて必要なものをつくることです。

Point

測量法における測量は土地の測量を指しており，建築物をつくるときのような測量は含まれていません。

第4条　基本測量　　　　　　　　　　　　　　　　　　　　　　　測量法

この法律において「基本測量」とは，すべての測量の基礎となる測量で，**国土地理院の行うもの**をいう。

第5条　公共測量　　　　　　　　　　　　　　　　　　　　　　　測量法

公共測量とは，基本測量以外の測量で，その実施に要する費用の全部又は一部を国又は公共団体が負担し，又は補助して実施する測量をいう。

Point

「基本測量」は国土地理院が行う測量。
「公共測量」は基本測量以外で，国や
公共団体が関係する測量。

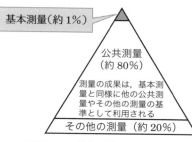

■図2.2　基本測量と公共測量

第 7 条　測量計画機関　　　　　　　　　　　　測量法

この法律において「測量計画機関」とは，**測量を計画**する者をいう。測量計画機関が，自ら計画を実施する場合には，測量作業機関となることができる。

第 8 条　測量作業機関　　　　　　　　　　　　測量法

この法律において「測量作業機関」とは，**測量計画機関の指示又は委託**を受けて測量作業を実施する者をいう。

Point

計画機関と作業機関の違いについて理解しておきましょう。

第 9 条　測量成果と測量記録　　　　　　　　　測量法

「**測量成果**」とは，当該測量において最終の目的として得た結果をいい，「**測量記録**」とは，測量成果を得る過程において得た作業記録をいう。

第 10 条　測量業　　　　　　　　　　　　　　測量法

「**測量業**」とは，基本測量，公共測量又は基本測量及び公共測量以外の測量を請け負う営業をいう。

第 22 条　測量標の保全　　　　　　　　　　　測量法

何人も，**国土地理院の長の承諾**を得ないで，基本測量の測量標※を移転し，汚損し，その他その効用を害する行為をしてはならない。

補足 📖

※測量標とは，測量に用いられる標識の総称で，「永久標識」「一時標識」「仮設標識」があります。

第 24 条　測量標の移転の請求　　　　　　　　測量法

基本測量の永久標識又は一時標識の汚損その他その効用を害するおそれがある行為を当該永久標識若しくは一時標識の敷地又はその付近でしようとする者は，理由を記載した書面をもって，**国土地理院の長**に当該永久標識又は一時標識の**移転を請求**することができる。

この移転に要した費用は，**移転を請求した者が負担**しなければならない。

第 26 条　測量標の使用 測量法

基本測量以外の測量を実施しようとする者は，**国土地理院の長の承認**を得て，基本測量の測量標を使用することができる。

第 30 条　測量成果の使用 測量法

基本測量の測量成果を使用して基本測量以外の測量を実施しようとする者は，国土交通省令で定めるところにより，あらかじめ，**国土地理院の長の承認**を得なければならない。

Point

測量標の使用や移転，測量成果の使用については**国土地理院の長**の承諾や承認が必要となります。

第 32 条　公共測量の基準 測量法

公共測量は，基本測量又は公共測量の**測量成果**に基いて実施しなければならない。

Point

基本測量や公共測量の**測量成果**を用いて実施することで十分な精度が確保されます。これは測量法の目的の一つである測量の正確さを確保するためでもあります。

第 33 条　作業規程 測量法

測量計画機関は，公共測量を実施しようとするときは，当該公共測量に関し観測機械の種類，観測法，計算法その他国土交通省令で定める事項を定めた作業規程を定め，あらかじめ，**国土交通大臣の承認**を得なければならない。これを変更しようとするときも同様とする。

Point

測量法において，測量成果や測量標の使用等に関する承認や許可は国土地理院の長としていますが，**公共測量を実施する際の作業規程は国土交通大臣の承認**を必要としています。

第 36 条　計画書についての助言 測量法

測量計画機関は，公共測量を実施しようとするときは，あらかじめ，次に掲げる事項を記載した**計画書**を提出して，**国土地理院の長の技術的助言**を求めなければならない。その計画書を変更しようとするときも，同様とする。

一　目的，地域及び期間
二　精度及び方法

Point

事前に計画書を国土地理院に提出することにより，重複箇所や無駄のない測量を実施することができます。

第 48 条　測量士及び測量士補　　　　　　　　　　　　　　　測量法

技術者として**基本測量又は公共測量に従事する者**は，第 49 条の規定に従い登録された**測量士又は測量士補**でなければならない。

2　**測量士**は，測量に関する**計画を作製**し，又は実施する。

3　**測量士補**は，測量士の作製した**計画に従い測量に従事**する。

Point

測量士と測量士補の役割の違いについて知っておきましょう。

　これらをまとめると，測量法により規定された公共測量の流れは**図 2.3** のようになります。国土地理院とのやりとりを通して行うことで測量の正確さを確保し，測量の重複がおきないようにしています。

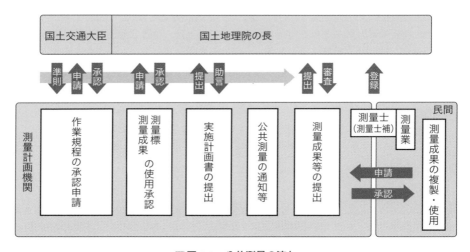

■ **図 2.3　公共測量の流れ**

問題 1　☑☑☑

次のa～eの文は，測量法（昭和24年法律第188号）に規定された事項について述べたものである。　ア　～　オ　に入る語句の組合せとして最も適当なものはどれか。

a. この法律は，国若しくは公共団体が費用の全部若しくは一部を負担し，若しくは補助して実施する土地の測量又はこれらの測量の結果を利用する土地の測量について，その実施の基準及び実施に必要な権能を定め，測量の重複を除き，並びに測量の　ア　を確保するとともに，測量業を営む者の登録の実施，業務の規制等により，測量業の適正な運営とその健全な発達を図り，もって各種測量の調整及び測量制度の改善発達に資することを目的とする。

b. この法律において「　イ　」とは，第五条に規定する公共測量及び第六条に規定する基本測量及び公共測量以外の測量を計画する者をいう。

c. 何人も，　ウ　の承諾を得ないで，基本測量の測量標を移転し，汚損し，その他その効用を害する行為をしてはならない。

d. 公共測量は，基本測量又は公共測量の　エ　に基づいて実施しなければならない。

e. 技術者として基本測量又は公共測量に従事する者は，第四十九条の規定に従い登録された　オ　でなければならない。

	ア	イ	ウ	エ	オ
1	技術者	測量計画機関	国土地理院の長	測量記録	測量士又は測量士補
2	正確さ	測量計画機関	国土交通大臣	測量記録	測量業者
3	正確さ	測量作業機関	国土交通大臣	測量成果	測量業者
4	正確さ	測量計画機関	国土地理院の長	測量成果	測量士又は測量士補
5	技術者	測量作業機関	国土交通大臣	測量成果	測量業者

測量法での文言は難しいようにも思えますが，各ポイントを押さえておけばそれほど難しいものではありません。

解説

a. 測量の**正確さの確保**は測量法の目的の一つです。

b. **測量計画機関**は，その名の通り測量を計画する者であり，測量作業機関は測量計画機関の指示又は委託を受けて測量作業を実施する者をいいます。

c. 測量標の使用や移転に関しては**国土地理院の長**の承諾や承認が必要となり，測量成果の使用についても同様です。

d. 基本測量や公共測量の**測量成果**を用いて実施することで，十分な精度を確保します。

e. 基本測量及び公共測量に従事する者は，**測量士又は測量士補**でなければなりません。測量業者はその営業所ごとに測量士を一人以上置かなければならないとされています。

【解答】4

問題 2 ☑ ☑ ☑

　次のa～eの文は，測量法（昭和24年法律第188号）に規定された事項について述べたものである。明らかに間違っているものだけの組合せはどれか。

a. 「基本測量」とは，すべての測量の基礎となる測量で，国土地理院又は公共団体の行うものをいう。

b. 何人も，国土地理院の長の承諾を得ないで，基本測量の測量標を移転し，汚損し，その他その効用を害する行為をしてはならない。

c. 基本測量の測量成果を使用して基本測量以外の測量を実施しようとする者は，あらかじめ，国土地理院の長の承認を得なければならない。

d. 測量計画機関は，公共測量を実施しようとするときは，当該公共測量に関し作業規程を定め，あらかじめ，国土地理院の長の承認を得なければならない。

e. 技術者として基本測量又は公共測量に従事する者は，測量士又は測量士補でなければならない。

1　a，c　　2　a，d　　3　b，e　　4　c，d　　5　d，e

解説

a. ×　「基本測量」とは，すべての測量の基礎となる測量で，**国土地理院のみが**行います。ただし，「公共測量」は国土地理院のみではありません。

b. ○　測量標の効用を害するおそれがある行為（移転や汚損など）がある場合は，**国土地理院の長**の承諾が必要になります。

c. ○　測量成果を使用についても，測量標と同様に**国土地理院の長**の承認が必要になります。

d. ×　公共測量を実施する際に定める作業規程については，**国土交通大臣**の承認を必要としています。

e. ○　基本測量や公共測量に従事するのは，測量士又は測量士補でなければなりません。ちなみに，測量士は，測量に関する計画を作製又は実施し，測量士補は測量士の作成した計画に従い測量を実施します。

【解答】2

2章

問題 3 ✓✓✓

次の文は，測量法（昭和24年法律第188号）に規定された事項について述べたものである。明らかに間違っているものはどれか。

1　測量業とは，基本測量，公共測量又は基本測量及び公共測量以外の測量を請け負う営業をいう。

2　測量成果とは，当該測量において最終の目的として得た結果をいい，測量記録とは，測量成果を得る過程において得た作業記録をいう。

3　基本測量の永久標識の汚損その他その効用を害するおそれがある行為を当該永久標識の敷地又はその付近でしようとする者は，理由を記載した書面をもって，国土地理院の長に当該永久標識の移転を請求することができる。この移転に要した費用は，国が負担しなければならない。

4　公共測量は，基本測量又は公共測量の測量成果に基づいて実施しなければならない。

5　測量計画機関は，公共測量を実施しようとするときは，あらかじめ，当該公共測量の目的，地域及び期間並びに当該公共測量の精度及び方法を記載した計画書を提出して，国土地理院の長の技術的助言を求めなければならない。

解説

1　○　測量業とは，基本測量や公共測量などの測量業務を請け負う営業をいいます。測量業を行う者は測量業者としての登録を受ける必要があります。

2　○　測量成果は，測量により作成された成果品であり，測量記録はその過程で得られた観測値などの作業記録になります。

3　×　永久標識移転の請求方法については間違っていませんが，**移転に要する費用については，移転を請求した者が負担**する必要があります。

4　○　公共測量は，基本測量以外の測量で，基本測量や公共測量により得られた測量成果に基づいて実施されます。

5　○　公共測量を実施する際は，事前にその目的や地域，測量方法などを記載した計画書を国土地理院の長に提出します。これにより重複や無駄のない測量を実施することができます。

【解答】3

出題傾向

測量法に関する事項は毎年出題されています。重要ポイントとして抜粋した太字箇所は必ず覚えるようにしましょう。測量標の使用や移転，測量成果の使用について，「国土地理院の長」の承認や承諾が必要になるという文言はよく出てきます。

2.2 ▶ 測量の基準（ジオイドと準拠楕円体）

本節の問題も毎年出題され，そのパターンも類似しています。測量の基準となる測地系やジオイド，準拠楕円体について理解しておきましょう。

2.2.1 測量法における測量の基準

測量法において，測量の基準は次のように定義されています。

第11条　測量の基準　　　　　　　　　　　　　　　　　測量法

基本測量及び公共測量は，次に掲げる測量の基準に従って行わなければならない。

一　位置は，**地理学的経緯度及び平均海面**からの高さで表示する。ただし，場合により，**直角座標及び平均海面からの高さ，極座標及び平均海面からの高さ**又は**地心直交座標**で表示することができる。

Point

座標位置の表し方は大きく分けて4つあります。

① **地理学的経緯度及び平均海面からの高さ**

平面位置を緯度・経度で表したもの。基本的にはこの座標位置で表します。

② **直角座標及び平均海面からの高さ**

我が国独自に用いられる「平面直角座標系」がこれにあたります。日本全土を19のエリアに区分しています（⤵7.1.5項「平面直角座標系」）。

③ **極座標及び平均海面からの高さ**

ある基準点における座標値で任意の位置を表したもの。

④ **地心直交座標**

地球の重心を原点として，地球表面の位置をX，Y，Zの座標で表したもの。ITRF94座標系の座標値であり，GNSS測量で求められる座標値がこれにあたります。

※**平均海面からの高さとは標高のこと**です。我が国では一部の地域を除き東京湾の平均海面を基準（標高0 m）としています。

二　距離及び面積は，第三項に規定する**回転楕円体**の表面上の値で表示する。

三　測量の原点は，**日本経緯度原点及び日本水準原点**とする。ただし，離島の測量その他特別の事情がある場合において，国土地理院の長の承認を得たときは，この限りでない。

四　前号の日本経緯度原点及び日本水準原点の地点及び**原点数値**は，政令で定める。

補足 📖

平面位置の原点である日本経緯度原点と，高さの原点である日本水準原点は，東京都に設置されています。現在の原点数値は，平成23年の東北地方太平洋沖地震による大規模な地殻変動のため，同年に変更されました。

2　前項第一号の地理学的経緯度は，世界測地系に従って測定しなければならない。

3　前項の「**世界測地系**」とは，地球を次に掲げる要件を満たす**扁平な回転楕円体**であると想定して行う地理学的経緯度の測定に関する測量の基準をいう。

　一　その**長半径及び扁平率**が，地理学的経緯度の測定に関する国際的な決定に基づき政令で定める値のものであること。

　二　その**中心**が，地球の重心と一致するものであること。

　三　その**短軸**が，地球の自転軸と一致するものであること。

2.2.2　世界測地系

　測地系は地球上の位置を定めるために基準となるもので，中でも世界基準にしているものを**世界測地系**といいます（**図2.4**）。世界測地系は陸域・海域合わせて100種類以上あります。我が国の世界測地系は，準拠楕円体として**GRS80楕円体**を使用し，X, Y, Zの三次元座標位置を表すものとして**ITRF94座標系**を採用しています。

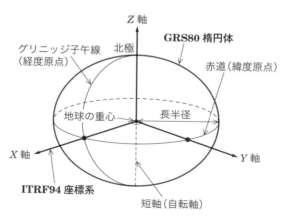

■図2.4　世界測地系（GRS80楕円体とITRF94座標系）

(1) GRS80 楕円体（準拠楕円体）

　測量では，地球をその形状に近似した**回転楕円体**として表します。回転楕円体のうち，国際的な決定に基づいたものを**準拠楕円体**といいます。日本では準拠楕円体として世界標準（世界測地系）である **GRS80 楕円体**（Geodetic Reference System 1980）を採用しています。

補足 📖

2002 年まで利用されていた日本の旧測地系では，準拠楕円体としてベッセル楕円体が用いられていました。

---

(2) ITRF94 座標系（地心直交座標系）

　ITRF94 座標系は，我が国で採用している国際標準の**地心直交座標系**です。地心直交座標系は，**地球の重心に原点を置き**，X 軸をグリニッジ子午線（本初子午線）と赤道の交点に，Y 軸を東経 90 度方向に，Z 軸を北極方向にとり，空間上の位置を X，Y，Z の三次元座標値で表すようにしています（図 2.4）。

2.2.3 　ジオイドと標高

　ジオイドとは平均海面に相当する面（重力が等しい等ポテンシャル面）を内陸部まで延長させたときにできる仮想面のことです。一般によく知られる**標高は**，**ジオイドから地表面までの高さ**をいいます。重力は地球の中心方向（水平面に対して直交）に働いていますが，地球内部の地殻の質量分布が不均一のため，その向きは厳密には一定ではありません。そのため，**図 2.5** に示すようにジオイドの面も一様ではありません。

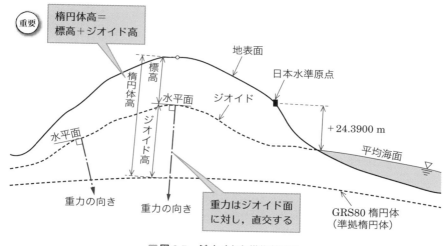

■図2.5　ジオイドと準拠楕円体

補足 📖

地球規模で計測するGNSS測量などは，基準に準拠楕円体を用いているため，高さの値は楕円体高となります。国土地理院ではジオイド・モデル（各地点のジオイド高のデータ）を公開し，楕円体高からジオイド高を差し引いて標高を求められるようにしています。

Point

・ジオイドは，**重力方向に直交**しており，回転楕円体（GRS80）に対して**凹凸がある**。
・GNSS測量で直接求められる高さは，**楕円体高**である。
・ジオイド高はGRS80楕円体からジオイドまでの高さである。
・標高は，楕円体高とジオイド高を用いて計算することができる。
・地心直交座標系の座標値から，緯度，経度及び楕円体高が計算できる。

問題 1 ☑ ☑ ☑

次のa〜dの文は，地球の形状及び位置の基準について述べたものである。
「　ア　」〜「　オ　」に入る語句の組合せとして最も適当なものはどれか。

a. 測量法（昭和24年法律第188号）に規定する世界測地系では，回転楕円体と
して「　ア　」を採用しており，地球上の位置は世界測地系に従って測定された地
理学的経緯度及び平均海面からの高さで表すことができる。

b. ジオイドは，重力の方向に「　イ　」であり，地球を回転楕円体で近似した表面に
対して凹凸がある。

c. 地心直交座標系の座標値から，回転楕円体上の緯度，経度及び「　ウ　」に変換で
きる。

d. GNSS測量などによって得られるその場所の「　ウ　」から「　エ　」を減ずること
によって「　オ　」を計算することができる。

	ア	イ	ウ	エ	オ
1	GRS80	垂直	楕円体高	ジオイド高	標高
2	GRS80	垂直	ジオイド高	標高	楕円体高
3	GRS80	平行	標高	楕円体高	ジオイド高
4	WGS84	平行	標高	ジオイド高	楕円体高
5	WGS84	垂直	楕円体高	ジオイド高	標高

a. 測量法に規定する世界測地系では，回転楕円体として**GRS80**を採用しており，
地球上の位置は，地理学的経緯度及び平均海面からの高さで表します。

b. ジオイドは重力方向に**垂直**，すなわち直交しています。また，地球内部の地殻
の質量分布が不均一のため，回転楕円体に対して凹凸があります。

c. 地心直交座標系（地球の重心を原点とした三次元座標）の座標値から緯度，経
度及び**楕円体高**に変換できます。

d. GNSS測量などによって得られる高さの値については，**楕円体高**から**ジオイド
高**を減ずることで**標高**を求めることができます。

［解答］3

2
章

問題 2　☑ ☑ ☑

　次の文は，地球の形状及び位置の基準について述べたものである。明らかに間違っているものはどれか。

1　地理学的経緯度は，世界測地系に基づく値で示される。

2　世界測地系では，地球をその長半径及び扁平率が国際的な決定に基づき政令で定める値である回転楕円体であると想定する。

3　標高は，ある地点において，平均海面を陸地内部まで仮想的に延長してできる面から地表面までの高さである。

4　緯度，経度及びジオイド高から，当該座標の地点における地心直交座標系（平成14年国土交通省告示第185号）の座標値が計算できる。

5　測量の原点は，日本経緯度原点及び日本水準原点である。ただし，離島の測量その他特別の事情がある場合において，国土地理院の長の承認を得たときは，この限りでない。

1　○　地理学的経緯度は，いわゆる緯度，経度のことであり，その値は世界測地系に基づいています。

2　○　世界測地系では地球を扁平な回転楕円体であると想定して，その長半径と扁平率が国際的な決定に基づいて定められています。

3　○　標高とは，平均海面を陸地内部まで仮想的に延長してできる面（ジオイド）から地表面までの高さをいいます。

4　×　緯度，経度及び**楕円体高**から地心直交座標系の座標値が計算できます。ジオイド高は回転楕円体からジオイドまでの高さです。

5　○　測量の原点は，東京にある日本経緯度原点と日本水準原点が基準となっていますが，沖縄などの離島については別に原点が設定されています。

【解答】4

出題傾向

世界測地系であるGRS80，標高と楕円体高とジオイド高の関係など，例年出題されている内容は似ています。問題をよく読んで理解するようにしましょう。

2.3 ▶公共測量における現地作業

公共測量における測量作業機関の対応などを問うものです。準則からの出題が多いほか，作業の関係から道路交通法や個人情報保護法などからの出題もあります。ただし，そのほとんどは過去問題に類似したものです。

2.3.1 公共測量作業規程の準則

国土交通省 公共測量作業規程の準則（以下「準則」という）は，測量法の規定に基づき，公共測量を実施するにあたって標準的な作業方法を定め，必要な精度を確保するためのもので，国土交通大臣が定めています。各測量を実施するうえでの細かな規程や許容範囲などを定めていることから，測量士補試験の各章でも準則からの出題が基本となっています。以下に過去の出題範囲から重要な箇所をまとめました。

第2条　測量の基準　　　　　　　　　　　　　　　　　　　　準則

公共測量において，位置は特別の事情がある場合を除き，平面直角座標系に規程する世界測地系に従う**直角座標**及び測量法施行令に規程する**日本水準原点を基準とする高さ（標高）**により表示する。

第10条　安全の確保　　　　　　　　　　　　　　　　　　　準則

作業機関は，特に現地での測量作業において，作業者の**安全の確保について適切な措置**を講じなければならない。

補足 📖

屋外で行う測量業務の実施に際しては，通行者，通行車両等の**第三者の安全にも留意**する必要があります。建設工事に関わる安全対策，防災対策の要綱に沿って実施することはもちろんのこと，野焼きの禁止や火気，可燃物の取り扱いについても十分注意する必要があります。また，自然災害に対して被害を最小限にくい止めるための**防災体制を確立**することも必要です。そのためにも関係機関と緊密な連絡を取る他，安全教育の徹底を図っておく必要があります。

第26条　選点 準則

「選点」とは，平均計画図に基づき，現地において既知点の現況を調査するとともに，新点の位置を選定し，**選点図及び平均図を作成**する作業をいう。

> **Point**
>
> **平均計画図**は，地図上で今ある測点（既知点）とともに新たに必要な測点（新点）の概略位置を示したものです。その平均計画図をもとに現地調査を行い，既知点の有無，新点の位置を選定し，選点図と平均図を作成します。これらの作業の後，観測を行うことになります。
>
> **選点図**：現地での視通の有無や距離，方向を調査し，新点の位置を図面や台帳などに記したもの。
>
> **平均図**：選点図をもとに，それが準則に則っているか検討したうえで作成したもの。

第29条　建標承諾書 準則

計画機関が所有権又は管理権を有する土地以外の土地に永久標識を設置しようとするときは，当該土地の所有者又は管理者から建標承諾書等により承諾を得なければならない。

> **Point**
>
> 自分が所有する以外の土地に測点を設置する場合は，土地の権利を持つ者から承諾を得なければなりません。

第32条　永久標識の設置 準則

新設点の位置には，原則として，**永久標識**を設置し，測量標設置位置通知書を作成するものとする。

4　永久標識には，必要に応じ**固有番号**等を記録した IC タグを取り付けることができる。

5　3級〜4級基準点には**標杭又は標鋲**を用いることができる。

> **補足** 📖
>
> 永久標識（測量標）は，古くは花崗岩の標石でしたが，最近は金属やコンクリート等の材料が用いられています。

■ 図 2.6　永久標識（測量標）

第33条 点の記の作成　準則

設置した永久標識については，**点の記**※を作成するものとする。また，電子基準点のみを既知点として設置した場合はその旨を記載する。

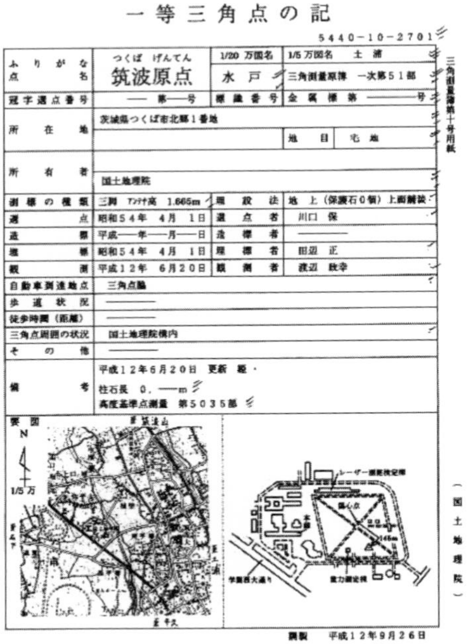

一等三角点の記

5440-10-2701

ふりがな 点名	つくば げんてん 筑波原点	1/20万図名 水戸	1/5万図名 土浦 三角測量原簿 一次第51部
冠字選点番号	── 第──号	標識番号	金属標第 ────号
所在地	茨城県つくば市北郷1番地	地目	宅地
所有者	国土地理院		
測標の種類	三脚 ｱﾝﾃﾅ高 1.665m	埋設法	地上（保護石0個）上部鋼鋲
選点	昭和54年 4月 1日	選点者	川口 保
造標	平成──年──月──日	造標者	────
埋標	昭和54年 4月 1日	埋標者	田辺 正
観測	平成12年 6月20日	観測者	渡辺 敦幸
自動車到達地点	三角点脇		
歩道状況	────		
徒歩時間（距離）	────		
三角点周囲の状況	国土地理院構内		
その他	────		
備考	平成12年6月20日 更新 旋・ 柱石長 0.──m 高度基準点測量 第5035部		

要図 N 1/5万

三角測量簿第十号用紙

（国土地理院）

調製 平成12年9月26日

図 2.7　点の記
（国土地理院ホームページより）

補足
※点の記とは，測点の位置や所在地，その測点を探すための経路，周辺の地図，スケッチなどを詳細に記録したものです。測点使用時にはこれを使って，測点を探し出すことができます。

第258条 対空標識の設置　準則

対空標識の設置とは，同時調整及び数値図化において基準点，水準点，標定点（ひょうていてん）等の写真座標を測定するため，基準点等に一時標識を設置する作業をいう。

設置した対空標識は，**撮影作業完了後，速やかに現状を回復**するものとする。

Point
対空標識は空中写真測量で用いる一時標識のことです。撮影完了後は周囲に危険もあるため，速やかに撤去する必要があります（☞6.2.2項「標定点及び対空標識の設置」）。

2.3.2 公共測量の現地作業に関係するその他の法令

(1) 測量法

第 15 条　土地の立入及び通知　　　　　　　　　　　　　　　　測量法

基本測量（又は公共測量）を実施するために必要があるときは，国有，公有又は私有の土地に立ち入ることができる。

2　宅地又はかき，さく等で囲まれた土地に立ち入ろうとする者は，あらかじめその占有者に通知しなければならない。

3　土地に立ち入る場合においては，その身分を示す証明書を携帯し，関係人の請求があったときは，これを呈示しなければならない。

第 16 条　障害物の除去　　　　　　　　　　　　　　　　　　　測量法

基本測量（又は公共測量）を実施するためにやむを得ない必要があるときは，あらかじめ所有者又は占有者の承諾を得て，障害となる植物又はかき，さく等を伐除することができる。

(2) 道路交通法

第 77 条　道路の使用の許可　　　　　　　　　　　　　　　　道路交通法

次に該当する者は，係る場所を管轄する警察署長の許可を受けなければならない。

一　道路において工事若しくは作業をしようとする者又は当該工事若しくは作業の請負人

(3) 道路法

第 32 条　道路の占用の許可　　　　　　　　　　　　　　　　　道路法

継続して道路を使用しようとする場合においては，道路管理者の許可を受けなければならない。

Point

道路で測量作業を行う場合，道路使用許可を管轄の警察署長から，道路占用許可を道路管理者からと 2 つの機関から許可を得る必要があります。

（4）個人情報の保護に関する法律（個人情報保護法）

業務の実施過程で個人情報を知り得ることもあります。その際は個人情報保護法を遵守し，利用目的範囲内での使用ならびに**情報の管理を徹底**します。また，**もし情報漏えいの事案が発生した場合はすみやかに関係部署へ報告**しなければなりません。

問題 1 ✓✓✓

次の a～e の文は，公共測量における測量作業機関の対応について述べたものである。明らかに間違っているものはいくつあるか。
a. 地形測量の現地調査で公有又は私有の土地に立ち入る必要があったので，測量計画機関が発行する身分を示す証明書を携帯した。
b. A 市が発注する基準点測量において，A 市の公園内に新点を設置することになったが，利用者が安全に公園を利用できるように，新点を地下埋設として設置した。
c. 地形図作成のために設置した対空標識は，空中写真撮影完了後，作業地周辺の住民や周辺環境に影響がない場所であったため，そのまま残しておいた。
d. B 市が発注する水準測量において，すべて B 市の市道上での作業になることから，道路使用許可申請を行わず作業を実施した。
e. 永久標識を設置した際，成果表は作成したが，点の記は作成しなかった。
1　0（間違っているものは 1 つもない。）
2　1つ　　3　2つ　　4　3つ　　5　4つ

これらの問題は，基本的には常識的な観点からある程度の良し悪しは判断ができます。本節での重要箇所を整理し，文章をよく読んで解きましょう。

解説
a. ○　測量作業で他人の土地へ立ち入る必要が出たときは，測量計画機関発行の身分証を携帯し，必要に応じて呈示します。
b. ○　一般市民への安全への配慮は，測量だけでなく現場で作業を行う者にとっての常識といえます。
c. ×　対空標識は，空中写真測量に用いる一時標識のことです。放置すれば危険のおそれもあるため，**撮影完了後は速やかに撤去**する必要があります。
d. ×　道路上で測量作業を行う場合，**道路使用許可を管轄の警察署長**から，**道路占用許可を道路管理者**からと 2 つの機関から許可を得る必要があります。発注した市の市道であっても道路の使用については警察署長の許可が必要です。

e. ×　**永久標識は点の記を作成**する必要があります。点の記には測点の座標や所在地の情報だけでなく，その場所に行きつくための地図や経路も記録されています。つまり，測点を探す手がかりとなるものです。

したがって，間違いは **c，d，e** の３つです。

【解答】4

問題 2　☑☑☑

　次の文は，公共測量における現地での作業について述べたものである。明らかに間違っているものはどれか。

1　測量計画機関から個人が特定できる情報を記載した資料を貸与されたことから，紛失しないよう厳重な管理体制の下で作業を行った。

2　山頂に埋設してある測量標の調査を行ったが，標石を発見できなかったため，掘り起こした土を埋め戻し，周囲を清掃した。

3　基準点測量において，周囲を柵で囲まれた土地にある三角点を使用するため，作業開始前にその占有者に土地の立入りを通知した。

4　基準点測量において，既知点の現況調査を効率的に行うため，山頂に設置されている既知点については，その調査を観測時に行った。

5　局地的な大雨による増水事故が増えていることから，気象情報に注意しながら作業を進めた。

解説

1　○　当然のことながら，個人情報を含んだ資料は個人情報保護の義務がありますので，適切な措置をとる必要があります。

2　○　当然のことながら，作業後の現場についても，一般市民の安全を考えての措置が必要です。

3　○　測量法（第14条）の規定において，公共測量における第三者の土地の立ち入りについてはあらかじめ占有者への通知が必要となります。

4　×　**既知点の現況調査は新点の選点とともに作業工程における「選点」時に行う**とされています。既知点といえども土地の変化により，測点の亡失なども考えられるからです。つまり，**現況調査は「観測」前**となります。

5　○　作業時の安全に務めることも重要な責務です。何らかの危険が考えられる場合は，適切な措置を講じる必要があります。

【解答】4

問題 3 ☑ ☑ ☑

　次の a 〜 e の文は，公共測量に従事する技術者が留意しなければならないことについて述べたものである。明らかに間違っているものだけの組合せはどれか。

a. 水準測量作業中に，標尺が駐車中の自動車に接触しドアミラーを破損してしまった。警察に連絡するとともに，直ちに測量計画機関へも事故について報告した。

b. 局地的な大雨による災害や事故が増えていることから，現地作業に当たっては，気象情報に注意するとともに，作業地域のハザードマップを携行した。

c. 測量計画機関が発行した身分を示す証明書は大切なものであるから，私有の土地に立ち入る作業において，証明書の原本ではなく証明書のカラーコピーを携帯した。

d. 基準点測量を実施する際，所有者に伐採の許可を得てから観測の支障となる樹木を伐採した。

e. 測量計画機関から貸与された測量成果などのデータをコピーした USB メモリを紛失したが，会社にバックアップがあり作業には影響が無かったため，測量計画機関には USB メモリを紛失したことを報告しなかった。

1　a, c　　2　a, d　　3　b, d　　4　b, e　　5　c, e

解説

a. ○　測量作業は安全に十分配慮して実施する必要がありますが，もし事故等が発生した場合は，すみやかに**警察及び関係機関へ報告**しなければなりません。

b. ○　安全確保の観点から，ハザードマップの携行など，**自然災害に対する備え**を行い，気象情報についても確認しておく必要があります。

c. ×　身分を示す証明書は，相手への信用にも関わることなので，**コピーではなく原本**であることが当然です。

d. ○　測量を実施するためにやむを得ない場合は，あらかじめ土地の**所有者又は占有者の許可を得て**から，障害物を除去します。

e. ×　業務で扱う資料やデータを紛失した場合は，作業の影響に関わらず，**関係機関及び部署に報告**する必要があります。

〔解答〕5

出題傾向

安全の確保や情報の取扱いに関する出題が近年増えています。

3章

GNSSを含む基準点測量

出題頻度とそのテーマ ➡ 出題数 5 問

★★★	基準点測量の概要／緯距・経距と三次元座標／GNSS 測量機を用いた測量
★★	定数補正計算／セオドライトの誤差と消去法／偏心補正計算／方向角の計算／斜距離と高低角による標高計算／セミ・ダイナミック補正
★	トータルステーション／観測値の良否／最確値・標準偏差／基準点成果表

合格のワンポイントアドバイス

　本章は作業規程の準則における基準点測量の範囲について扱いますが，ここでは基準点測量における基本的な計算のほか，トータルステーションや GNSS 測量の特徴や留意事項について問われます。

　本章の出題数は 5 問と多く，その出題テーマも多岐にわたっています。問題の傾向は過去の出題パターンと類似したものが多いので，過去問題に慣れておけば，決して難しいものではありません。

　例年の出題は 5 問中 3～4 問が文章問題，1～2 問が計算問題となっています。

3.1 ▶ 基準点測量の概要

基準点測量の基本知識が問われます。作業工程では，各工程での作業内容をイメージできるようにしておきましょう。

3.1.1 基準点

　基準点とは，各種測量を行う際に「基準」となる点であり，三角点，水準点，電子基準点，公共基準点などがあります。

　三角点，水準点，電子基準点は，国（国土地理院）が設置し，公共基準点は地方公共団体（市町村など）が設置します。

(1) 三角点

　位置（経度・緯度）と高さ（標高）が正確に求められた点

(2) 水準点

　高さ（標高）が正確に求められた点

(3) 公共基準点

　位置と高さが正確に求められた点で，地方公共団体が設置及び管理

> ☞ 3.12 節「GNSS 測量機を用いた測量」

(4) 電子基準点

　三角点と同様，位置と高さが正確に求められた点で，GNSS（Global Navigation Satellite System）衛星からの電波を連続的に受信します。

補足 📖

電子基準点とは，国土地理院が管理する GNSS を使った測量における基準点の一つで，日本全国に概ね 20 km 間隔でおよそ 1300 か所に設置されています。GNSS 衛星からの電波を 24 時間 365 日絶え間なく観測し，観測データの収集及び地殻の変動を毎日監視しています。位置情報のサービス支援などに広く利用されており，現在の高精度測位社会を支える重要なインフラとなっています。

■ 図 3.1　電子基準点

3.1.2 基準点測量

基準点測量とは，既存の基準点（既知点）を基準として，新しい基準点（新点）を設置する測量のことです。

基準点測量は，既知点の種類や距離などに応じて，1～4級基準点測量に分類されます。また，この測量により設置された基準点を1～4級基準点と呼びます。観測には，**トータルステーション（TS）** 等及び **GNSS 測量機** を使用します。

3.1.3 基準点測量の方式

基準点測量の方式として，**1・2級基準点測量**は，**結合多角方式** により行い，**3・4級基準点測量**は，**結合多角方式又は単路線方式** により行います。また，これらは**トラバース測量**とも呼ばれ，その測線構成の形により，結合トラバース，閉合トラバース，開放トラバースに分類されます。

△ 既知点
• 未知点

（a）結合多角方式　（b）単路線方式　（c）閉合トラバース　（d）開放トラバース
　　（結合トラバース）　　（結合トラバース）

■ 図 3.2　トラバースの種類

3.1.4 基準点測量の作業工程

基準点測量は**図 3.3** のような手順で行います。

(1) 作業計画

測量作業の方法，使用する機器，作業要員，日程などの計画を行うことに加え，地形図上で新点の概略位置を決定し，**平均計画図を作成**します。

(2) 踏査・選点

平均計画図に基づき，現地において既知点の現況を調査するとともに，新点の

■図 3.3　基準点測量の作業工程

位置を選点し，**選点図及び平均図を作成**します。

　既知点の現況調査は，異常の有無などを確認し，基準点現況調査報告書を作成します。他人の土地に永久標識を設置しようとするときは，**建標承諾書**などにより所有者から承諾を得なければなりません。

(3) 測量標の設置

　測量標の設置とは，新設点の位置に**永久標識等**を設ける作業をいいます。

☞ 2.3.1 項「公共測量作業規程の準則」

　永久標識の設置においては**測量標設置位置通知書**及び**点の記**を作成します。永久標識には，必要に応じて**固有番号**等を記録した IC タグを取り付けます。

> 補足 📖
> 選点や建標承諾書，測量標の設置については 2.3 節でも説明しています。

(4) 観　測

　観測に使用する機器の点検は，観測着手前及び観測期間中に適宜行い，必要に応じて機器の調整を行います。観測は平均図に基づいて行い，**観測図を作成**します。

☞ 3.4.4 項「角度の観測」

＜観測における留意事項＞

・水平角・鉛直角の観測は，**1 視準 1 読定**，**望遠鏡正位及び反位の観測を 1 対回**行う

・**距離測定は 1 視準 2 読定**（1 回の観測で 2 度測る）を 1 セットとする

・観測方法は原則として**結合多角方式**により行う

(5) 計算（点検計算及び平均計算）

　点検計算は，観測終了後直ちに行います。すべての単位多角形及び次の条件により選定されたすべての点検路線について，水平位置及び標高の**閉合差**（測定値と理論値の違い）**を計算**し，観測値の良否を判定します。**平均計算**は，最終結果を求めるために行われるもので，この観測値から標準偏差を求めます。

・点検路線は**既知点と既知点を結合**させる

・点検路線はなるべく短いものとする

・**すべての既知点は 1 つ以上の点検路線で結合**させる

・**すべての単位多角形は，路線の 1 つ以上を点検路線と重複**させる

補足 📖

点検計算は，基本測量（国土地理院が実施）においては**現地計算**と呼ばれます。

問題 1 ✓ ✓ ✓

次の文は，公共測量における基準点測量について述べたものである。 ア ～ エ に入る語句の組合せとして最も適当なものはどれか。

選点とは，平均計画図に基づき，現地において既知点の現況を調査するとともに，新点の位置を選定し， ア を作成する作業をいう。

新設点の位置には，原則として永久標識を設置する。また，永久標識には，必要に応じ イ などを記録した IC タグを取り付けることができる。

トータルステーション（以下「TS」という）を用いる観測では，水平角観測，鉛直角観測及び距離測定は，1 視準で同時に行うことを原則とする。また，距離測定は，1 視準 ウ を 1 セットとする。

TS を用いた観測における点検計算は，観測終了後に行うものとする。また，選定されたすべての点検路線について，水平位置及び標高の エ を計算し，観測値の良否を判定するものとする。

	ア	イ	ウ	エ
1	選点図及び平均図	固有番号	1 読定	観測差
2	観測図及び平均図	衛星情報	2 読定	閉合差
3	選点図及び平均図	衛星情報	1 読定	閉合差
4	観測図及び平均図	衛星情報	2 読定	観測差
5	選点図及び平均図	固有番号	2 読定	閉合差

基準点測量の作業工程における作業内容に関する問題です。よく似た名称などに注意して解いてください。

解説 ア　準則において，選点とは，平均計画図に基づき，現地において既知点の現況を調査するとともに，新点の位置を選定し，**選点図及び平均図**を作成する作業とされています。ちなみに観測図とは，平均図に基づき測量機器を用いて行う観測計画を記入するものです。

イ　新設点の位置には，原則として永久標識を設置することとなっており，永久標識には，必要に応じ**固有番号**などを記録した IC タグを取り付けることができます。

ウ　トータルステーションは，1 視準（1 回の観測）で水平角観測，鉛直角観測及び距離測定が同時に観測できる機器です。距離測定においては，**1 視準 2 読定（1 回の観測で 2 度測る）を 1 セット**としています。

エ　測量における測定値には必ず誤差が含まれており，基準点測量においては，点検計算において，**閉合差**（測定値と理論値との違い）を用いて観測値の良否を判断することになっています。

【解答】5

出題傾向

作業工程の問題として最も多いパターンです。平均計画図と平均図や平均計算は名前が似ていますが異なったものです。注意してください。

問題 2 ✓✓✓

表は，公共測量における基準点測量の工程別作業区分及び作業内容を示したものである。ア〜エの作業内容を語群から選び，表を完成させたい。語群から選ぶ組合せとして最も適当なものはどれか。

工程別作業区分	作業内容
作業計画	ア
選点	イ
測量標の設置	ウ
観測	エ
計算	所定の計算式により計算を行う。
成果等の整理	成果表や成果数値データなどの種類ごとに整理する。

＜語群＞
a. 予察により作業方法を決定する。
b. 測量標設置位置通知書を作成する。
c. 平均計画図を作成する。
d. 仮 BM を設置する。
e. 当該土地の所有者又は管理者から建標承諾書を取得する。
f. 観測した結果を観測手簿へ記録する。

	ア	イ	ウ	エ
1	c	e	b	f
2	c	b	e	f
3	a	b	e	f
4	c	e	b	d
5	a	b	e	d

ア **平均計画図**は地形図上で新点の概略位置などを決定するもので，作業計画の段階で行います。

イ 選点は平均計画図に基づき行われますが，他人の土地に測点を設置しようとする場合は**建標承諾書**により土地の所有者又は管理者から承諾を得なければなりません。

ウ 測量標の設置とは新設点の位置に永久標識を設ける作業をいいますが，その設置においては**測量標設置位置通知書**と**点の記**を作成しなければなりません。

エ 観測した結果は観測手簿へ記録します。

【解答】1

出題傾向

出題パターンとしてはあまり多くありませんが，作業順序に加えて，各工程で何を作成しているのかを整理しておきましょう。

問題 3　✓✓✓

次の文は，トータルステーションを用いた基準点測量の点検計算について述べたものである。明らかに間違っているものはどれか。

1 点検路線は，既知点と既知点を結合させるものとする。
2 点検路線は，なるべく長いものとする。
3 すべての既知点は，1つ以上の点検路線で結合させるものとする。
4 すべての単位多角形は，路線の1つ以上を点検路線と重複させるものとする。
5 許容範囲を超えた場合は，再測を行うなど適切な措置を講ずるものとする。

基準点測量の作業工程のうち，点検計算の工程に関する出題です。点検には注意事項がありますので，整理しておきましょう。

1 ○ 閉合差（誤差）を求めるために必要となります。
2 × 再測する路線の判定が困難となるため，**点検路線はなるべく短くする必要**があります。
3 ○ 各既知点間の閉合差を求めるのに必要です。
4 ○ 再測する路線の判定をするために必要です。
5 ○ 許容範囲を超えた路線は，再測しなければなりません。　【解答】2

出題傾向

点検計算において，「点検路線はなるべく短くする」はよく問われている文言です。覚えておきましょう。

| コラム | 電子基準点のみを既知点とした 3 級基準点測量 |

令和 5 年 3 月の準則改正において，電子基準点のみを既知点とした基準点測量が，3 級基準点測量にも適用されるようになりました。これにより，上位級である 1 級及び 2 級基準点の設置を省略して 3 級基準点の観測ができることから，**作業時間及び作業経費の削減**につながります。

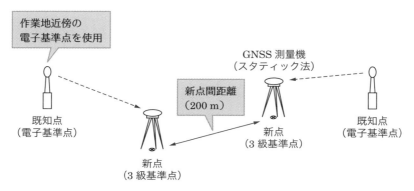

■図 3.4　電子基準点のみを既知点とした 3 級基準点測量のイメージ

＜電子基準点のみを既知点とした 3 級基準点の特徴＞

・既知点数：2 点以上（**作業地近くの電子基準点を使用**）

・既知点間距離：**制限しない**

・新点間距離：**200 m**

・GNSS 測量の観測法は**スタティック法**で行う。（☞ 3.12.4 項「GNSS 測量の観測方法」）

補足 📖

測量士補試験において，今後どのような形式で出題されるかわかりませんが，電子基準点のみを既知点とした 3 級基準点測量のメリットや特徴を整理しておきましょう。

3.2 ▶ トータルステーション

トータルステーションは一般的な測量業務で最も用いられている測量機器です。その特徴や誤差に関する問題が出題されていますので，覚えておきましょう。

3.2.1　トータルステーションとは

　トータルステーションは，測角機器であるセオドライト（トランシット）と測距機器である光波測距儀を組み合わせて一体化させた測量機器で，**1回の観測で，鉛直角・水平角・距離の測定が可能**となります。また，マイコンを内蔵しており，測量結果を自動的に記憶できるので，コンピュータやプロッタなどと組み合わせてシステム化することで，観測から計算，帳票作成，地形図の編集までを効率よく行うことが可能です。

■図 3.5　トータルステーション
写真提供：株式会社ニコン・トリンブル

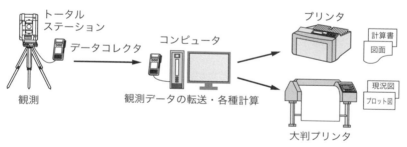

※データコレクタはトータルステーションに内蔵されている場合もあります。

■図 3.6　トータルステーションを用いた測量

3.2.2　トータルステーションの特徴

トータルステーションには，以下の特徴があります。

① 1回の観測で，**水平角・鉛直角・距離を同時に測定できる**

② 観測されたデータは，データコレクタに自動的に記録され，あらかじめ設定された許容範囲に基づいて，**倍角差・観測差などの点検**ができる
③ データコレクタの記録について，**削除や訂正を行うことは厳禁**

3.2.3 光波測距儀

トータルステーションにおける距離測定は**光波測距儀**により行います。光波測距儀は，**光の反射により距離を測る**しくみで，対応する測点にプリズム（反射鏡）を整置する場合と直接対象物に照射するノンプリズム式があります。

測定の原理は，測点 A の機器より発射された光波を測点 B のプリズム（反射鏡）で反射し，往復の光波の波長とその位相差（波のずれの量）を測定して距離を求めます。

距離は以下の式で求めます。

$$L = \frac{1}{2} \times (n\lambda + l)$$

n：往復の波の数（振動数）
λ：1 波長の長さ
l：位相差

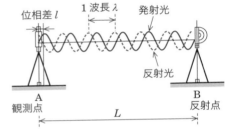

■ 図 3.7　光波測距儀の原理

3.2.4 トータルステーションにおける器械誤差

トータルステーションにおける器械誤差は，主に「距離観測における誤差」と「角観測における誤差」に大別されます。距離観測は光波測距儀に係わるもの，角観測はセオドライトに係わるものになります。ここでは，光波測距儀の距離に係わる誤差について解説します。角観測の誤差については 3.4 節「セオドライトの誤差と消去法」にて解説します。

(1) 観測距離に比例する誤差

① 気象誤差

光波は空気中を進んでいるため，気象条件（気温・気圧・湿度）の影響を受けます。距離に及ぼす影響は，**気温＞気圧＞湿度**の順となっています。

また，一般に，気圧が高くなると，観測距離は長くなり，気温が上がると観測距離は短くなります。

② **変調周波数誤差**

光波測距儀内の光を波に変換する基準発振器による基準周波数の誤差のことです。この誤差は**波長に影響を与えるため，距離に比例**します。

(2) 観測距離に比例しない誤差

① **器械定数誤差**

光波測距儀が保有している器械固有の誤差で，測距儀の中心と光波の発射位置とのずれにより発生する誤差です。これを器械定数といいます。

② **反射鏡（プリズム）定数誤差**

反射鏡（プリズム）が保有している器械固有の誤差で，反射鏡の中心と反射鏡の中で光が反射する位置とのずれに起因する誤差です。これを反射鏡定数といいます。

③ **位相差測定誤差**

光波測距儀内で位相差を測定する際の誤差のことです。光波測距儀が保有している器械固有の誤差となります。

④ **致心誤差**

光波測距儀及び反射鏡の鉛直線が，測点の鉛直線上に一致していないために発生する誤差のことです。

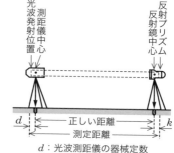

d：光波測距儀の器械定数
k：反射鏡定数

■ 図 3.8

問題 1　☑ ☑ ☑

次の文は，トータルステーションとデータコレクタを用いた基準点測量について述べたものである。明らかに間違っているものはどれか。

1　観測においては，水平角観測，鉛直角観測，距離測定を同時に行うことができる。

2　距離測定においては，気温，気圧を入力すると自動的に気象補正を行うことができる。

3　データコレクタに記録された観測値は，速やかに他の媒体にバックアップを取ることが望ましい。

4　観測終了後直ちに観測値が許容範囲内にあるかどうか判断できる。

5　データコレクタに記録された観測値のうち，再測により不要となった観測値
は，編集により削除することが望ましい。

 トータルステーションを用いた基準点測量に関する問題です。トータルス
テーションの特徴を整理しておきましょう。

1　○　水平角，鉛直角，距離測定を同時に観測できるのがトータルステーション
の特徴です。
2　○　気象条件をあらかじめ測定し，入力しておけば，トータルステーション側
で自動的に気象補正を行うことができます。
3　○　様々なトラブルも考えられますので，重要な観測データは速やかなバック
アップが望ましいといえます。
4　○　あらかじめ許容値を設定しておけば，観測値の倍角差や観測差を自動計算
してくれますので，再測が必要かどうかの判断ができます。
5　×　観測作業中に得た観測値は，各種の理由により不採用になる場合がありま
す。しかし，それら**不採用のデータも提出することが原則であり，削除して
はいけません。**

【解答】5

出題傾向
トータルステーションの特徴を問う基本問題です。出題パターンとしてよく出るの
で，覚えておきましょう。

問題 2
　次の文は，光波測距儀を使用した距離の測定について述べたものである。明らか
に間違っているものはどれか。
　1　気圧が高くなると，測定距離は長くなる。
　2　気温が上がると，測定距離は長くなる。
　3　器械定数の変化による誤差は，測定距離に比例しない。
　4　変調周波数の変化による誤差は，測定距離に比例する。
　5　位相差測定による誤差は，測定距離に比例しない。

 光波測距儀の誤差に関する問題です。気象の変化が観測距離にどのような影
響を与えるのか，また，観測距離に比例する誤差と比例しない誤差を整理し
ておきましょう。

光波測距儀の気象誤差において，気温と気圧と観測距離には右表のような関係性があります。

気象条件	観測距離
気温が上がる	短くなる
気圧が上がる	長くなる

【解答】2

Point

気温の上下，気圧の上下で観測距離にどのように影響するのか覚えておきましょう。

問題 **3**

　次のa～eは，トータルステーションによる距離測定に影響する誤差である。このうち，距離に比例する誤差の組合せはどれか。

a. 器械定数及び反射鏡定数の誤差
b. 変調周波数の誤差
c. 位相差測定の誤差
d. 致心誤差
e. 気象測定の誤差

　1　a, d　　　2　a, e　　　3　b, c　　　4　b, e　　　5　c, e

　問題の誤差は以下のように分類できます。

＜測定距離に比例する誤差＞

　b. 変調周波数の誤差，e. 気象要素の測定誤差

＜測定距離に比例しない誤差＞

　a. 器械定数及び反射鏡定数の誤差，c. 位相差測定の誤差，d. 致心誤差

よって，測定距離に比例する誤差の組合せは，b，e です。

【解答】4

出題傾向

光波測距儀に関する問題は，そのほとんどが，誤差が距離に比例するかしないかを問うものです。覚えておきましょう。

3.3 ▶ 定数補正計算

しばらく出題されていなかった問題がひさびさに出題されて以降，最近の頻出問題となりました。計算問題として，公式もありますが，定数補正とは何かを理解しておけば，難しくありませんので，解けるようにしましょう。

3.3.1　距離観測における補正

前節で説明したとおり，トータルステーションで距離観測を行う際には器械誤差が生じます。そこで，測定した距離 L には，次の3つの補正値を加えることになります。

$$補正後の距離\ L_0 = L + C_1 + C_2 + C_3$$

3つの補正値

C_1：気象補正値
C_2：器械定数
C_3：反射鏡定数

器械定数と反射鏡定数を合わせたものも器械定数と呼びます

(1) 補正量 K

トータルステーションや反射プリズムには器械固有の誤差があり，補正計算において定数として扱われます。ここで，トータルステーション側の測距器械の定数を器械定数，反射プリズム側の定数を反射鏡定数と呼びます。また，これら2つの定数を合わせたものも器械定数と呼びます。本節の定数補正計算ではこれら2つの定数（器械定数）を補正量 K として扱います。

(2) 器械定数（補正量 K）を求める方法

図 3.9 のように点 A，B，C を設け，AC 間（L_1），AB 間（L_2），BC 間（L_3）の3つの水平距離を測定し，その平均値を求めます。

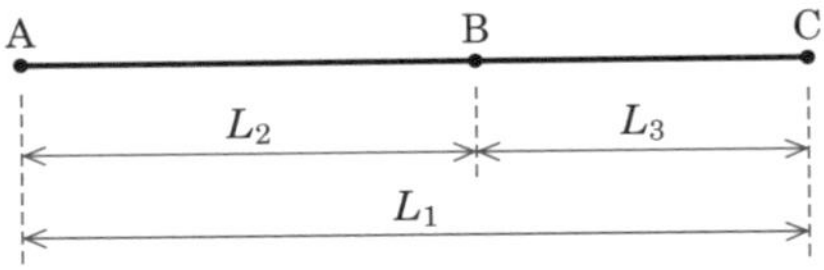

A ——————— B ————— C

L_2　　　L_3

L_1

■図 3.9

それぞれの観測において補正を行ったとして補正量 K を加えると，以下の式で表されます。ただし，ここでは気象補正値は補正済みとして扱います。

$$L_2 + K + L_3 + K = L_1 + K \tag{3・1}$$

式 (3・1) を器械定数 K について解くと

$$K = L_1 - (L_2 + L_3) \tag{3・2}$$

　問題では補正前後のいずれかの測定値が与えられています。何の値を求めるのかを整理して解くようにしましょう。

問題 1 ✓ ✓ ✓

　図に示すように，平たんな土地に点 A，B，C を一直線上に設けて，各点におけるトータルステーションの器械高と反射鏡高を同一にして距離測定を行った結果，器械定数と反射鏡定数の補正前の測定距離は，表のとおりである。表の測定距離に，器械定数と反射鏡定数を補正した AC 間の距離はいくらか。ただし，測定距離は気象補正済みとする。また，測定誤差は考えないものとする。なお，関数の値が必要な場合は，巻末の関数表を使用すること。

測定区間	測定距離
AB	600.005 m
BC	399.555 m
AC	999.590 m

A━━━━━━━━━B━━━━━━C

1　999.560 m　　2　999.570 m　　3　999.590 m
4　999.610 m　　5　999.620 m

補正前の測定距離が与えられて，そこから補正量を求めて，補正後の値を算出するパターンの問題です。

器械定数と反射鏡定数の補正量を K とおきます。
問題の表の測定距離は補正前の値なので，式（3・1）より

$$\underbrace{600.005 + K}_{AB} + \underbrace{399.555 + K}_{BC} = \underbrace{999.590 + K}_{AC}$$

上式から K を求めると

　　$K = +0.03$

　AC 間の補正前の測定距離に補正量 K を加えて補正後の AC 間の距離を求めます。

　　補正後の AC 間の距離 = 999.590 + 0.03 = **999.620 m**

【解答】5

問題 2 ✓ ✓ ✓

　図に示すように，平たんな土地に点 A，B，C を一直線上に設けて，各点におけるトータルステーションの器械高及び反射鏡高を同一にして AB，BC，AC 間の距離を測定した。その結果から，器械定数と反射鏡定数の和を求め，定数補正後の AC 間の距離 718.400 m を得た。定数補正前の AB，AC 間の距離は，表のとおりである。この場合の定数補正前の BC 間の測定距離はいくらか。ただし，測定距離は気象補正済みとする。また，測定誤差はないものとする。なお，関数の値が必要な場合は，巻末の関数表を使用すること。

A　　　　　　　　B　　　　　　　C

測定区間	測定距離
AB	362.711 m
AC	718.370 m

1　355.629 m　　2　355.644 m　　3　355.659 m

4　355.674 m　　5　355.689 m

 問題 1 とは異なるパターンの問題なので注意して解きましょう。

解説　補正量（器械定数と反射鏡定数の和）を K として，補正前後の測定値が出ているのは AC 間なので，次の関係から補正量 K を求めます。

　　　　補正前の AC 間の測定値 ＋ 補正量 K ＝ 補正後の AC 間の距離

　　　　718.370 ＋ 補正量 K ＝ 718.400

　　　　補正量 K ＝ 718.400 － 718.370 ＝ ＋ 0.03 m

補正量 K は補正前のすべての測定時にかかってくるので，式（3・1）より

　　　AB（補正前）＋ K　＋　BC（補正前）＋ K　＝　AC（補正前）＋ K

これを補正前の BC 間の測定距離を求める式に変形すると

　　　BC（補正前）＝ AC（補正前）－ AB（補正前）－ K

上記式に各数値を代入して

　　　BC（補正前）＝ 718.370 － 362.711 － 0.03 ＝ **355.629 m**

［解答］ 1

出題傾向

ここ数年の頻出問題です。難しくはありませんので，補正量 K の符号と補正前後の測定値の関係を整理して解けるようにしましょう。

3.4 ▶ セオドライトの誤差と消去法

正位と反位の観測方法で消去できる誤差とできない誤差の区別をつけるようにしておきましょう。セオドライトだけでなく，トータルステーションの測角機能に関する問題としても出題されています。

3.4.1　セオドライトとは

　セオドライトは，角度を測る測量機器です。測量における測角は，非常に微少な角度まで読み取る必要があるため，装備条件や定期的な調整が欠かせません。

　現在は，セオドライトの測角機能に加え，光を用いて距離を測る（光波測距儀）機能を組み合わせた**トータルステーション**という測量機器を用いることが主流となっています。距離と角度を同時に観測することが可能ですので，セオドライトを用いて行う測量は，すべてトータルステーションで行うことができます。

■図 3.10　セオドライト
写真提供：株式会社ニコン・トリンブル

3.4.2　セオドライトの軸線

　セオドライトには，視準軸（視準線）（C），水平軸（H），鉛直軸（V），上盤気泡管軸（L）の 4 つの軸（**図 3.11**）があり，これらが正しく点検・調整されていない場合は，器械誤差の発生要因となります。

・**視準軸誤差**

　視準軸（視準線）（C）と水平軸（H）が直交していない

・**水平軸誤差**

　水平軸（H）と鉛直軸（V）が直交していない

・**鉛直軸誤差**

　鉛直軸（V）と上盤気泡管軸（L）が直交していない

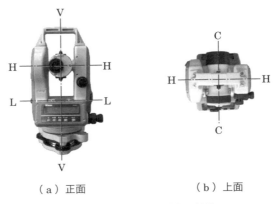

（a）正面 （b）上面

■図 3.11 セオドライトの軸線

3.4.3 誤差要因とその消去法

　器械誤差の多くは観測方法により，消去又は軽減することが可能です。それを一覧にすると**表 3.1** のようになります。

■表 3.1 器械誤差の原因とその消去法

誤差の種類	誤差の原因	消去法
視準軸誤差	・視準軸が水平軸に直交していない	望遠鏡の正・反観測の平均をとる。
水平軸誤差	・水平軸が鉛直軸に直交していない	望遠鏡の正・反観測の平均をとる。
鉛直軸誤差	・上盤気泡管が鉛直軸に直交していない	なし（誤差の影響を少なくするには各視準線方向ごとに整準する）。
目盛盤の目盛誤差	・目盛盤の刻みが正確でない ・器械製作不良	なし（方向観測法などで全周の目盛盤を使うことにより影響を少なくする）。
目盛盤の偏心誤差	・セオドライトの鉛直軸の中心と目盛盤の中心が一致していない ・器械製作不良	望遠鏡の正・反観測の平均をとる。
視準軸の偏心誤差	・望遠鏡の視準線が回転軸の中心線と一致していない（鉛直軸と交わっていない） ・器械製作不良	望遠鏡の正・反観測の平均をとる。

表 3.1 より，誤差の消去法をまとめると

＜望遠鏡の正・反観測の平均で消去できる誤差＞

　視準軸誤差，水平軸誤差，目盛盤の偏心誤差，視準軸の偏心誤差

＜望遠鏡の正・反観測の平均で消去できない誤差＞

　鉛直軸誤差，目盛盤の目盛誤差

となります。

> ただし，表 3.1 の方法により誤差の軽減は可能

補足 📖

測量士補試験の問題では，望遠鏡の正・反観測の平均で消去できない誤差として，「**目標像のゆらぎに起因する誤差**」の記述もあります。これは空気密度の不均一さにより光が屈折することで起こる現象であり，陽炎とも呼ばれています。

3.4.4 角度の観測

　角度観測は，同一の角を望遠鏡の**正位**（*r*：right）（右回り）と**反位**（*l*：left）（左回り）で 1 回ずつ観測を行う正反 1 対回観測が基本です。1 対回観測は，以下のような利点があります。

・正位と反位の観測結果を比較して，観測データの**良否の判断**ができる

・正位と反位の観測結果の平均値を採用することで，**器械的誤差を消去**できる

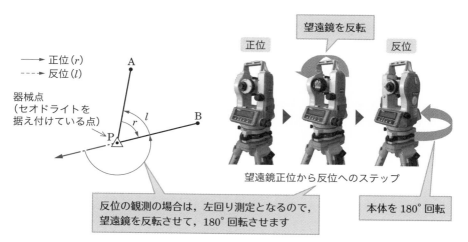

凡例
—— 正位（*r*）
---- 反位（*l*）

器械点
（セオドライトを据え付けている点）

望遠鏡を反転

正位　　　反位

望遠鏡正位から反位へのステップ

反位の観測の場合は，左回り測定となるので，望遠鏡を反転させて，180°回転させます

本体を 180°回転

■ 図 3.12　角度の観測（1 対回）

問題 1

次の文は，トータルステーション（以下「TS」という）を用いた水平角観測において生じる誤差について述べたものである。望遠鏡の正（右）・反（左）の観測値を平均しても消去できない誤差はどれか。

1　TS の水平軸と望遠鏡の視準線が，直交していないために生じる視準軸誤差。
2　TS の水平軸と鉛直線が，直交していないために生じる水平軸誤差。
3　TS の鉛直軸が，鉛直線から傾いているために生じる鉛直軸誤差。
4　TS の水平目盛盤の中心が，鉛直軸の中心と一致していないために生じる偏心誤差。
5　望遠鏡の視準線が，TS の鉛直軸の中心から外れているために生じる外心誤差。

セオドライトの対回観測による誤差消去に関する問題です。正反の観測値の平均で消去できる誤差とできない誤差をしっかり覚えて解きましょう。

　トータルステーションの望遠鏡の正反の観測値の平均で消去できる誤差は，以下のとおりです（☞3.4.3 項「誤差要因とその消去法」）。

　視準軸誤差，水平軸誤差，目盛盤の偏心誤差，視準軸の偏心誤差（外心誤差）
　したがって，**鉛直軸誤差は消去できません**。

【解答】3

問題 2 ☑☑☑

次のa〜eの文は，セオドライトを用いた水平角観測における誤差について述べたものである。望遠鏡の正（右）・反（左）の観測値を平均しても消去できない誤差の組合せとして最も適当なものはどれか。

a. 空気密度の不均一さによる目標像のゆらぎのために生じる誤差。

b. セオドライトの水平軸が，鉛直線と直交していないために生じる水平軸誤差。

c. セオドライトの水平軸と望遠鏡の視準線が，直交していないために生じる視準軸誤差。

d. セオドライトの鉛直軸が，鉛直線から傾いているために生じる鉛直軸誤差。

e. セオドライトの水平目盛盤の中心が，鉛直軸の中心と一致していないために生じる偏心誤差。

1 a, c   2 a, d   3 a, e   4 b, d   5 b, e

解説

a. 空気が原因の**目標像のゆらぎに起因する誤差**は，誤差の発生理由が器械に起因しないため，正反観測では誤差を**消去することはできません**。

d. 円形気泡管の調整不十分などによって発生する鉛直軸誤差は，自然の鉛直線（重力に引かれる方向）に，器械の鉛直軸の方向が一致していないために発生する誤差のことです。正反観測でも器械の鉛直軸は同じ方向に傾いたままなので，この誤差（**鉛直軸誤差**）は**消去することができません**。

[解答] 2

出題傾向

出題パターンのほとんどは，問題1や問題2のようなものです。正反の観測で消去できない誤差（「鉛直軸誤差」「目盛盤の目盛誤差」「目標像のゆらぎによる誤差」）を覚えておきましょう。

3.5 ▶ 観測値の良否 (倍角差・観測差・高度定数)

 角観測の計算の基本的事項になります。出題数は多くありませんが，知識がないとわからない問題です。難しくありませんので，覚えておくようにしましょう。

3.5.1 水平角観測（倍角差と観測差）

　水平角観測により観測された値そのものが，測量結果として許容範囲にあるかどうかを判断する指標として**倍角差**と**観測差**があります。この倍角差と観測差を求めるために必要なのが**倍角**と**較差**です。

　実際の水平角観測の観測結果（**表 3.2**）を用いて解説します。

■表 3.2　水平角の観測

目盛	望遠鏡	視準点	観測角	測定角
0°	正 (r)	A	0° 00′ 40″	
		B	142° 52′ 30″	142° 51′ 50″
	反 (l)	B	322° 52′ 10″	142° 51′ 40″
		A	180° 00′ 30″	
90° ※1	反 (l)	A	270° 00′ 20″	
		B	52° 52′ 20″	142° 52′ 00″
	正 (r)	B	232° 52′ 30″	142° 51′ 50″
		A	90° 00′ 40″	

> 142° 51′ 60″ で計算※2

※1　目盛盤の目盛誤差軽減のため，2 対回目の目盛を 90° ずらして観測しています。1 対回目が反位の 180° で終了しているため，2 対回目は 180° + 90° = 270° の反位から開始しています。

※2　2 対回目の反位の測定角は 142° 52′ 00″ となっていますが，倍角差，観測差の算出には測定角の分の値を統一しておく必要があります。**分が異なる場合は小さい分に合わせて計算していきます**（この場合は 142° 51′ 60″ で計算）。

① **倍角**　同一視準点の 1 対回に対する正位と反位の秒数の和（$r + l$）
② **較差**　同一視準点の 1 対回に対する正位と反位の秒数の差（$r - l$）
③ **倍角差**　各対回の同一視準点に対する倍角のうち，最大値と最小値の差

④ **観測差** 各対回の同一視準点に対する較差のうち，最大値と最小値の差

観測結果から，倍角，較差，倍角差，観測差を求めると**表 3.3** のようになります。

■**表 3.3 倍角，較差，倍角差，観測差の計算**

目盛	望遠鏡	視準点	観測角	測定角	倍角	較差	倍角差	観測差
0°	正 (r)	A	0° 00′ 40″					
		B	142° 52′ 30″	142° 51′ 50″	90″※1	10″※3	20″※5	20″※6
	反 (l)	B	322° 52′ 10″	142° 51′ 40″				
		A	180° 00′ 30″					
90°	反 (l)	A	270° 00′ 20″					
		B	52° 52′ 20″	142° 51′ 60″	110″※2	−10″※4		
	正 (r)	B	232° 52′ 30″	142° 51′ 50″				
		A	90° 00′ 40″					

それぞれの計算（※1 〜 6）は以下の式で求めています。

倍角の計算（$r + l$）

　　※1　$50″ + 40″ = 90″$　　　※2　$50″ + 60″ = 110″$

較差の計算（$r − l$）

　　※3　$50″ − 40″ = 10″$　　　※4　$50″ − 60″ = −10″$

倍角差の計算（倍角の最大値−最小値）

　　※5　$110″ − 90″ = 20″$

観測差の計算（較差の最大値−最小値）

　　※6　$10″ − (−10″) = 20″$

3.5.2 鉛直角観測（高低角と高度定数）

(1) 高低角と天頂角

測角器械は一般的に天頂を $0°$ とした**天頂角**を観測します。これに対し，水平線からの角度を**高低角**といい，これらを総称して**鉛直角**といいます（**図 3.13**）。なお，両者の和（天頂角＋高低角）は $90°$ になります。

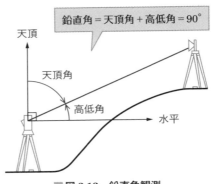

■図 3.13　鉛直角観測

　望遠鏡の正位（r）と反位（l）で鉛直角を観測した場合，器械が示す角度は**図 3.14**のようになります。ここで，反位の天頂角は，360°から差し引くので，$360° - l$となり，正反の天頂角の平均は

$$天頂角の平均 = \frac{r + 360° - l}{2}$$

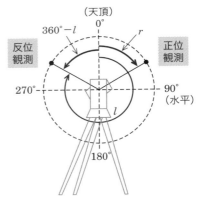

■図 3.14　鉛直角観測の正反

　高低角は 90°から平均した天頂角を差し引いて求まるので

$$高低角 = 90° - \left(\frac{r + 360° - l}{2} \right)$$

$$(3 \cdot 3)$$

　※高低角が＋の場合は「仰角」，－の場合は「俯角」を表します

(2) 高度定数

　鉛直角観測における望遠鏡の正位と反位の観測値の合計（$r + l$）は理論上 360°となります。しかし，実際には誤差を含んでおり，この誤差を**高度定数**（記号：K）といいます。したがって高度定数 K は次の式で表されます。

$$高度定数 K = (r + l) - 360°$$

$$(3 \cdot 4)$$

　また，観測点が 2 つ以上の場合，高度定数の最大値と最小値の差である**高度定数の較差**を求める必要があります。高度定数の較差は，鉛直角観測の精度を判定する数値となります。

問題 1 ☑ ☑ ☑

公共測量における1級基準点測量において，トータルステーションを用いて鉛直角を観測し，表の結果を得た。点A，Bの高低角及び高度定数の較差の組合せとして最も適当なものはどれか。

望遠鏡	視準点		鉛直角
	名称	測標	
r	A		63° 19′ 27″
l			296° 40′ 35″
l	B		319° 24′ 46″
r			40° 35′ 12″

	高低角（点A）	高低角（点B）	高度定数の較差
1	−26° 40′ 34″	−49° 24′ 47″	2″
2	+26° 40′ 25″	−49° 24′ 47″	2″
3	+26° 40′ 31″	−49° 24′ 49″	4″
4	+26° 40′ 34″	+49° 24′ 47″	4″
5	+26° 40′ 31″	+49° 24′ 50″	0″

鉛直角観測に関する問題です。公式を覚える必要がありますが，観測器械の原理を理解して解くと，式が導きやすくなります。

解説 視準点Aの高低角について，式（3・3）を用いて求めます。

$$\text{視準点Aの高低角} = 90° - \left(\frac{\overset{r}{63° \ 19′ \ 27″} + 360° - \overset{l}{296° \ 40′ \ 35″}}{2} \right)$$

$$= 90° - \left(\frac{63° \ 19′ \ 27″ + 63° \ 19′ \ 25″}{2} \right)$$

$$= 90° - 63° \ 19′ \ 26″ = \mathbf{+26° \ 40′ \ 34″}$$

視準点Bの高低角についても視準点Aと同様に式（3・3）を用いて求めます。

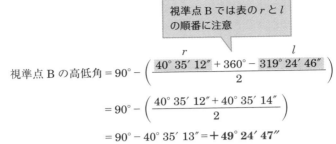

視準点 B では表の r と l の順番に注意

$$\text{視準点 B の高低角} = 90° - \left(\frac{\overset{r}{40°\ 35'\ 12''} + 360° - \overset{l}{319°\ 24'\ 46''}}{2} \right)$$

$$= 90° - \left(\frac{40°\ 35'\ 12'' + 40°\ 35'\ 14''}{2} \right)$$

$$= 90° - 40°\ 35'\ 13'' = \mathbf{+49°\ 24'\ 47''}$$

高度定数の較差は視準点 A と B の高度定数の差なので，式（3・4）を用いて

$$\text{視準点 A の高度定数} = (63°\ 19'\ 27'' + 296°\ 40'\ 35'') - 360° = 0°\ 0'\ 2''$$

$$\text{視準点 B の高度定数} = (40°\ 35'\ 12'' + 319°\ 24'\ 46'') - 360° = -0°\ 0'\ 2''$$

高度定数の較差は高度定数の最大値から最小値を差し引くので

$$\text{高度定数の較差} = 0°\ 0'\ 2'' - (-0°\ 0'\ 2'') = \mathbf{+4''}$$

【解答】4

出題傾向

水平角観測であれば分の値を揃えること，鉛直角観測であれば天頂から角度を観測していることなど整理しておいてください。

3.6 ▶ 最確値・標準偏差

 最確値と標準偏差は測量において重要な単元です。しっかりと理解して計算できるようにしておきましょう。

3.6.1 　最確値

　測量の目的は，真の値を知ることですが，測定値には誤差が含まれ，真の値を測定することはできません。

　そこで，測量では真の値に代わるものとして，複数の観測値から，最も確からしい値である**最確値**というものを統計的に推定して求めます。

　最確値は，基本的に**算術平均値**を用います。

$$最確値 \ M = \frac{l_1 + l_2 + \cdots + l_n}{n} = \frac{\Sigma l}{n} = \frac{[l]}{n} = \frac{測定値の合計}{測定回数}$$

平均計算と同じです

3.6.2 　残　差

　残差とは，測定値と最確値との差であり，統計学において誤差の推定量とされています。

　　　残差 v ＝測定値 l －最確値 M

3.6.3 　標準偏差

　標準偏差（平均二乗誤差）は，**測定値のばらつきの程度**を表すものです。そのため，標準偏差は同じ区間について，複数回の観測を行わないと計算ができません。標準偏差が小さいほど，測定値のばらつきが小さい（測定値がまとまっている）ので，観測精度が高くなります。

　最確値の標準偏差 m_0 を求める式は以下のとおりです。

$$m_0 = \pm \sqrt{\frac{[vv]}{n(n-1)}}$$

ただし，$[vv]$ は残差 v の 2 乗の合計

[ ] は合計を表しています（合計を表す記号Σを用いたΣvv と同じ意味です）

3.6.4 最確値と標準偏差の計算例

例えば，ある角度を 5 回観測したときの結果をまとめると**表 3.4** のようになります。

最確値は，観測 5 回の平均であり，残差は，「観測値−最確値」で求めます。

標準偏差の計算のため，vv（残差 v を 2 乗）の合計を求め，公式に代入します。

■表 3.4

観測値	最確値	残差 v	vv
150° 00′ 07″		+3″	9″
149° 59′ 59″		−5″	25″
149° 59′ 56″	150° 00′ 04″	−8″	64″
150° 00′ 05″		+1″	1″
150° 00′ 13″		+9″	81″
		[vv]（vv の合計）	180″

vv は「残差」×「残差」（残差の 2 乗）

最確値　$150° 00′ + \dfrac{7″ - 1″ - 4″ + 5″ + 13″}{5} = 150° 00′ 04″$

計算を簡単にするため，150° 00′ を基準値として，その端数の秒単位のみで計算しています（⇒ 1.2.3 項「基準値を用いた計算」）

標準偏差　$\sqrt{\dfrac{[vv]}{n(n-1)}} = \sqrt{\dfrac{180″}{5(5-1)}} = 3.0″$

本来 "±" が必要ですが，問題を解くうえでは不要なので省略しています（なお，測量士補試験においても省略した形で出題されています）

問題 1

図に示すように，点 A において，点 B を基準方向として点 C 方向の水平角 θ を同じ精度で 5 回観測し，表の結果を得た。水平角 θ の最確値に対する標準偏差はいくらか。なお，関数の数値が必要な場合は，巻末の関数表を使用すること。

1	0.2″
2	0.6″
3	1.0″
4	1.6″
5	2.0″

角θの 観測値	290°01′22″
	290°01′18″
	290°01′20″
	290°01′24″
	290°01′21″

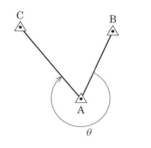

 最確値は平均計算，標準偏差は残差を求めた後に公式へ代入することで求めることができます。

 公式にしたがって計算すると，**解表**のような結果となります。

■ 解表

観測値	最確値	残差 v	vv
290°01′22″		+1″	1″
290°01′18″		−3″	9″
290°01′20″	290°01′21″	−1″	1″
290°01′24″		+3″	9″
290°01′21″		0″	0″
		$[vv]$	20″

最確値　$290°01′ + \dfrac{22″+18″+20″+24″+21″}{5} = 290°01′21″$

標準偏差　$\sqrt{\dfrac{[vv]}{n(n-1)}} = \sqrt{\dfrac{20″}{5×(5-1)}} = \mathbf{1.0″}$

【解答】3

出題傾向

標準偏差を求める基本的な問題です。パターンはほとんど変わりません。解説のように表にまとめると，計算がしやすくなります。

3.7 ▶ 偏心補正計算

 三角関数の正弦定理（又は余弦定理）を用いて計算するため，少し難易度が高いですが，問題はパターン化されています。過去問題を解いて，手順を理解しましょう。

3.7.1 偏心補正計算

図 3.15 のように，観測したい測点（既知点 A）が障害物など（樹木など）により，直接視準できない（見通せない）場合は，偏心点 P を設け，偏心角（ϕ），偏心距離（e）を観測します。その後，仮の水平角（T'）を観測し，偏心補正計算により偏心補正量（x）を求め，計算によって，本来観測したい水平角（T）を求めます。

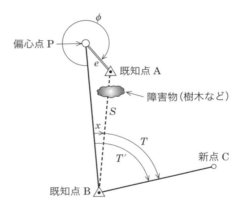

■図 3.15　偏心補正計算

水平角観測における偏心補正計算 は，以下の 2 つのパターンに分けられます。
・角度を求める（正弦定理を用いる）場合
・距離を求める（余弦定理を用いる）場合
問題を解きながらその計算方法をマスターしましょう。

3.7.2 角度を求める場合（正弦定理）の計算方法

例題 ✓ ✓ ✓

　図の既知点 B において，既知点 A を基準に水平角を測定し，新点 C の方向角を求めようとしたが，既知点 B から既知点 A への視通が確保できなかったので，既知点 A に偏心点 P を設けて観測を行い，表の結果を得た。既知点 A と新点 C の間の水平角 T の値はいくらか。ただし，ϕ，e，T'，S の値は表のとおりとし，1 ラジアンは，$2'' \times 10^5$ とする。なお，関数の数値が必要な場合は，巻末の関数表を使用すること。

既知点 A	既知点 B
$\phi = 330°\,00'\,00''$	$T' = 83°\,20'\,30''$
$e = 9.00$ m	
$S = 1000.00$ m	

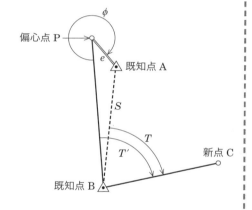

偏心点 P
ϕ
e
既知点 A
S
T
T'
新点 C
既知点 B

1　$82°\,50'\,15''$

2　$82°\,50'\,30''$

3　$83°\,05'\,15''$

4　$83°\,05'\,30''$

5　$83°\,20'\,15''$

偏心補正量∠PBA を求めて，T' から引くことにより水平角 T を求めます。角度を用いるパターンなので，正弦定理を用います。

解説
　偏心補正量∠PBA（以下，∠x とする）を求めます。この場合，正弦定理を用いて求めます（☞ 1.5.1 項「正弦定理」）。

　正弦定理の式に当てはめると

$$\frac{e}{\sin x} = \frac{S}{\sin(360° - \phi)}$$

　x についての式に変形すると

$$\sin x = \frac{e}{S} \times \sin (360° - \phi)$$

x が微小のとき $\sin x \fallingdotseq x$ として
(☞ 1.5.3 項「逆三角関数」)

$$x = \frac{e}{S} \times \sin (360° - \phi)$$

> 次式のように $\sin^{-1}$（アークサイン）を
> 用いて求めるパターンもあります
>
> $$x = \sin^{-1}\left\{\frac{e}{S} \times \sin (360° - \phi)\right\}$$

ここでの x はラジアン単位のため，ρ'' $(2'' \times 10^5)$ を
かけてデグリー単位（度分秒）に換算します（☞ 1.3.2
項「ラジアン単位⇔デグリー単位」）。

よって

$$x'' = \rho \times \frac{e}{S} \times \sin (360° - \phi)$$

> $\sin 30° = \dfrac{1}{2}$

に数値を代入すれば

$$x'' = (2 \times 10^5) \times \frac{9}{1000} \times \sin (\,360° - 330°\,)$$

$$= 200000 \times \frac{9}{1000} \times \frac{1}{2}$$

$$= 900''$$

> 秒を分に換算
> $900 \div 60 = 15'$

$$= 15'$$

$$T = T' - x = 83° 20' 30'' - 15' = \mathbf{83° 05' 30''}$$

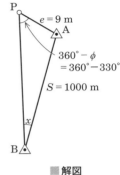

P
$e = 9\ \text{m}$
A
$360° - \phi$
$= 360° - 330°$
$S = 1000\ \text{m}$
x
B

■ 解図

【解答】4

出題傾向

この問題は正弦定理を用いる偏心補正計算としては基本的なパターンです。図形が
横に傾いて出題されることもあります。

3.7.3　距離を求める場合（余弦定理）の計算方法

例題 ☑☑☑

　トータルステーションを用いた基準点測量において，既知点 A と新点 B の距離
を測定しようとしたが，既知点 A から新点 B への視通が確保できなかったため，
新点 B の偏心点 C を設け，図に示す観測を行い，表の観測結果を得た。点 A，B
間の基準面上の距離 S はいくらか。ただし，ϕ は偏心角，T は零方向から既知点 A

までの水平角であり，点 A，C 間の距離 S' 及び偏心距離 e は基準面上の距離に補正されているものとする。なお，関数の数値が必要な場合は，巻末の関数表を使用すること。

1　815 m
2　834 m
3　854 m
4　880 m
5　954 m

観測結果	
S'	900 m
e	100 m
T	314° 00′ 00″
ϕ	254° 00′ 00″

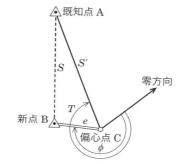

距離を求めるパターンなので，余弦定理を用いて偏心補正計算を行います。

解説

余弦定理（⇨ 1.5.2 項「余弦定理」）より

$$S^2 = S'^2 + e^2 - 2 \times S' \times e \times \cos(T - \phi)$$

となります。数値を代入すると

$$S^2 = 900^2 + 100^2 - 2 \times 900 \times 100 \times \cos(\underset{60°}{314° - 254°})$$

$$= 810000 + 10000 - 2 \times 90000 \times \frac{1}{2}$$

$$= 820000 - 90000$$

$$S^2 = 730000$$

$$S = \sqrt{730000} = \textbf{854 m}$$

（$\cos 60° = \dfrac{1}{2}$）

測量士補試験は電卓を使用できませんので，以下のような工夫で平方根（√）を外してください
$\sqrt{730000} = \sqrt{73} \times \sqrt{10000} = \sqrt{73} \times 100$
√73 は関数表より，8.54400 なので
　8.54400 × 100 = 854.4 = 854 m
（⇨ 1.2.5 項「√ の外し方」）
なお，選択肢の値を 2 乗して 730000 に近いものを選ぶ方法もあります

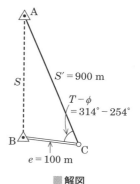

■解図

【解答】3

Point

余弦定理を用いる場合の基本的なパターンです。余弦定理の式は覚えておきましょう。

問題 1 チャレンジ！ ☑☑☑

　図に示すように，既知点 A において既知点 B を基準方向として新点 C 方向の水平角 T' を観測しようとしたところ，既知点 A から既知点 B への視通が確保できなかったため，既知点 A に偏心点 P を設けて観測を行い，表の観測結果を得た。既知点 B 方向と新点 C 方向の間の水平角 T' はいくらか。ただし，既知点 A，B 間の基準面上の距離は，2000.00 m であり，S' 及び偏心距離 e は基準面上の距離に補正されているものとする。なお，$\sin^{-1}(0.00059) \fallingdotseq 0.0338°$，$\sin^{-1}(0.00111) \fallingdotseq 0.0636°$，$\tan^{-1}(0.00111) \fallingdotseq 0.0636°$ とし，その他関数の数値が必要な場合は，巻末の関数表を使用すること。

1　299° 54′ 09″
2　299° 58′ 13″
3　300° 00′ 00″
4　300° 01′ 47″
5　300° 05′ 51″

観測結果	
S'	1800.00 m
e	2.00 m
T	300° 00′ 00″
ϕ	36° 00′ 00″

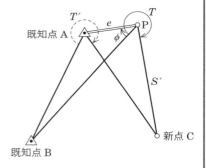

 角度を求めるので正弦定理を用いる問題であることが予想できます。正弦定理を用いた応用問題となりますので，問題を解くにあたり，少し工夫がいります。

 解説　まずは，問題の図中の既知点 A において，測線 PB と測線 PC に平行な 2 本の線を入れます。その線上の点をそれぞれ B′，C′ とします（**解図 1**）。

　∠BPC = ∠B′AC′ なので，求めるべき T' の角度は以下の式で求めることができます。

$$T' = 360° - (\angle \mathrm{B'AC'} - \angle \mathrm{B'AB} + \angle \mathrm{C'AC}) \quad \cdots ①$$

　平行線の錯角は等しくなるので

$$\angle \mathrm{B'AB} = \angle \mathrm{ABP} \quad (x_1 とする)$$
$$\angle \mathrm{C'AC} = \angle \mathrm{PCA} \quad (x_2 とする)$$

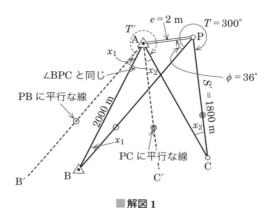

■ 解図1

　すなわち，図を△ ABP と△ ACP に分けて考えると，正弦定理を用いて x_1 と x_2 の角を求めることができます（**解図2**）。

(1)　△ ABP より x_1 を求める

正弦定理より

$$\frac{e}{\sin(x_1)} = \frac{AB}{\sin(\phi)}$$

$$\frac{2\text{ m}}{\sin(x_1)} = \frac{2000\text{ m}}{\sin(36°)}$$

$$\sin(x_1) = \frac{2}{2000} \times \boxed{\sin(36°)}$$

$$= \frac{1}{1000} \times 0.58779$$

$$= 0.00058779$$

$$≒ 0.00059$$

関数表より
0.58779

■ 解図2

$\sin^{-1}$（アークサイン）を用いるので，問題文より

$$x_1 = \sin^{-1}(0.00059) = 0.0338°$$

(2)　△ ACP より x_2 を求める

正弦定理より

$$\frac{e}{\sin(x_2)} = \frac{\text{AC}}{\sin(\phi + 360° - T)}$$

測線 AC に対して e が小さい長さなので※，$\text{AC} = S' = 1800$ m

$$\frac{2\,\text{m}}{\sin(x_2)} = \frac{1800\,\text{m}}{\sin(36° + 360° - 300°)}$$

$$\sin(x_2) = \frac{2}{1800} \times \sin(96°) = \frac{1}{900} \times 0.99452$$

> ※準則によれば測線 S に対して偏心距離 e の比率が微少な場合は，2 つの測線を同じ長さとして計算してよいとしています

> 96°は関数表にないので，180° − 96° より 84° で計算します（⬅ 1.1.7 項「関数表の使い方」）

$$\sin(x_2) = 0.001105$$

$\sin^{-1}$（アークサイン）を用いるので，問題文より

$$x_2 = \sin^{-1}(0.00111) = 0.0636°$$

x_1，x_2 ともに度単位となっているので，分秒に換算します。

x_1 は

$$0.0338 \times 60' = 2.028' \implies 2'$$

$$0.028 \times 60'' = 1.68'' \implies 2''$$

よって，2′ 02″

x_2 は

$$0.0636 \times 60' = 3.816' \implies 3'$$

$$0.816 \times 60'' = 48.96'' \implies 49''$$

よって，3′ 49″（⬅ 1.3.1 項「度分秒の単位換算」）

$$\angle \text{BPC} = 360° - T = 360° - 300° = 60°$$

$\angle \text{BPC} = \angle \text{B'AC'} = 60°$，$\angle \text{B'AB} = x_1 = 2'\,02''$，
$\angle \text{C'AC} = x_2 = 3'\,49''$ なので，式①より

$$T' = 360° - (\angle \text{B'AC'} - \angle \text{B'AB} + \angle \text{C'AC})$$
$$= 360° - (60° - 2'\,02'' + 3'\,49'')$$
$$= 360° - (60°\,01'\,47'')$$
$$= \mathbf{299°\,58'\,13''}$$

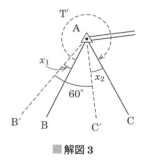

■ 解図 3

[解答] 2

出題傾向

近年の計算問題の傾向として，このようなややこしい問題は少なくなりましたが，この問題が理解できれば，偏心補正計算はマスターしたといえます。

3.8 ▶ 基準点成果表

基準点成果表の問題はほとんど同じパターンです。意味を理解すれば容易に解くことができますので，そのパターンを覚えておきましょう。

3.8.1 基準点成果表

　基準点成果表は，国土地理院が実施した基準点測量の結果（経緯度，標高，縮尺係数，ジオイド高，平面直角座標系など）を記録し，表にまとめたものです。

3.8.2 平面直角座標系

　平面直角座標系とは，日本全国を 19 の地域（座標系）に分け，その投影においてガウス・クリューゲル図法を適用したものです。

　座標の縦軸（南北方向）を X，横軸（東西方向）を Y とし，各座標系それぞれに原点（$X = 0.000\,\mathrm{m}$，$Y = 0.000\,\mathrm{m}$）を設定しています。

　座標軸の北側・東側を＋（プラス），南側・西側を－（マイナス）で表しています。

　球面である地球を平面に投影していることから，距離誤差が ± 1/10000 に収まるように，原点の縮尺係数を 0.9999（1 万分の 1 小さい）とし，原点から東西に約 90 km の地点で 1.0000（原寸），約 130 km の地点で 1.0001（1 万分の 1 大きい）になるようにしています。

- 補足 📖 ---------
平面直角座標系とガウス・クリューゲル図法については，7.1 節「地図投影（UTM 図法と平面直角座標系）」を参照してください。

3.8.3 縮尺係数

　地図の投影面上の平面距離 s と，これに対応する球面距離 S との比を縮尺係数（線拡大率）といい，以下の式で表します。

$$縮尺係数 = \frac{平面距離}{球面距離} = \frac{s}{S}$$

原点　　　　　　　　　　　　　$s/S = 0.9999$：平面距離の方が短い
原点から東西約 90 km 付近　　$s/S = 1.0000$：平面距離＝球面距離
原点から東西約 130 km 付近　　$s/S = 1.0001$：平面距離の方が長い

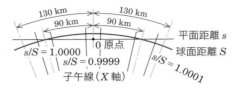

■ 図 3.16　縮尺係数

問題 1

　表は，基準点成果情報の抜粋である。この基準点成果情報における平面直角座標（X）の符号　ア　及び平面直角座標系（Y）の符号　イ　，さらに縮尺係数　ウ　の組合せとして最も適当なものはどれか。

　ただし，平面直角座標系（平成 14 年国土交通省告示第 9 号）の IX 系原点数値は，次のとおりである。

緯度（北緯）B = 36° 0′ 0″.0000,
経度（東経）L = 139° 50′ 0″.0000

	ア	イ	ウ
1	＋	＋	1.000003
2	＋	－	1.000003
3	－	＋	1.000003
4	－	＋	0.999903
5	＋	－	0.999903

基準点成果	
基準点コード	TR35339775901
地形図	東京一野田
種別等級	三等三角点
冠字選点番号	張　29
点名	筒戸
測地系	世界測地系
緯度	35° 58′ 06″.2444
経度	139° 59′ 37″.3553
標高	17.25 m
ジオイド高	38.95 m
平面直角座標系（番号）	IX系
平面直角座標（X）	ア　3493.919 m
平面直角座標（Y）	イ　14464.460 m
縮尺係数	ウ

基準点成果表に関する問題です。基準点が座標原点からどの位置にあるのか考えて解きましょう。

　座標値の符号（＋，−）の判断については，**基準点成果表の緯度・経度と原点数値の緯度・経度を比較**します。つまり，緯度が原点数値より大きければ（又は小さければ），X 座標は ＋（又は −），経度が原点数値より大きければ（又は小さければ），Y 座標は ＋（又は −）となります。

（1）X 座標値の符号

　基準点緯度 35° 58′ 06″.2444 ＜原点緯度 36° 0′ 0″.0000 なので，基準点は，原点の南側（下側）となり，**X 座標の符号は負（−）**となります。

（2）Y 座標値の符号

　基準点経度 139° 59′ 37″.3553 ＞原点経度 139° 50′ 0″.0000 なので，基準点は，原点の東側（右側）となり，**Y 座標の符号は正（＋）**となります。

（3）縮尺係数の判断

　平面直角座標系の縮尺係数は原点を基準に東西方向の距離に応じて決定されます。座標原点を 0.9999 とし，東西 90 km の地点で 1.0000，東西 130 km の地点で 1.0001 となります。

　したがって，基準点の Y 座標の距離を確認すると，**14464.460 m ＝ 14.464460 km** となり，**Y 座標＜ 90 km** なので，**縮尺係数＜ 1.0000** となります。

　よって，選択肢では **0.999903** となります。

[解答] 4

出題傾向

基準点成果表に関する問題はほとんどがこのパターンです。確実に解けるようにしておきましょう。

3.9 ▶ 方向角の計算

計算が多く，難しく感じるかもしれませんが，図をイメージしながら解くとわかりやすくなります。計算パターンも覚えておきましょう。

3.9.1 方向角と方位角

　平面上で測線の向きを表すときに方向角や方位角といったものがあります。いずれも北から右回りを＋（プラス）としての角度を示したものですが，その考え方に若干の違いがあります。

　これは，平面上のある点において，平面直角座標系の X 軸を基準として考えるか，子午線（しごせん）上の北（真北（しんぼく））を基準に考えるかの違いによります。つまり，**方向角は，平面直角座標系の X 軸方向の北から右回り（＋）に測った角度で，方位角は，真北（子午線方向の北）から右回り（＋）に測った角度になります。**

　また，真北方向角は，X 軸方向を基準とした真北の角度で

　　しんぼくほうこうかく
　　真北方向角＝方向角－方位角

により求められ，基準点が座標系原点の東側か西側かで，符号（＋，－）が異なります。

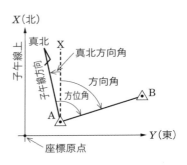

■図3.17　方向角と方位角

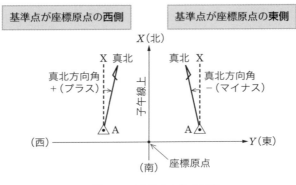

■図3.18　真北方向角の符号

3.9.2 方向角の計算（結合トラバース）

図 3.19，表 3.5 における各方向角の計算は次式によって求めることができます。

$$\alpha_A = T_A + \beta_A - 360°$$
$$\alpha_1 = \alpha_A + \beta_1 - 180°$$
$$\alpha_2 = \alpha_1 + \beta_2 - 180°$$
$$\alpha_B = \alpha_2 + \beta_B - 180°$$

最初の方向角（α_A）以外の方向角については，当該測線の方向角＝前の測線の方向角＋当該測点の交角－**180°**の考えにより求めることができます（ただし，交角は測点の進む方向に対して左側にあるものとします）

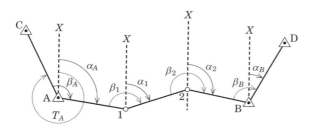

■図 3.19　方向角の計算

■表 3.5

T_A	350° 02′ 03″
β_A	152° 02′ 02″
β_1	120° 10′ 19″
β_2	200° 18′ 06″
β_B	120° 15′ 24″

方向角を求める場合は上記の式を覚える必要がありますが，図から，その計算式を導き出すこともできます。

（1）最初の測点の方向角

最初の方向角（α_A）を求める場合，測点 A における既知の値（T_A と β_A）を用いて考えます。

図 3.20 のように T_A に β_A を加えて，そこから 360° を引くと，α_A の角になることがわかります。すなわち

$$\alpha_A = T_A + \beta_A - 360°$$

となります。

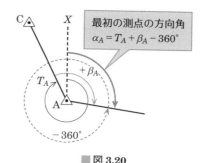

最初の測点の方向角
$\alpha_A = T_A + \beta_A - 360°$

■図 3.20

（2）最初の測点以外の各測線の方向角

各測線の方向角を順次求めていく場合，前の測線の方向角と当該測点の交角を足し合わせ，そこから 180° を引くという方法で求めます。

この方法を考える場合，前の測線の方向角 α_A を当該測点 1 に照らし合わせてみます。また，当該測点の交角 β_1 の対角を描いてみると，α_A から β_1 の角がつながります。そこから 180° を引くと当該測線の方向角 α_1 となります（図 3.21）。

$$\alpha_1 = \alpha_A + \beta_1 - 180°$$

これ以降の方向角は，順次この方法で求めていくことができます。ただし，計算で用いる交角については，測点の進む方向に対して**左側の交角**であることに注意してください。

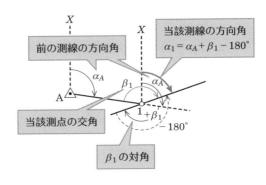

■ 図 3.21

問題 1　☑ ☑ ☑

図に示すように，多角測量を実施し，表のとおり，きょう角の観測値を得た。新点（3）における既知点 B の方向角はいくらか。ただし，既知点 A における既知点 C の方向角 T_A は 330° 14′ 20″ とする。

きょう角	観測値
β_1	80° 20′ 32″
β_2	260° 55′ 18″
β_3	91° 34′ 20″
β_4	99° 14′ 16″

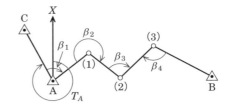

1　123° 50′ 14″

2　133° 04′ 45″

3　142° 18′ 46″

4　172° 04′ 26″

5　183° 21′ 34″

既知の値を用いて，方向角 α_A から順次求めて，新点（3）の方向角 α_3 を求めましょう。

解説

　この問題で求めるべきは，新点（3）における既知点 B の方向角 α_{3B} です。α_{3B} の方向角を求めるために，各測点における方向角を順次求めてください。

　ただし，使用する交角として，新点（3）の交角については，進行方向に対して右側の交角となっているので，左側の交角に変更する必要があります。

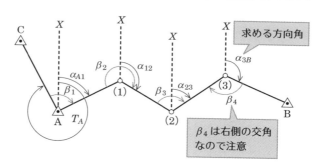

■ 解図

方向角の計算式に当てはめて考えると

$$\alpha_{A1} = T_A + \beta_1 - 360° = 330°\ 14'\ 20'' + 80°\ 20'\ 32'' - 360° = 50°\ 34'\ 52''$$

$$\alpha_{12} = \alpha_{A1} + \beta_2 - 180° = 50°\ 34'\ 52'' + 260°\ 55'\ 18'' - 180° = 131°\ 30'\ 10''$$

$$\alpha_{23} = \alpha_{12} + \beta_3 - 180° = 131°\ 30'\ 10'' + 91°\ 34'\ 20'' - 180° = 43°\ 04'\ 30''$$

$$\alpha_{3B} = \alpha_{23} + (360° - \beta_4) - 180° = 43°\ 04'\ 30'' + (360° - 99°\ 14'\ 16'') - 180°$$
$$= \mathbf{123°\ 50'\ 14''}$$

β_4 の左側の交角を計算しています

【解答】 1

出題傾向

方向角を求める計算の問題はほとんどがこのパターンです。計算式と手順を覚えておきましょう。

問題 2 ☑ ☑ ☑

次の文は，平面直角座標系（平成 14 年 1 月 10 日国土交通省告示第 9 号）による三角点成果について述べたものである。正しいものはどれか。

1　方向角は，三角点を通る子午線の北から右回りに観測した角である。

2　座標原点から北東に位置する三角点成果の X，Y の符号は，正である。

3　真北方向角，方位角，方向角の間には，「真北方向角＝方位角－方向角」の関係がある。

4　二つの三角点間の平面距離は，球面距離よりも常に短い。

5　座標原点を通る子午線の東側にある三角点の真北方向角の符号は，正である。

方向角，方位角，真北方向角の関係を整理して解いてみましょう。

1　×　方向角とは，平面直角座標系の X 軸方向の北から右回りに測った角度です。子午線上の北からの角度は方位角となります。

2　○　座標原点を基準として，北・東方向が＋（プラス），南・西方向が－（マイナス）です。

3　×　真北方向角は「方向角－方位角」で表されます。

4　×　座標原点を通る子午線（X 軸）付近では平面距離は球面距離に比べて 1 万分の 1 縮小（短くなる）され，原点から離れるに従って次第に縮小率は小さくなり，90 km 付近で平面距離と球面距離は等しくなり，130 km 付近で平面距離は球面距離に比べて 1 万分の 1 増大（長くなる）します。

5　×　真北方向角は，「方向角－方位角」で表されることから，その符号は，座標原点の東側では（－），西側では（＋）となります。

【解答】2

出題傾向

方向角や方位角，真北方向角の関係性の理解を問う問題です。こうした問題も出題されています。

3.10 ▶ 緯距・経距と三次元座標

 座標軸が数学と異なるので注意しましょう。三次元座標 (x, y, z) に関する問題は，イメージが難しいので，問題を解きながら覚えていきましょう。

3.10.1 緯距・経距

図 **3.22** に示すように，測量における座標軸は，縦軸を X 軸，横軸を Y 軸としており，一般的な数学の XY 軸と逆なので，注意が必要です。

線分 AB において，X 軸上に投影した長さを緯距（記号 L），Y 軸上に投影した長さを経距（記号 D）といいます。

緯距 L と経距 D の計算式は三角関数の基本式から導くことができます（⇨ 1.1.7 項「関数表の使い方」）。

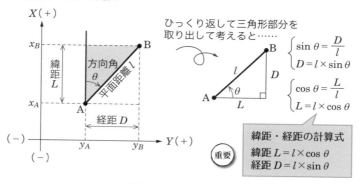

ひっくり返して三角形部分を取り出して考えると……

$$\begin{cases} \sin \theta = \dfrac{D}{l} \\ D = l \times \sin \theta \end{cases}$$

$$\begin{cases} \cos \theta = \dfrac{L}{l} \\ L = l \times \cos \theta \end{cases}$$

重要 緯距・経距の計算式
緯距 $L = l \times \cos \theta$
経距 $D = l \times \sin \theta$

■図 **3.22** 緯距・経距

3.10.2 三次元座標の斜距離計算

GNSS 測量では位置を地心直交座標系における三次元座標値 (x, y, z) で求めることになります。測量士補試験では基線ベクトル成分 $(\Delta x, \Delta y, \Delta z)$ を用いて，測点間の斜距離を求める問題が出題されています。

二次元座標 (x, y) の斜距離は三平方の定理を用いて求められますが，z 座標まで含んだ三次元の斜

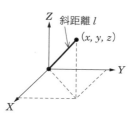

■図 **3.23** 三次元座標

距離でも三平方の定理から求めることができます。

・二次元（x, y）の斜距離 l の計算式（図 3.24）

$$l = \sqrt{x^2 + y^2}$$

・三次元（x, y, z）の斜距離 l の計算式（図 3.25）

$$\boldsymbol{l = \sqrt{x^2 + y^2 + z^2}} \tag{3・4}$$

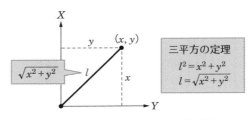

■図 3.24　二次元座標の斜距離計算

補足 📖

三次元（x, y, z）の斜距離 l の計算式は**図 3.25** のように求めることができます。

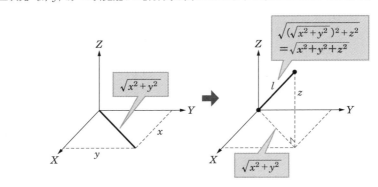

■図 3.25　三次元座標の斜距離計算

問題 1 ✓✓✓

　平面直角座標系において，点 P は既知点 A から方向角が 240° 00′ 00″，平面距離が 200.00 m の位置にある。既知点 A の座標値を，$X = +500.00$ m，$Y = +100.00$ m とする場合，点 P の X 座標及び Y 座標の値はいくらか。なお，関数の数値が必要な場合は，巻末の関数表を使用すること。

	X 座標	Y 座標
1	$X = +326.79 \text{ m}$	$Y = -173.21 \text{ m}$
2	$X = +326.79 \text{ m}$	$Y = 0.00 \text{ m}$
3	$X = +400.00 \text{ m}$	$Y = -173.21 \text{ m}$
4	$X = +400.00 \text{ m}$	$Y = -73.21 \text{ m}$
5	$X = +400.00 \text{ m}$	$Y = +273.21 \text{ m}$

問題文を読んで図を描くとわかりやすくなります。三角関数の基本的な考え方で計算式を導くことができます。X, Y の座標と緯距・経距の符号に注意してください。

問題文を図にすると**解図**のようになります。巻末の関数表における三角関数は，$0°\sim90°$ の範囲しか記載がないため，**$90°$ 以下の角度として計算する必要があります**（⤵ 1.1.7 項補足「$90°$ を超える三角関数」）。

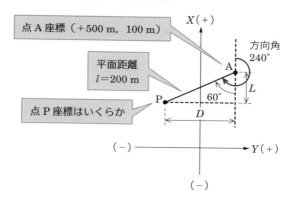

点 A 座標（$+500$ m，100 m）

平面距離 $l = 200$ m

点 P 座標はいくらか

方向角 $240°$

$X(+)$

$Y(+)$

$(-)$

$(-)$

$60°$

D

L

A

P

■解図

(1) 緯距 L の計算

$$L = l \times \cos\theta = 200 \times \cos 60°$$
$$= 200 \times (0.5) = 100 \text{ m}$$

(2) 経距 D の計算

$$D = l \times \sin\theta = 200 \times \sin 60°$$
$$= 200 \times (0.86603) = 2 \times \boxed{86.6} = 173.2 \text{ m}$$

小数点を 2 つ移動して，86.603 を有効数字 3 桁で近似（⤵ 1.2.1 項「小数点の掛け算と割り算」）

111

注意 ⚠
方向角で計算すれば結果の符号そのままですが，関数表を用いる関係で 90° 以下に換算（240°→60°）しますので，緯距や経距の符号に注意してください。

---

(3) 点 P の座標

点 A から見て，点 P は南西方向にありますので，x, y の移動（緯距及び経距）は点 A 座標値から見てともにマイナス（−）方向になります。

・点 P の X 座標 ＝ ＋ 500 m − 100 m ＝ **＋ 400 m**

・点 P の Y 座標 ＝ ＋ 100 m − 173.2 m ＝ **− 73.2 m**

※解答の選択肢から，**− 73.21 m**

［解答］4

出題傾向

座標計算に関する基本問題で，ほとんどがこのパターンです。図を描くと座標の位置関係が明確になり，問題が解きやすくなります。

問題 2 ✓ ✓ ✓

GNSS 測量機を用いた基準点測量を行い，基線解析により基準点 A から基準点 B，基準点 A から基準点 C までの基線ベクトルを得た。表は，地心直交座標系における X 軸，Y 軸，Z 軸方向について，それぞれの基線ベクトル成分（ΔX, ΔY, ΔZ）を示したものである。基準点 B から基準点 C までの斜距離はいくらか。なお，関数の数値が必要な場合は，巻末の関数表を使用すること。

1　574.456 m

2　748.331 m

3　806.226 m

4　877.496 m

5　1374.773 m

区　　間	基線ベクトル成分		
	ΔX	ΔY	ΔZ
A → B	＋ 900.000 m	＋ 100.000 m	＋ 200.000 m
A → C	＋ 400.000 m	＋ 300.000 m	− 400.000 m

2 測点間の X, Y, Z 座標を用いた三次元の斜距離を計算する問題。三次元座標の斜距離計算式さえ覚えていれば簡単に解ける問題です。

解説　問題は，B 点から C 点の斜距離を問うものであり，問題の表で与えられた基線ベクトル成分 ΔX, ΔY, ΔZ の区間 B ～ C の成分を求めます。

表中の区間「A → C」から区間「A → B」を差し引くと

ΔX ＝ ＋ 400 m −（＋ 900 m）＝ − 500 m

ΔY ＝ ＋ 300 m −（＋ 100 m）＝ ＋ 200 m

$\Delta Z = -400 \text{ m} - (+200 \text{ m}) = -600 \text{ m}$

斜距離は式（3・4）より求まるので

$$\text{斜距離} = \sqrt{\Delta X^2 + \Delta Y^2 + \Delta Z^2} = \sqrt{(-500)^2 + (+200)^2 + (-600)^2}$$
$$= \sqrt{650000} = \sqrt{65} \times \sqrt{10000} = \sqrt{65} \times 100 = 8.06226 \times 100$$
$$= \mathbf{806.226 \text{ m}}$$

☞ 1.2.5項「√の外し方」

【解答】3

出題傾向

GNSS 測量が普及し，三次元座標に関する問題が増えています。計算は難しくありませんので，確実に解けるようにしておきましょう。

問題 3 　チャレンジ！ ☑ ☑ ☑

　GNSS 測量機を用いた基準点測量を行い，基線解析により基準点 A から基準点 B，基準点 A から基準点 C までの基線ベクトルを得た。表は，地心直交座標系における X 軸，Y 軸，Z 軸方向について，それぞれの基線ベクトル成分（ΔX, ΔY, ΔZ）を示したものである。基準点 B から基準点 C までの基線ベクトルを求めたとき，基線ベクトル成分の符号の組合せとして正しいものはどれか。ただし，±0.000 の符号は，＋（プラス）とする。

区間	直線ベクトル成分		
	ΔX	ΔY	ΔZ
A → B	+100.000 m	−200.000 m	−300.000 m
A → C	−100.000 m	+400.000 m	+300.000 m

	ΔX の符号	ΔY の符号	ΔZ の符号
1	+	+	+
2	+	+	−
3	+	−	+
4	+	−	−
5	−	+	+

三次元直交座標を各軸の二次元の平面上で考えるとわかりやすくなります。

　問題の表のベクトル成分を三次元直交座標上に記入すると**解図1**のようになります。ただ，これでは基線ベクトルの向きがわかりにくいので，① （XY 軸）と②（ZY 軸）の方向から見た平面座標で考えます。すると，**解図2**のようになります。

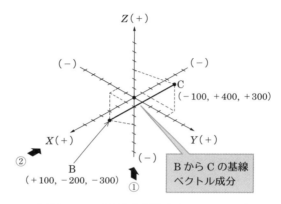

■解図1　三次元直交座標系（ΔX, ΔY, ΔZ）

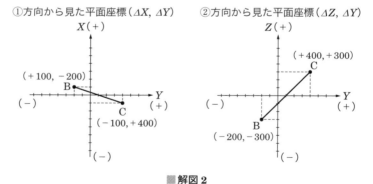

■解図2

　よって符号は，ΔX：－（マイナス），ΔY：＋（プラス），ΔZ：＋（プラス）
このように，図に描くことで各成分の符号は理解しやすくなります。
　また，別解として，基準点 B から基準点 C までの基線ベクトル成分ですので，基準点 C から基準点 B の各成分の差し引くことで符号を見ることもできます。
　先の図を理解していれば別解の方がすぐに解くことができます。

<別解>

$\Delta X = -100 \text{ m} - (+100 \text{ m}) = -200 \text{ m}$　（符号－）

$\Delta Y = +400 \text{ m} - (-200 \text{ m}) = +600 \text{ m}$　（符号＋）

$\Delta Z = +300 \text{ m} - (-300 \text{ m}) = +600 \text{ m}$　（符号＋）

> 基準点 C －基準点 B からでも符号を求めることができます

【解答】5

出題傾向

問題 2 とよく似ていますが，符号のみを求める違ったパターンの問題です。解き方としては別解の方法で十分ですが，その意味を理解するうえで解図の関係を覚えておきましょう。

3章

3.11 ▶ 斜距離と高低角による標高計算（間接水準測量）

 斜距離と高低角及び両差を用いて標高を求める間接水準測量の計算問題です。図に数値を入れて考えると理解しやすくなります。

3.11.1　両　差

　斜距離と高低角による標高計算では，計算に両差を用います。両差 K は球差と気差を合わせた誤差のことで，球差は地球の曲率によって生じる誤差，気差は光の屈折によって生じる誤差のことです。これらは以下の式で求められますが，本節の問題で両差が必要な場合は，文中に数値として与えられていますので，式を覚える必要はありません。

$$球差 = \frac{L^2}{2R} \qquad 気差 = \frac{kL^2}{2R} \qquad 両差＝球差＋気差$$

　ただし，L：水平距離　R：地球の曲率半径　k：光の屈折率

3.11.2　斜距離と高低角による標高計算

　トータルステーションを使って，斜距離と高低角などを測定して標高を求める方法を間接水準測量といいます。

　問題では図に数値を書き入れると各測点上での高さを比較でき，簡単に解くことができます。問題で両差 K が数値として与えられている場合は，観測している側（観測器械側）の補正値として加えるようにしてください。

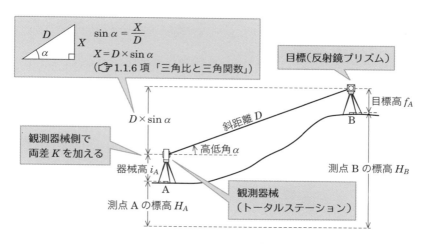

$$\sin \alpha = \frac{X}{D}$$

$$X = D \times \sin \alpha$$

（☞1.1.6 項「三角比と三角関数」）

目標（反射鏡プリズム）

目標高 f_A

$D \times \sin \alpha$

斜距離 D

観測器械側で
両差 K を加える

器械高 i_A

高低角 α

測点 B の標高 H_B

観測器械
（トータルステーション）

測点 A の標高 H_A

H_B を求める計算式

$$H_A + i_A + K + D \times \sin \alpha = f_A + H_B$$

$$\boldsymbol{H_B = H_A + i_A + K + D \times \sin \alpha - f_A}$$

■図 3.26　斜距離と高低角による標高計算

問題 1 ☑☑☑

　図のとおり，新点 A の標高を求めるため，既知点 B から新点 A に対して高低角 α 及び斜距離 D の観測を行い，表の結果を得た。新点 A の標高はいくらか。ただし既知点 B の器械高 i_B は 1.50 m，新点 A の目標高 f_A は 1.70 m，既知点 B の標高は 250.00 m，両差は 0.10 m とする。なお，関数の値が必要な場合は，巻末の関数表を使用すること。

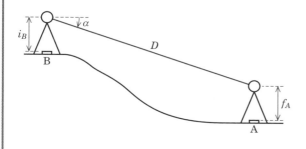

α	$-3°\ 00'\ 00''$
D	1200.00 m

1　186.89 m　　2　186.99 m　　3　187.09 m

4　187.19 m　　5　187.29 m

図に数値を書き込めばそのイメージが湧き，問題を解きやすくなります。

問題の図に既知となっている数値を書き込むと**解図**のようになります。

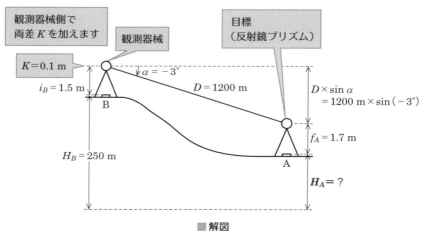

■解図

測点 B と測点 A の高さを比較することで式を立てます。

$$H_B + i_B + K = H_A + f_A + D \times \sin \alpha$$

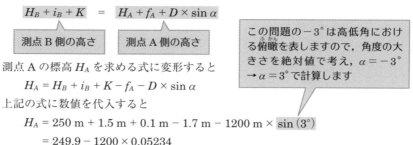

測点 A の標高 H_A を求める式に変形すると

$$H_A = H_B + i_B + K - f_A - D \times \sin \alpha$$

上記の式に数値を代入すると

$$H_A = 250 \text{ m} + 1.5 \text{ m} + 0.1 \text{ m} - 1.7 \text{ m} - 1200 \text{ m} \times \sin(3°)$$

$$= 249.9 - 1200 \times 0.05234$$

$$= 187.092 \fallingdotseq \mathbf{187.09 \text{ m}}$$

【解答】3

出題傾向

斜距離と高低角による標高計算の問題はほとんどがこのパターンです。図に数値を入れると，考え方を整理することができます。

問題 2 ✓ ✓ ✓

　求点 B の標高を求めるために，既知点 A 及び求点 B においてそれぞれ高低角及び斜距離 D の観測を行い，表の結果を得た。求点 B の標高はいくらか。ただし，斜距離 D は気象補正，器械定数補正及び反射鏡定数補正が行われているものとする。また，ジオイドの起伏，大気による屈折，地球の曲率は考えないものとする。

　なお，関数の数値を使用する場合，$\sin 0°18'50'' = 0.005478$，$\sin 0°20'40'' = 0.006012$ の値を使用すること。

既知点 A の標高	300.00 m	D（A と B の間の斜距離）	2500.00 m
A から B への高低角	$-0°20'40''$	B から A への高低角	$+0°18'50''$
既知点 A の器械高	1.50 m	求点 B の器械高	1.40 m
既知点 A の目標高	1.50 m	求点 B の目標高	1.40 m

1　285.07 m 　　2　285.54 m 　　3　285.64 m

4　285.74 m 　　5　286.31 m

 既知点と未知点の両方から観測した場合の問題であり，かつ問題に図が与えられていません。少し難易度は高くなりますが，図を描けばイメージしやすくなります。また，両方向からの観測なので，両差は相殺されています。

 問題の内容を図にして，数値を入れると**解図**のようになります。

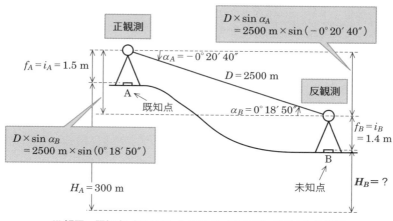

解図　既知点（測点 A）と未知点（測点 B）の両方から観測

　既知点側（測点 A）からの観測を**正観測**，未知点（測点 B）からの観測を**反観測**と呼び，本問題は両方から観測しています。

　問題の解き方としては，正と反それぞれの観測における高低差の平均を求め，その値を用いて測点 B の標高を求めます。

> 問題の文中より

・**正観測（測点 A からの観測）の高低差**

$$D \times \sin \alpha_A = 2500 \times \sin(0° \, 20' \, 40'') = 2500 \times 0.006012 = 15.03 \text{ m}$$

> 俯瞰となる角度の大きさを絶対値で考え，$\alpha_A = -0° \, 20' \, 40''$ を $\alpha_A = 0° \, 20' \, 40''$ で計算します

・**反観測（測点 B からの観測）の高低差**

$$D \times \sin \alpha_B = 2500 \times \sin(0° \, 18' \, 50'') = 2500 \times 0.005478 = 13.695 \text{ m}$$

正と反の観測における高低差の平均を x とすると

> 問題の文中より

$$x = \frac{15.03 + 13.695}{2} = 14.3625 \text{ m}$$

未知点 B の標高 H_B を求める計算

$$H_B = H_A + i_A - x - f_B$$
$$= 300 + 1.5 - 14.3625 - 1.4$$
$$= 285.7375 ≒ \mathbf{285.74 \text{ m}}$$

よって，最も近い値は選択肢 4 となります。

【解答】4

出題傾向

両方から観測したパターンの問題です。この問題のように図が描かれていない場合があるので，考え方を整理するために，解説の図をイメージできるようにしておきましょう。また，過去には正と反の観測角を平均してから高低差を求めるパターンも出題されています。

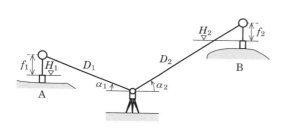

問題 3 ☑ ☑ ☑

　公共測量における路線測量の横断測量を，図に示すように間接水準測量の一つであるトータルステーションによる単観測昇降式で行い，表の観測結果を得た。点 A の標高 H_1 を 35.500 m とした場合，点 B の標高 H_2 はいくらか。ただし，点 A の f_1 及び点 B の f_2 は目標高，器械点において点 A 方向の高低角を α_1，斜距離を D_1，点 B 方向の高低角を α_2，斜距離を D_2 とする。なお，関数の数値が必要な場合は，巻末の関数表を使用すること。

観測結果	
f_1	1.500 m
f_2	1.400 m
D_1	35.000 m
D_2	50.000 m
α_1	30°00′00″
α_2	45°00′00″

1　40.444 m　　2　40.644 m　　3　47.456 m

4　53.256 m　　5　53.456 m

　　トータルステーション（以下 TS）の水平視準線の高さを基準に点 A から点 B の標高を考えましょう。この問題では両差は用いません。

解説　解図のように，高さに関係する数値や計算式を図に書き込むと，求め方がより理解しやすくなります。

　TS の水平視準線の高さが，点 A，点 B に共通する高さとなりますので，標高が既知である点 A の側から水平視準線の高さを求め，それを基準に点 B の標高を求めます。

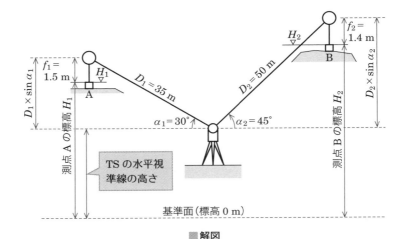

■解図

＜測点 A の側から水平視準線の高さを求める＞

解図より，以下の式で求めることができます。

水平視準線の高さ $= H_1 + f_1 - D_1 \times \sin \alpha_1$

$\qquad = 35.500 \text{ m} + 1.500 \text{ m} - 35.000 \text{ m} \times \sin 30°$

$\qquad = 37.000 \text{ m} - 35.000 \text{ m} \times 0.5 = 19.500 \text{ m}$

＜水平視準線の高さを基準に測点 B の標高を求める＞

解図より，以下の式で求めることができます。

点 B の標高 $H_2 =$ 水平視準線の高さ $+ D_2 \times \sin \alpha_2 - f_2$

$\qquad = 19.500 \text{ m} + 50.000 \text{ m} \times \sin 45° - 1.400 \text{ m}$

$\qquad = 19.500 \text{ m} + 50.000 \text{ m} \times 0.70711 - 1.400 \text{ m} = \textbf{53.456 m}$

【解答】5

出題傾向

間接水準測量の問題は，応用測量の１つとしても出題されています。考え方のポイントは，斜距離と高低角から三角関数（sin）を用いて高さを計算することです。

3.12 ▶GNSS測量機を用いた測量

GNSSはさまざまな測量に用いられるようになったことで，その出題数は増えています。観測方法の違いや使用上の留意点など，覚えることはたくさんありますが，過去問題を解きながらその重要ポイントを整理しましょう。

3.12.1 GNSS

GNSS（Global Navigation Satellite System）は上空約2万kmにある人工衛星からの電波を受信して位置を決定する衛星測位システムをいいます。世界に先駆けてシステムを構築したアメリカのGPSが有名ですが，日本では準天頂衛星システム，ロシアではGLONASS，ヨーロッパ連合（EU）ではGalileoなど，現在では世界各国で衛星測位システムの構築が進められており，GNSSはそれらの総称として用いられ，国土地理院では**全地球航法衛星システム**と訳されています。

準則では，GPS，準天頂衛星システム及びGLONASSを測位衛星として適用しており，準天頂衛星はGPS衛星と同等の衛星として扱うことができるものとして，**GPS・準天頂衛星**と表記しています。

■図3.27　GPS衛星の配置イメージ

■表3.6　各国の主な測位衛星

国　名	名　称
アメリカ	GPS
日本	準天頂衛星（みちびき）
ロシア	GLONASS
EU	Galileo
中国	BeiDou
インド	IRNSS（NAVIC）

補足 📖

国土地理院では，Galileo や新たな周波数帯（L5）の信号を利用する**マルチ GNSS** の環境を整備して，準則への適用に向けて取り組んでいます。環境が整えば，使用衛星数の増加や観測時間の更なる短縮が可能となります。

3.12.2　準天頂衛星システム

準天頂衛星システム（QZSS：Quasi-Zenith Satellite System）は，GPS の補完・補強を目的につくられた日本の衛星測位システムです。その名称からもわかるように，衛星の軌道が常に**日本の天頂付近を通る**ようにしているほか，アジアやオセアニア地域もカバーするように 8 の字軌道で周回しています（図 3.28）。

準天頂衛星は「**みちびき**」と呼ばれており，現在は 4 機，将来的には 7 機の運用を予定しています。複数の衛星のうち，常時 1 機が天頂付近に配置されるようにしているため，**山間部や都市部のビルに影響されにくい**ほか，GPS 衛星と一体で利用することで，**安定した高精度測位**を可能としています（図 3.29）。

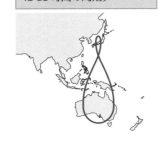

8 の字を描くように周回
（北半球に 13 時間，南半球に 11 時間の周期）

■ 図 3.28　8 の字軌道

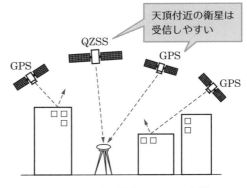

天頂付近の衛星は受信しやすい

QZSS

GPS

GPS

GPS

GPS

■ 図 3.29　準天頂衛星と GPS 衛星

3.12.3　測位のしくみ

GNSS は三次元の位置（x, y, z）と電波の送信時刻（t）の 4 つの未知数から位置を特定するため，最低 4 つの衛星を受信する必要があります。その方法は単独測位と相対測位の 2 つに分けられます。**単独測位**は，GNSS 受信機 1 台で位

置決定します。便利で簡単に位置を求められますが，大気中の誤差の影響をそのまま受け，誤差が大きくなるため，精度が要求されないスマートフォンやカーナビゲーションの位置情報サービスなどに用いられています。一方，**相対測位**は2台以上の GNSS 受信機を使い，2点間の相対的な位置関係を求めます。2点間の観測値の差などから大気中の誤差などを補正することで，精度の高い測位を行います。したがって，GNSS 測量は相対測位（**干渉測位方式**）にて行います。

■図 3.30　単独測位

■図 3.31　相対測位

3.12.4　GNSS 測量の観測方法

(1) スタティック法

複数の観測点に GNSS 測量機を整置して，同時に GNSS 衛星からの信号を受信し，それに基づく基線解析により，観測点間の距離（**基線ベクトル**）を求める観測方法です。**観測時間が長くなりますが，高精度な観測が可能です**（図 3.32）。**静的干渉測位法**ともいいます。

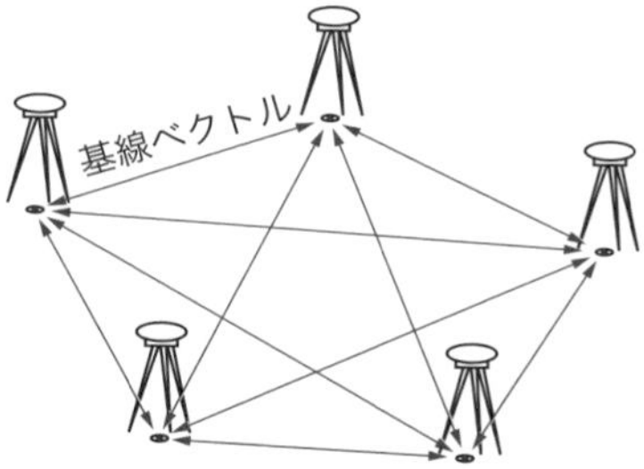

(2) 短縮スタティック法

スタティック法の観測方法と同じです

■図 3.32　スタティック法

が，衛星の組合せを多数つくるなどの処理を行って観測時間を短縮した方法です。観測時間は短くなりますが，スタティック法より精度は劣ります。

(3) キネマティック法

基準となる観測点（**固定局**）と移動する観測点（**移動局**）に GNSS 測量機を

整置して，同時に衛星信号を受信します。移動局を複数の観測点に次々と移動して観測を行い，**固定局と移動局の距離（基線ベクトル）**を求める方法です。**動的干渉測位法**ともいいます。

(4) RTK（リアルタイムキネマティック）法

キネマティック法と観測方法が同じですが，固定局で取得した信号を，**無線装置等を用いて移動局に転送**し，移動局側において**即時（リアルタイム）に基線解析を行う**ことで，観測点間の距離（基線ベクトル）を求めます（**図 3.33**）。なお，固定局と移動局間を求める方法を**直接観測法**，移動局間を求める方法を**間接観測法**といいます。

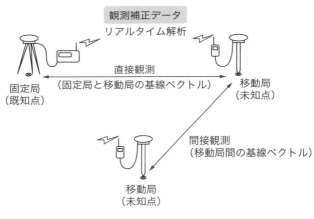

観測補正データ
リアルタイム解析
直接観測
（固定局と移動局の基線ベクトル）
固定局
（既知点）
移動局
（未知点）
間接観測
（移動局間の基線ベクトル）
移動局
（未知点）

■ 図 3.33　RTK 法

(5) ネットワーク型 RTK 法

移動局において，位置情報の配信事業者（**電子基準点のデータを配信**）で算出された**補正データ等**を，**通信回線（ネットワーク）を介して受信**すると同時に，GNSS 衛星からの信号を受信し，即時に解析処理を行って位置を求めます。これにより移動局の制限距離（キネマティック法は 10 km まで）をなくすことができ，GNSS 測量機 1 台での観測を可能にしたものです。方法としては VRS 方式と FKP 方式があります。

① VRS 方式

図 3.34 のように，電子基準点のデータを用いて「仮想基準点」を観測点の近くに生成し，観測点と仮想基準点間の基線解析を行う方式を **VRS 方式** といいます。

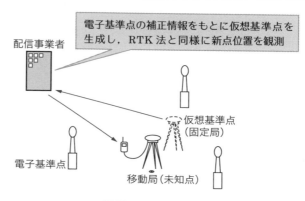

■ 図 3.34　VRS 方式

② FKP 方式

図 3.35 のように，複数の電子基準点から生成された FKP（面補正パラメータ）を観測時に配信事業者から受信し，これを使って誤差補正を行い，新点の位置を算出する方式を **FKP 方式** といいます。

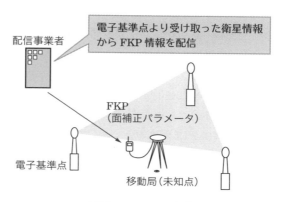

■ 図 3.35　FKP 方式

表 3.7 は，各種観測方法を比較したものです。使用衛星数に関して出題されることがあるので，違いを整理しておきましょう。

■表 3.7　観測方法の比較

観測方法	観測時間	使用衛星数		摘要
		GPS・準天頂衛星	GPS・準天頂衛星及び GLONASS 衛星	
スタティック法	120 分以上	4 衛星以上	5 衛星以上	1〜2 級基準点測量
短縮スタティック法	20 分以上	5 衛星以上	6 衛星以上	3〜4 級基準点測量
キネマティック法	10 秒以上			
RTK 法				
ネットワーク型 RTK 法				

（使用衛星数についての補足）
GLONASS 衛星を用いて観測する場合は，GPS・準天頂衛星及び GLONASS 衛星をそれぞれ 2 衛星以上用いること。スタティック法による 10 km 以上の観測では，GPS・準天頂衛星の場合 5 衛星以上，GLONASS 衛星を加える場合は 6 衛星以上とする。

3.12.5　GNSS 測量における留意事項

・GNSS 測量は，測点間の視通を必要としないが，衛星からの電波を確実に受信するため，**上空視界を確保する必要がある**。

・GNSS 測量機の**受信アンテナ高はミリメートル単位**まで測定する。また，**測定は，GNSS アンテナ底面**までとする。

・GNSS 衛星の**軌道情報（稼働状態，飛来情報，DOP 値）を確認**し，片寄った配置の衛星は使用を避ける。

・GNSS 衛星の**最低高度角は 15°** を標準とする。

・GNSS 測量の高さ観測は GRS80 楕円体を基準面としているため，直接求めるのは**楕円体高**（楕円体面から地表までの高さ）となる。

・GNSS 観測の基線解析は **FIX 解**とする。

・スタティック法及び短縮スタティック法の基線解析では，原則として **PCV 補正**を行う。

・基線解析は，基線長が 10 km 以上の場合は 2 周波で行い，10 km 未満の場合は 1 周波又は 2 周波で行う。

・基線解析の固定局の緯度及び経度は，**セミ・ダイナミック補正**を行った値とする。

補足 📖 各種用語の解説

DOP 値 —— 衛星の配置に起因した精度劣化の程度を示したもの。値が小さいほど高い精度が期待できます。位置精度劣化係数ともいいます。

FIX 解 —— GNSS 観測では，連続して電波を受信しながら，基線解析に用いることのできる電波を絞り込んでいきます。この絞り込む過程の解を Float 解，基線解析として用いることができる解を FIX 解といいます。

PCV 補正 —— 電波の入射角に応じて受信位置が変化することを PCV といいます。この変化量は GNSS 測量機のアンテナ機種ごとに異なり，**アンテナ位相特性**といいます。国土地理院ではアンテナ機種ごとの PCV 補正データを公開して利用できるようにしています。また，これに加えて，アンテナ高の計測方法も統一（アンテナ底面高を測定）するようにしています。

周波帯 —— わが国が GNSS 衛星で使用している電波（測位用信号）は，L1 帯と L2 帯の 2 種類があり，L1 帯のみを使用して観測するものを 1 周波，L1 帯と L2 帯を使用するものを 2 周波といいます。最近は観測衛星の幅を広げるため，L5 帯を観測測位に用いる 3 周波測位（マルチ GNSS）の整備を進めています。

セミ・ダイナミック補正 —— 3.13 節「セミ・ダイナミック補正」にて解説

3.12.6 GNSS 測量の誤差要因とその消去法

GNSS 測量の誤差の要因と消去法は**表 3.8** のようになります。

■ 表 3.8　GNSS 測量の誤差と消去法

誤差の要因	消去方法
衛星配置	衛星の配置は観測精度に影響を与えるため，**軌道情報には十分注意**する。
電波障害	通信施設や金属製品など強い電波を発する場所での観測を避ける。
多重反射（マルチパス）	壁面や地表が近いとマルチパスが起きやすいため，**高層建築物近くの観測を避けること**や，**高度角の低い衛星を受信しない**ようにする。
サイクルスリップ	連続受信する中で，電波が遮られて観測データが不連続になることをサイクルスリップという。木の葉や枝が風にゆれて，その現象をつくりやすいので，避けるようにする。
電離層遅延誤差	電離層は電波の反射や遅延をさせる性質がある。そこで，**異なる周波帯（1 周波及び 2 周波）を受信できる** GNSS 測量機を用いて解析により補正する。
対流圏遅延誤差	対流圏遅延は気圧に依存して変化するので，**気圧の測定により補正**する。
アンテナ位相特性	アンテナの機種により電波の入射角が異なり，誤差に繋がるので，**同一機種でアンテナの向きを揃える**ことで誤差を軽減できる。また，機種が異なるときは **PCV 補正**を行う。

問題 1 ☑☑☑

　次の文は，準天頂衛星システムを含む衛星測位システムについて述べたものである。正しいものはどれか。

1　衛星測位システムには，準天頂衛星システム以外に GPS，GLONASS，Galileo などがある。

2　準天頂衛星と米国の GPS 衛星は，衛星の軌道が異なるので，準天頂衛星は GPS 衛星と同等の衛星として使用することができない。

3　衛星測位システムによる観測で，直接求められる高さは標高である。

4　準天頂衛星は，約 12 時間で軌道を 1 周する。

5　準天頂衛星の測位信号は，東南アジア，オセアニア地域では受信できない。

衛星測位システム全体の概要に関する問題です。

1　○　衛星測位システムには，日本の準天頂衛星システム以外にアメリカの GPS，ロシアの GLONASS，EU の Galileo などがあり，これらの総称として GNSS と呼んでいます。

2　×　日本が開発した準天頂衛星は，衛星軌道は GPS と異なりますが，GPS の補完を目的に開発されているので，GPS と同等の衛星として使用できます。

3　×　衛星測位システムの高さの基準面は GRS80 楕円体としているので，測量時に直接求まる高さは楕円体高となります。

4　×　準天頂衛星はアジア，オセアニア地域の上空を 8 の字を描くように周回します。北半球に約 13 時間，南半球に約 11 時間とどまるような周期となっています。ちなみに，約 12 時間で軌道を 1 周するのは GPS 衛星です。

5　×　準天頂衛星は，日本を中心として，アジア，オセアニア地域に特化した測位衛星です。これらの地域の天頂付近に長くとどまるよう，GPS とは異なった独自の 8 の字軌道を描くようになっています。

【解答】1

出題傾向

最近では準天頂衛星の役割だけでなく軌道について問うものが増えてきていますので，覚えておきましょう。

問題 2 ☑ ☑ ☑

　次の a ～ e の文は，GNSS 測量について述べたものである。 ア ～ オ に入る語句の組合せとして最も適当なものはどれか。

a. GNSS とは，人工衛星からの信号を用いて位置を決定する ア システムの総称である。

b. GNSS 測量の基線解析を行うには，GNSS 衛星の イ が必要である。

c. GNSS 測量では， ウ が確保できなくても観測できる。

d. 基線解析を行う観測点間の距離が長い場合において， エ の影響による誤差は 2 周波の観測により軽減することができる。

e. GNSS アンテナの向きをそろえて整置することで， オ の影響を軽減することができる。

	ア	イ	ウ	エ	オ
1	衛星測位	軌道情報	観測点間の視通	対流圏	アンテナ位相特性
2	衛星測位	軌道情報	観測点間の視通	電離層	アンテナ位相特性
3	衛星測位	品質情報	観測点上空の視界	対流圏	マルチパス
4	GPS 連続観測	軌道情報	観測点上空の視界	対流圏	アンテナ位相特性
5	GPS 連続観測	品質情報	観測点間の視通	電離層	マルチパス

GNSS 測量の留意事項や誤差の軽減に関する問題です。

a. GNSS は GPS，準天頂衛星，GLONASS など**衛星測位**システムの総称です。

b. GNSS 測量は受信衛星の配置状況が誤差に影響を及ぼすことから，基線解析を行う際は GNSS 衛星の**軌道情報**が必要になります。

c. GNSS 測量はトータルステーションと異なり，**観測点間の視通**が確保できなくても観測が可能です。ただし，衛星を受信する必要があるので，上空視界は確保する必要があります。

d. 衛星の電波が宇宙から地上まで到達するのに電離層と対流圏を通過し，それぞれが電波の遅延誤差の要因となっています。そのうち，**電離層の影響による誤差**は 2 周波受信の GNSS 測量機を用いて誤差を補正することができます。

e. GNSS 測量機はアンテナの機種ごとに特性をもっており，それを**アンテナ位相特性**といいます。アンテナ位相特性は誤差要因の一つとなっていますが，同一機種にすることやアンテナの向きを揃えることで誤差を軽減することができます。

[解答] 2

問題 ❸

次の a～e の文は，公共測量における GNSS 測量機を用いた基準点測量について述べたもので ある。　ア　～　オ　に入る語句の組合せとして最も適当なものはどれか。

a. GNSS 測量では，　ア　が確保できなくても観測できる。

b. 基準点測量において，GNSS 観測は，　イ　方式で行う。

c. スタティック法による観測において，GPS・準天頂衛星を用いる場合は　ウ　以上を用いなければならない。

d. GNSS 測量の基線解析を行うには，GNSS 衛星の　エ　が必要である。

e. GNSS 測量による 1 級基準点測量は原則として，　オ　により行う。

	ア	イ	ウ	エ	オ
1	観測点上空の視界	単独測位	4 衛星	軌道情報	単路線方式
2	観測点間の視通	単独測位	3 衛星	品質情報	単路線方式
3	観測点間の視通	干渉測位	3 衛星	軌道情報	結合多角方式
4	観測点上空の視界	干渉測位	3 衛星	品質情報	単路線方式
5	観測点間の視通	干渉測位	4 衛星	軌道情報	結合多角方式

解説

a. GNSS 測量は，人工衛星からの搬送波（電波）を受信・解析し，アンテナ自身の位置（測点の位置）を計算により求める方法なので，**観測点間の視通は，不要**です。

b. GNSS 測量は，**干渉測位方式を用いる**ことになっています。単独測位は，一般的にはナビゲーションシステムなどに利用されていますが，精度が悪いため，測量では用いることができません。

c. スタティック法による使用衛星数は，GPS・準天頂衛星を使用する場合は **4 衛星以上**です。

d. GNSS 衛星からの搬送波（電波）には，衛星の位置を計算するための軌道情報や時刻，衛星自身の三次元位置情報が含まれています。基線解析には，**軌道情報が必要**となります。

e. 準則によると，1 級及び 2 級基準点測量は，原則として，**結合多角方式**により行うこととなっています。単路線方式を用いてよいのは，3 級及び 4 級基準点測量です。

【解答】5

問題 4 ☑☑☑

　次の文は，GNSS 測量について述べたものである。明らかに間違っているものはどれか。

1　観測点の近くに強い電波を発する物体があると，電波障害を起こし，観測精度が低下することがある。

2　電子基準点を既知点として使用する場合は，事前に電子基準点の稼働状況を確認する。

3　観測時において，すべての観測点のアンテナ高を統一する必要はない。

4　観測点では，気温や気圧の気象測定は実施しなくてもよい。

5　上空視界が十分に確保できている場合は，基線解析を実施する際に GNSS 衛星の軌道情報は必要ではない。

解説

1　○　GNSS 衛星からの搬送波は電波であるため，電波障害（受信を阻害する要因）には十分気をつけなければなりません。

2　○　電子基準点は，工事や停電のため，一時的に運用を停止する場合があります。稼働状況は，国土地理院のホームページで確認できます。

3　○　アンテナ高を統一する必要はありません。ただし，GNSS 測量機によって測定される高さは，標高＋アンテナ高となるため，事前にアンテナ高をミリメートル単位で測定する必要はあります。

4　○　GNSS 測量は，全天候で作業が可能です。雷や大雪を除き，基本的に天候の影響を受けないため，観測点での気象測定は不要です。気象要素の補正は，基線解析ソフトウェアで採用している標準大気を用います。

5　×　上空視界の確保は，衛星からの搬送波（電波）を確実に受信するために行うものです。一方，**軌道情報の取得は観測精度に影響してくるもの**です。したがって，上空視界の確保に加えて，**軌道情報は必ず必要**となります。

【解答】5

出題傾向

GNSS 測量の問題については，「必要衛星数」「上空視界」「軌道情報」を問う内容がよく出題されています。

3.13 ▶ セミ・ダイナミック補正

 測量士補試験においてもセミ・ダイナミック補正に関する問題が頻繁に出題されるようになりました。補正の理由や方法を整理しておきましょう。

3.13.1　測量における地殻変動の影響

　地球は大陸のプレート運動に伴う地殻変動により絶えず動いており，基準点の相対的な位置関係は徐々に変化し，ひずみとして蓄積しています。日本列島の平均的な相対位置の変化量は**年間 0.2 ppm（10 km で 2 mm）程度**なので，近くの基準点を既知点とした測量では，このひずみはさほど問題になりませんでした。しかし，GNSS を利用した測量で遠距離にある電子基準点を用いる方法の場合は，このひずみの影響を考慮する必要がありました。そこで，セミ・ダイナミック補正という方法が用いられています。

> **補足** 📖
> ppm（パーツパーミリオン）とは 100 万分の 1 という意味です。電子基準点の平均的な間隔を 25 km 程度とすると，地殻変動による平均のひずみ速度（年間 0.2 ppm）において電子基準点間には 10 年間で約 50 mm の相対変動が蓄積することになります。

3.13.2　セミ・ダイナミック補正

　セミ・ダイナミック補正とは，プレート運動に伴う定常的な地殻変動による基準点間のひずみの影響を測量結果に補正して測量成果を求めることをいいます。これは現在の測量成果の基準日となっている「測地成果 2011」を**元期**（げんき）として，新たに測量を実施した時点（**今期**（こんき））の位置について，**地殻変動補正パラメータ**を用いて元期の位置に合わせるようにしてひずみを補正する方法です（**図 3.36**）。
　セミ・ダイナミック補正の対象となるのは，原則として**電子基準点（付属標を除く）のみを既知点**として用いる基準点測量に限ります。また適用範囲については地殻変動補正パラメータを提供している地域になります。

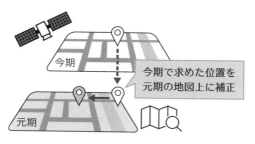

図 3.36 セミ・ダイナミック補正のイメージ

補足 📖

「測地成果 2011」の基準日は，2011 年の東北地方太平洋沖地震で地殻変動の影響を大きく受けた地域（東北や関東，北陸など）は 2011 年 5 月 24 日，その他の地域は 1997 年 1 月 1 日です。

3.13.3 セミ・ダイナミック補正の手順

セミ・ダイナミック補正は以下の手順により行われています（**図 3.37**）。

① 元期の座標上の既知点を使って，新点の観測を今期にて実施し，基線ベクトルを求める。

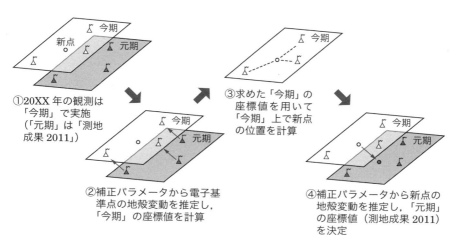

図 3.37 セミ・ダイナミック補正の手順イメージ

② ソフトウェアと地殻変動補正パラメータを使って既知点座標値を元期から今期の座標値に補正する。

③ 既知点の今期の座標値において三次元網平均計算を行い，新点の今期の座標値を求める。

④ ソフトウェアと地殻変動補正パラメータを使って新点座標値を今期から元期に補正して「測地成果 2011」の座標値として決定する。

問題 1 ✓✓✓

　次の文は，公共測量におけるセミ・ダイナミック補正について述べたものである。 ア ～ エ に入る語句の組合せとして最も適当なものはどれか。

　プレート境界に位置する我が国においては，プレート運動に伴う ア により，各種測量の基準となる基準点の相対的な位置関係が徐々に変化し，基準点網のひずみとして蓄積していくことになる。GNSS を利用した測量の導入に伴い，基準点を新たに設置する際には遠距離にある イ を既知点として用いることが可能となったが， ア によるひずみの影響を考慮しないと，近傍の基準点の測量成果との間に不整合が生じることになる。そのため，測量成果の位置情報の基準日である「測地成果 2011」の ウ から新たに測量を実施した エ までの ア によるひずみの補正を行う必要がある。

	ア	イ	ウ	エ
1	地殻変動	三角点	今期	元期
2	地盤沈下	三角点	今期	元期
3	地殻変動	電子基準点	今期	元期
4	地盤沈下	三角点	元期	今期
5	地殻変動	電子基準点	元期	今期

解説　プレート境界に位置する我が国においては，プレート運動に伴う**地殻変動**により，各種測量の基準となる基準点の相対的な位置関係が徐々に変化し，基準点網のひずみとして蓄積していくことになります。GNSS を利用した測量の導入に伴い，基準点を新たに設置する際には遠距離にある**電子基準点**を既知点として用いることが可能となりましたが，**地殻変動**によるひずみの影響を考慮しないと，近傍の基準点の測量成果との間に不整合が生じることになります。そのため，測量成果の位置情報の基準日である「測地成果 2011」の**元期**から新たに測量を実施した**今期**までの**地殻変動**によるひずみの補正を行う必要があります。

【解答】5

3 章

セミ・ダイナミック補正については今後も出題が予想されます。「なぜ補正をする必要があるのか」、「どのように行うのか」、「どのような条件のときに行うのか」を整理しておきましょう。

問題 ②

次の文は，公共測量におけるセミ・ダイナミック補正について述べたものである。 ア ～ エ に入る語句の組合せとして最も適当なものはどれか。

セミ・ダイナミック補正とは，プレート運動に伴う ア 地殻変動による基準点間のひずみの影響を補正するため，国土地理院が電子基準点などの観測データから算出し提供している イ を用いて，基準点測量で得られた測量結果を補正し，ウ （国家座標）の基準日（元期）における測量成果を求めるものである。イ の提供範囲は，全国（一部離島を除く）である。

三角点や公共基準点を既知点とする測量を行う場合であれば，既知点間の距離が短く相対的な位置関係の変化も小さいため，地殻変動によるひずみの影響はそれほど問題にならない。しかし，電子基準点のみを既知点として測量を行う場合は，既知点間の距離が長いため地殻変動によるひずみの影響を考慮しないと，近傍の基準点との間に不整合を生じる。例えば，地殻変動による平均のひずみ速度を約 0.2 ppm/year と仮定した場合，電子基準点の平均的な間隔が約 25 km であるため，電子基準点間には 10 年間で約 エ mm の相対的な位置関係の変化が生じる。

このような状況で網平均計算を行っても，精度の良い結果は得られないが，セミ・ダイナミック補正を行うことにより，測量を実施した今期の観測結果から，ウ （国家座標）の基準日（元期）において得られたであろう測量成果を高精度に求めることができる。

	ア	イ	ウ	エ
1	定常的な	地殻変動補正パラメータ	測地成果 2011	50
2	突発的な	標高補正パラメータ	測地成果 2011	50
3	定常的な	標高補正パラメータ	測地成果 2000	20
4	定常的な	地殻変動補正パラメータ	測地成果 2011	20
5	突発的な	標高補正パラメータ	測地成果 2000	20

解説　セミ・ダイナミック補正は，プレート運動に伴う**定常的な**地殻変動による基準点間のひずみの影響を測量結果に補正して測量成果を求めることをいいます。この補正は国土地理院が提供しているソフトウェアや**地殻変動補正パラメータ**を用いて行います。また，測量成果の位置基準日（元期）は**測地成果 2011** の位置に合わせています。

（エ）相対的な位置関係の変化の計算

電子基準点の平均的な間隔約 25 km = 25000000 mm。

ppm は 100 万分の 1 なので

$$25000000 \text{ mm} \times \frac{1}{1000000} = 25 \text{ mm}$$

すなわち，1 ppm = 25 mm となります。

ひずみの平均速度は 0.2 ppm/year なので，25 mm × 0.2 = 5 mm。

変化量が 1 年間に 5 mm なので，10 年間では **50 mm** となります。

【解答】 1

出題傾向

電子基準点間の 10 年間の相対的な位置関係の大きさについては国土地理院のホームページでも例にあげられていますが，その算出方法も理解しておきましょう。

問題 3　☑ ☑ ☑

公共測量の 2 級基準点測量において，電子基準点 A，B を既知点とし，新点 C に GNSS 測量機を設置して観測を行った後，セミ・ダイナミック補正を適用して元期における新点 C の Y 座標値を求めたい。基線解析で得た基線ベクトルに測定誤差は含まれないものとし，基線 AC から点 C の Y 座標値を求めることとする。元期における電子基準点 A の Y 座標値，観測された電子基準点 A から新点 C までの基線ベクトルの Y 成分，観測時点で使用するべき地殻変動補正パラメータから求めた各点の補正量がそれぞれ**表 1**，**表 2**，**表 3** のとおり与えられるとき，元期における新点 C の Y 座標値はいくらか。最も近いものを次の中から選べ。ただし，座標値は平面直角座標系（平成 14 年国土交通省告示第 9 号）における値で，点 A，C の X 座標値及び楕円体高は同一とする。また，地殻変動補正パラメータから求めた X 方向および楕円体高の補正量は考慮しないものとする。なお，関数の値が必要な場合は，巻末の関数表を使用すること。

■表1

名　称	元期における Y 座標値
電子基準点 A	0.000 m

■表3

名　称	地殻変動パラメータから求めた Y 方向の補正量（元期→今期）
電子基準点 A	− 0.030 m
新点 C	0.030 m

■表2

基　線	基線ベクトルの Y 成分
A → C	＋15000.040 m

1	14999.980 m	2	15000.010 m	3	15000.040 m
4	15000.070 m	5	15000.100 m		

 セミ・ダイナミック補正に関連した計算問題です。示されている数値が元期か今期なのかに注意して解きましょう。

 問題の表2より，A → C 間の基線ベクトルの Y 成分は ＋15000.040 m であり，これは観測時点（今期）の値になります。

これを元期の座標値に補正することになるので，問題の表3の補正量を用います。

このとき，補正量は元期から今期の補正量の値なので，今期から元期に補正する場合は，この値を差し引く（符号を逆にする）ことになります。

したがって，元期に補正後の A → C 間の基線ベクトルは解図のように求めることになるので

15000.040 − 0.006 = 14999.980 m

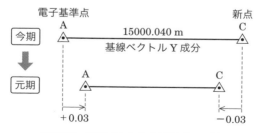

■解図　基線ベクトルの補正イメージ

　　問題の表 1 より点 A の元期の Y 座標値が 0.000 m なので，基線ベクトル Y 成分の長さが新点 C の Y 座標値になるので，**14999.980 m** となります。

【解答】　1

出題傾向

ここ数年，セミ・ダイナミック補正に関する問題が増えており，補正量の計算問題も測量士補試験で出題されるようになっています。元期と今期の関係や補正量の符号（補正量を加えるのか差し引くのか）に注意して解きましょう。

4章

水 準 測 量

出題頻度とそのテーマ ➡ 出題数 4 問

★★★	水準測量における留意事項／水準測量の誤差と消去法／観測標高の最確値／往復観測の許容誤差／レベル視準線の点検／標尺補正の計算
NEW	GNSS 水準測量

合格のワンポイントアドバイス

　水準測量は，過去問題のパターンがある程度限定されており，4問中，文章問題と計算問題がほぼ2問ずつ出題されています。

　文章問題は1級水準測量に関するものが多く，「水準測量における留意事項」と「水準測量の誤差と消去法」の範囲からほとんど出題されています。また，準則で「GNSS水準測量」が追加されたので，今後その出題が出てくることも予想されます。

　計算問題も出題パターンは類似したものが多いので，過去問題を解きながらしっかりとマスターしましょう。

4.1 ▶ 水準測量における留意事項

留意事項は，主として1級水準測量に関することが多く出題されています。留意事項に関する問題は，毎年のように出題されています。繰返し問題を解き，ポイントを整理しておきましょう。

4.1.1　水準測量とは

　水準測量とは，測点間の高低差を観測する測量です。**図 4.1** のように**レベル**と**標尺**を用いて直接的に高低差を求める方法を**直接水準測量**といい，角度と距離などを測ったうえで計算により間接的に高低差を求める方法を**間接水準測量**といいます。近年は，観測に GNSS 測量機を用いた GNSS 水準測量もあります。

（a）レベル　　　（b）標尺　　　　（c）測量作業

■図 4.1　直接水準測量

4.1.2　水準測量の観測原理

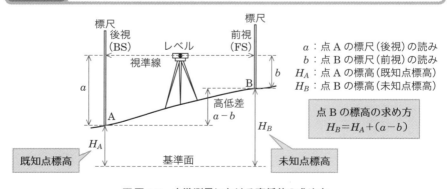

■図 4.2　水準測量における高低差の求め方

4.1.3 観測における留意事項

準則では観測における留意事項が定められています。以下にそのポイントなど
を抜粋してまとめておきます。

第62条 機器 準則

観測に使用する機器は、次表に掲げるもの又はこれらと同等以上のものを用いる。

■表4.1

区　分	レベル	標　尺
1級水準測量	1級レベル	1級標尺
2級水準測量	2級レベル	
3級水準測量	3級レベル	2級標尺
4級水準測量		
簡易水準測量		

第63条 機器の点検及び調整 準則

点検調整は、観測着手前に次の項目について行い、水準作業用電卓又は観測手簿に
記録する。ただし、1～2級水準測量では、観測期間中おおむね **10日間**ごとに行
うものとする。

一　気泡管レベルは、水準器軸と視準線との平行性の点検調整を行うものとする。

二　自動レベル、電子レベルは、水準器及び視準線の点検調整並びに**コンペンセー
タの点検**を行うものとする。

三　標尺に付属された水準器の点検を行うものとする。

注意⚠

コンペンセータ（補正装置）とは、レベルの視準線を自動的に水平に保つ装置です。自
動レベルや電子レベルにはコンペンセータが搭載され、視準線の軽微な傾きを補正して
います。

第64条 観測の実施 準則

①　視準距離及び標尺目盛の読定単位は次表を標準とする。

■表 4.2

項目 \ 区分	1 級 水準測量	2 級 水準測量	3 級 水準測量	4 級 水準測量	簡易 水準測量
視準距離	最大 50 m	最大 60 m	最大 70 m	最大 70 m	最大 80 m
読定単位	0.1 mm	1 mm	1 mm	1 mm	1 mm

視準距離の最大が 50 m の場合，レベルは測点間の中央に設置することになるので，測点間の最大は 100 m となります

② 観測は，簡易水準測量を除き，往復観測とする。

③ 標尺は，2 本 1 組とし，往路と復路の観測において標尺を交換するものとする。また，測点数は偶数とする。

Point

水準測量において，標尺は 2 本 1 組で行われます。往復観測で標尺を交換するため，**往路の出発点と復路の出発点で標尺を交換**することになります。これは両標尺の目盛誤差を軽減させるためでもあります。**測点数が偶数**というのは，この場合，**レベルの設置回数**を指しています。

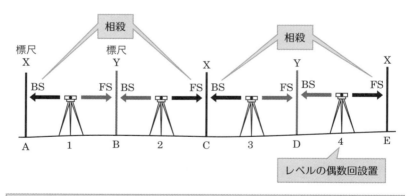

相殺　　相殺

標尺 X　標尺 Y

レベルの偶数回設置

レベルの設置回数を偶数にすることで，同じ標尺を後視（BS）と前視（FS）で交互に用いることになり，標尺底面のすり減りなどによる誤差（零点誤差）を相殺することができます

■図 4.3　レベルの設置回数

④　1級水準測量においては，観測の開始時，終了時及び固定点到着時ごとに**気温を 1℃単位で測定**する。

⑤　**視準距離は等しく**，かつレベルはできる限り**両標尺を結ぶ直線上に設置**するものとする。

⑥　往復観測を行う水準測量において，水準点間の測点数が多い場合は，適宜固定点を設け往路及び復路の観測に共通して使用するものとする。

⑦　1級水準測量においては，**標尺の下方 20 cm 以下を読定しない**ものとする。

> **Point**
> 地表面に近い部分は大気の密度が大きく，光の屈折（レフラクション）が生じやすいため，誤差が起こりやすくなります。そのため標尺の下方の視準はできません。

⑧　1日の観測は水準点で終わることを原則とする。なお，やむを得ず固定点で終わる場合は観測の再開時に固定点の異常の有無を点検できるような方法で行うものとする。

⑨　新設点の観測は，**永久標識設置後 24 時間以上経過**してから行うものとする。

> **Point**
> 新点設置後すぐは地盤が安定していないため，観測は設置後 24 時間以上経過してから行うことになっています。

4.1.4　電子レベル（デジタルレベル）

　電子レベルは，標尺にバーコードパターンを採用して標尺の目盛りの読み取りを自動化したレベルで，**高さと同時に距離も測定**できます。電子レベルには以下のような特徴があります。

・読み取りが自動化されることにより，**個人の読み取り誤差が小さくなる。**

・メモリに観測データを保存することができる。

・観測に際しては機械に直射日光が当たらないよう工夫する。

・バーコードから**標尺の傾きの自動補正はできない。**

・メーカーにより**バーコードパターンが異なる**ので，標尺の流用はできない。

問題 1 ☑ ☑ ☑

次の文は，公共測量における水準測量を実施するときの留意すべき事項について述べたものである。明らかに間違っているものはどれか。

1 新設点の観測は，永久標識の設置後 24 時間以上経過してから行う。

2 標尺は，2 本 1 組とし，往路の出発点に立てる標尺と，復路の出発点に立てる標尺は，同じにする。

3 1 級水準測量においては，観測の開始時，終了時及び固定点到着時ごとに，気温を 1℃ 単位で測定する。

4 水準点間のレベルの設置回数（測点数）は偶数にする。

5 視準距離は等しく，かつ，レベルはできる限り両標尺を結ぶ直線上に設置する。

留意事項の多くは準則の規程事項ですので，なぜそうしなければいけないのかという理由も含めて考えて解いてみましょう。

1 ○ 新点設置後すぐは地盤が安定していないため，新設点の観測は埋設後 24 時間以上経過してから行います。

2 ✕ 2 本 1 組とした標尺で往復観測を行い，**往路の出発点に立てる標尺と復路の出発点に立てる標尺は変えます**。これにより往路と復路で同じ測点に用いられる標尺は異なり，2 本の標尺の目盛誤差を小さくすることができます。

3 ○ 1 級水準測量では，観測の開始時と終了時，及び固定点到着時ごとに，気温を 1℃ 単位で測定します。測定した気温は，標尺補正計算等に使用します。

4 ○ 水準点間のレベルの設置回数（測点数）を偶数回にすることにより，後視で使用した標尺を前視でも使用することになり，標尺底面のすり減りによる零目盛誤差を相殺することができます。

5 ○ 測点間の中央にレベルを据え付け，視準距離を等しくすることで，視準軸のずれによる誤差を消去することができます（4.2 節参照）。 **【解答】** 2

出題傾向

「永久標識設置後 24 時間以上」「レベルの設置回数は偶数回」「往路と復路の出発点の標尺交換」などは毎回のように出題されています。

問題 2 ☑ ☑ ☑

次の a〜e の文は，公共測量における 1 級水準測量について述べたものである。 ア 〜 オ に入る語句及び数値の組合せとして最も適当なものはどれか。

a. 自動レベル，電子レベルを用いる場合は，円形水準器及び視準線の点検調整並びに ｜ ア ｜ の点検を観測着手前に行う。

b. 大気の屈折による誤差を小さくするために標尺の下方 ｜ イ ｜ 以下を読定しない。

c. 水準点間の距離が 1.2 km の路線において，最大視準距離を 40 m とする場合，往観測のレベルの整置回数は最低 ｜ ウ ｜ 回である。

d. 観測の開始時，終了時及び固定点到着時ごとに， ｜ エ ｜ を測定する。

e. 検測は原則として ｜ オ ｜ で行う。

	ア	イ	ウ	エ	オ
1	コンペンセータ	2 cm	15	気温	往復観測
2	マイクロメータ	2 cm	16	気圧	往復観測
3	コンペンセータ	20 cm	16	気温	片道観測
4	コンペンセータ	20 cm	15	気圧	片道観測
5	マイクロメータ	20 cm	16	気温	往復観測

留意事項の中でも 1 級水準測量には様々な決まりごとがあります。これも例年同様の問題が多いので，しっかり覚えるようにしましょう。

解説

a. **コンペンセータ**（補正装置）とはレベルの視準軸を自動で水平に保つための装置です。自動レベルや電子レベルにはこれが搭載されているため，観測着手前に点検が必要となります。

b. 地表面近くは大気の屈折による誤差が発生しやすいので，標尺の下方部分読定を避けます。1 級水準測量では，標尺の**下方 20 cm 以下は読定しない**と定められています。

c. 問題より，最大視準距離を 40 m としているので，1 測定で 80 m（測点間は後視と前視の両方を視準するので 40 m + 40 m）進むことになります。したがって，水準点間 1.2 km（= 1200 m）のレベルの設置回数は 1200 ÷ 80 = 15 で，計算上では 15 回ですが，**レベルの設置回数は偶数回**との定めがあるので，設置回数は最低 **16 回**となります。

d. 1 級水準測量では，観測の開始時，終了時及び固定点到着時ごとに**気温を 1℃単位**で測定すると定められています。この値は標尺補正などに用いられます。

e. 準則において，1 ～ 2 級水準測量では隣接既知点間の検測を行うものとしています。また，**検測は片道観測**を原則とすると定められています。

よって，これらの語句が該当する選択肢は 3 となります。

【解答】3

選択肢 c のように，路線距離からレベルの設置回数を計算で求める問題が，時々出題されています。解き方に注意しておきましょう。

問題 3 ☑ ☑ ☑

公共測量において 3 級水準測量を実施していたとき，レベルで視準距離を確認したところ，前視標尺までは 70 m，後視標尺までは 72 m であった。観測者が取るべき処置を次の中から選べ。

1　前視標尺をレベルから 2 m 遠ざけて整置させる。

2　レベルを後視方向に 1 m 移動し整置させる。

3　レベルを後視方向に 2 m 移動し整置させ，前視標尺をレベルの方向に 3 m 近づけ整置させる。

4　レベルを後視方向に 3 m 移動し整置させ，前視標尺をレベルの方向に 4 m 近づけ整置させる。

5　そのまま観測する。

3 級水準測量の最大視準距離，測点間の中央にレベルを整置するという留意事項を踏まえて考えましょう。

解説　観測においては，次の点に留意する必要があります。

・3 級水準測量の**最大視準距離は 70 m** なので，測点とレベルの距離は 70 m 以下にする。

・レベルは測点間の**中央**に整置する必要があるので，「後視標尺とレベル」，「前視標尺とレベル」の視準距離を等しくする。

つまり，上記の条件をともに満たす処置ができているのは，選択肢 4 の「レベルを後視方向に 3 m 移動し整置させ，前視標尺をレベルの方向に 4 m 近づけ整置させる」になります（**解図**）。

【解答】4

> **補足** 📖
> 測量区分に応じて最大視準距離は異なります。（⇨ 4.1.3 項「観測における留意事項」表 4.2）

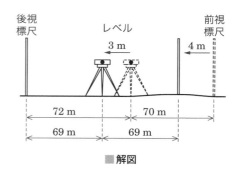
解図

4.2 ▶ 水準測量の誤差と消去法

各種機器がもつ誤差は，操作や測量の方法により消去や軽減が可能です。準則で定められた留意事項は，誤差の消去法につながる部分も多いので，4.1節と合わせて理解しておきましょう。

4.2.1 レベルに関する誤差

（1）視準線誤差

視準軸と気泡管軸が平行でないために生じる誤差です。

図4.4に示すように，レベルを，両標尺を結ぶ直線上に設置し，後視と前視の**視準距離を等しくすることで消去できます**。

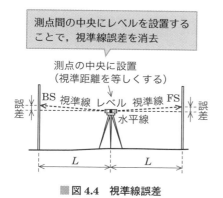

測点間の中央にレベルを設置することで，視準線誤差を消去

測点の中央に設置
（視準距離を等しくする）

■図4.4　視準線誤差

鉛直軸

視準軸

気泡管軸

・視準軸と気泡管軸は平行
・気泡管軸と鉛直軸は直交

■図4.5　レベルの3軸

（2）鉛直軸誤差

図4.6に示すように，鉛直軸が傾いているために生じる誤差です。三脚は特定の2脚と視準線を常に平行にし，**進行方向に対して左右交互（180°回転）に設置**することで，誤差は小さくすることはできますが，消去することはできません。

（3）視差による誤差

レベルの望遠鏡レンズのピントのずれにより生じる誤差です。この誤差をなくすためには，接眼レンズ側の視度環で十字線をはっきりと映し出し，目標物に十字線とピントを合わせます。

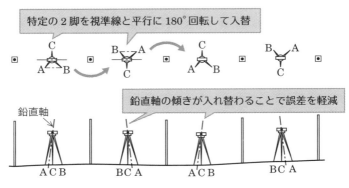

特定の2脚を視準線と平行に180°回転して入替

鉛直軸

鉛直軸の傾きが入れ替わることで誤差を軽減

■図4.6　鉛直軸誤差の軽減方法

（4）三脚の沈下による誤差

　軟弱な地盤に三脚を据え付けると時間の経過とともに三脚が沈下するために生じる誤差です。堅固な地盤に据え付けることに加え，三脚をしっかり踏み込みます。また，1級水準測量では，標尺の読み取り順序を，**後視→前視→前視→後視**で行うことにより誤差を小さくしています。なお，2級水準測量では，後視→後視→前視→前視の順に行うことになっています。

4.2.2　標尺に関する誤差

（1）零点誤差／零目盛誤差

　標尺底面のすり減りにより生じる誤差です。出発点に用いた標尺を終着点に用いる（**レベルの設置回数を偶数回**にする）ことにより，後視で使用した標尺を前視でも使用することになり，誤差が相殺されます。

> 補足📖
> 標尺は2本1組で
> 用います。

（2）標尺の目盛誤差

　標尺の目盛が正しく刻まれていないために生じる誤差です。往復観測において，**往路で出発点に立てる標尺と復路で出発点に立てる標尺を変える**ことによって，同じ測点については往路と復路で標尺を交換することになり，目盛誤差を小さくすることができます。

（3）標尺の傾き誤差

標尺が鉛直に立てられていないために生じる誤差です。標尺付属の水準気泡を中心に保ちます。水準気泡がない場合は，**図 4.7** のように，標尺を前後にゆっくりと動かし，最小値を読み取ります。

■ 図 4.7　標尺目盛の読取

4.2.3　自然現象に関する誤差

（1）大気の屈折誤差／気差

地表面付近は大気密度が大きくなり，ゆらぎが発生するなど，光の屈折（レフラクション）により生じる誤差です。標尺の下方を視準せず，視準距離をなるべく短くします。**1 級水準測量では，標尺の下方 20 cm 以下は視準しないことになっています。**

（2）球差（曲率誤差）

地球が球面体であるために生じる誤差です。**図 4.8** のように，後視と前視の**視準距離を等しくします。**

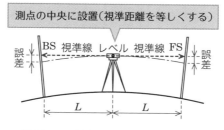

■ 図 4.8　球差（曲率誤差）の消去方法

（3）気象誤差

気象の変化により生じる誤差です。レベルに直射日光を当てないよう傘などで覆い，また，往復観測を午前と午後に分けて平均をとります。気温を測定し，機器の補正計算に用います。

151

問題 1 ☑☑☑

次の文は，水準測量の誤差について述べたものである。正しいものはどれか。

1 鉛直軸誤差を消去するには，レベルと標尺間を，その間隔が等距離となるように整置して観測する。

2 球差による誤差は，地球表面が湾曲しているためレベルが前視と後視の両標尺の中央にある状態で観測した場合に生じる誤差である。

3 標尺の零点誤差は，標尺の目盛が底面から正しく目盛られていない場合に生じる誤差である。

4 光の屈折による誤差を小さくするには，レベルと標尺との距離を長く取るとともに，標尺の 20 cm 目盛以下を視準しないなど視準線を地表からできるだけ離して観測する。

5 レベルの沈下による誤差を小さくするには，時間をかけて慎重に観測する。

誤差の名称とその消去・軽減方法を整理して解くようにしましょう。

解説

1 × レベルと標尺間の距離を**等距離にすることにより消去できる誤差**は，**視準線誤差と球差**です。鉛直軸誤差は消去できませんが，レベル三脚の特定の 2 脚を常に平行にし，進行方向に対して左右交互（180°回転）にすることにより，鉛直軸の傾きが交互に発生し，誤差を小さくすることはできます。

2 × **球差は地球表面が湾曲しているために生じる誤差**なので，両標尺の中央にレベルを設置することで，消去することができます。

3 ○ 標尺の零点誤差は，標尺底面のすり減りなどにより，零目盛が底面から正しく目盛られていない場合に生じる誤差のことです。レベルの設置回数を偶数にし，後視で用いた標尺を前視でも用いるようにすれば，誤差が相殺し，消去することができます。

4 × **光の屈折による誤差は視準距離が長くなるとともに増幅**してしまいます。誤差を防ぐためには，視準距離をなるべく短くし，標尺の下方（1 級水準測量においては 20 cm 以下）を視準しないようにします。

5 × レベルの三脚の沈下は時間とともに大きくなります。この誤差を防ぐためにも三脚は堅固な地盤に据え付け，1 級水準測量では標尺の読み取りを，**後視→前視→前視→後視**の順序で行うこととしています。

【解答】3

問題 2 ☑ ☑ ☑

　表は，水準測量の観測における誤差と，それを消去又は小さくするための観測方法を示したものである。　ア　～　ウ　に入る語句の組合せとして最も適当なものはどれか。

誤差	誤差を消去又は小さくするための観測方法
ア	レベルの整準は，望遠鏡を特定の標尺に向けて行う。また，三脚は特定の2本の脚と視準線を平行にし，進行方向に対して左右交互に整置し，観測する。
イ	標尺付属の円形水準器の気泡が中心にくるように整置し，観測する。
ウ	水準点間のレベルの整置回数を，偶数回にして観測する。

	ア	イ	ウ
1	標尺の零点誤差	標尺の傾きによる誤差	鉛直軸誤差
2	鉛直軸誤差	標尺の傾きによる誤差	視準線誤差
3	鉛直軸誤差	標尺の零点誤差	視準線誤差
4	鉛直軸誤差	標尺の傾きによる誤差	標尺の零点誤差
5	標尺の零点誤差	鉛直軸誤差	視準線誤差

　問題1と同じく，誤差の名称とその消去・軽減法を整理しておくと容易に解ける問題です。

解説
アは鉛直軸誤差を小さくするために行う方法です。
イは標尺付属水準気泡を調整しているため，**標尺の傾きによる誤差**です。
ウは標尺の零点誤差を消去するための方法です。その他の消去法の説明として，「出発点に立てた標尺を終着点に立てる」などがあります。

【解答】4

出題傾向
誤差とその消去法に関する問題は，毎回問われている内容はほとんど同じです。問題1と問題2の内容を理解しておきましょう。

4.3 ▶ 観測標高の最確値

水準測量において出題頻度の高い計算問題です。出題パターンはほとんど変わらないので、計算をミスなくできるようにしておきましょう。

4.3.1 軽重率（重み）

軽重率（けいちょうりつ）とは測定値の信用度合いのことであり、重量や重みなどとも呼ばれます。例えば、同じ測点間の距離を1回測定して求めた値と10回測定して求めた値とを比べると、その信用度は当然のことながら10回測って求めた値の方が高くなります。また、ある未知点の標高を求める場合、近くの場所の既知点から求めた値と、遠く離れた場所の既知点から求めた値とでは、やはり近距離の方が誤差は少なくなります。このように、条件の異なる測定結果がある場合、それぞれの信用度合いに応じて軽重率をかけて最確値を求めます。

これらのことを踏まえ、軽重率を求めるうえでは次の3つの約束ごとがあります。

・軽重率は測定回数に比例する
・軽重率は測定距離に反比例する
・軽重率は標準偏差※の2乗に反比例する

補足📖
※標準偏差については3.6節を参照してください。

なお、観測標高の最確値計算では「測定距離に反比例する」条件を用いて行っています。

4.3.2 軽重率を用いた最確値の計算

軽重率を用いた最確値の計算方法について、観測標高の最確値計算の例題を用いて解説していきましょう。

例題 ✓ ✓ ✓

図のように、既知点A, B, Cから新点Pの標高を求めるために水準測量を実施し、**表1**に示す結果を得た。新点Pの最確値はいくらか。既知点A, B, Cの標高値は**表2**のとおりである。

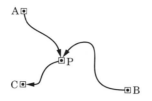

■表1　観測結果

路線	観測距離〔km〕	観測高低差〔m〕
A → P	3	+ 4.853
B → P	4	− 5.641
P → C	2	− 1.556

■表2　既知点の標高

既知点	標高〔m〕
A	10.000
B	20.500
C	13.300

4章

解説

（1）観測高低差より新点の標高（測定値）を求める

　問題の表2より，既知点 A，B，C の標高は，A = 10.000 m　B = 20.500 m　C = 13.300 m となります。

　既知点 A，B，C の標高と表1の観測高低差の値を用いて，新点 P の標高（測定値）を求めると

　　　（A → P）10.000 + 4.853 = 14.853 m
　　　（B → P）20.500 − 5.641 = 14.859 m
　　　（C → P）13.300 + 1.556 = 14.856 m

> C → P は問題の表1と矢印の向きが逆になり，
> 観測高低差の符号も変わります

となります。

　ここで，例題の場合，新点 P から既知点 C を観測し，−1.556 m（下っている）ということなので，既知点 C から新点 P の標高を求める場合，符号は逆になり，+1.556 m（上がっている）ことになります。

注意 ⚠

測量士補試験でも一部の測点間については矢印が逆になっています。どの点から見た高低差なのかを確認し，符号に注意してください。

---

(2) 観測距離より軽重率を求める

観測距離は表1より，AP 間 = 3 km，BP 間 = 4 km，CP 間 = 2 km となります。**軽重率は測定距離に反比例する**ので

$$\frac{1}{3} : \frac{1}{4} : \frac{1}{2}$$

となります。しかし，このままの値を用いては計算が難しくなってしまいますので，これを簡単な整数値にします。（分母の数値に共通する最小公倍数をかける）

$$\frac{1}{3}\,(\times 12) : \frac{1}{4}\,(\times 12) : \frac{1}{2}\,(\times 12) \implies 4:3:6$$

例題の場合，すべての数値に 12 をかけます

ここまでの計算結果をまとめると**解表**のようになります。

■ 解表

路線	新点 P の標高（測定値）〔m〕	軽重率
AP 間	14.853	4
BP 間	14.859	3
CP 間	14.856	6

(3) 新点の標高（最確値）を求める

通常，条件が変わらない中で測定値から最確値を求める場合は，測定値の平均を計算すればよいことになります。しかし，測定条件が異なる場合（この場合は観測距離が異なる条件）は軽重率を考慮したものを求めなければなりません。

そこで，軽重率を考慮した計算式は以下のようになります。

$$最確値 = \frac{（軽重率 \times 測定値）の合計}{軽重率の合計}$$

上記の式に代入すると

$$新点 P の標高（最確値） = \frac{4 \times 14.853 + 3 \times 14.859 + 6 \times 14.856}{4 + 3 + 6}$$

となります。しかし，電卓を用いた計算ができない測量士補試験でこれを解くことは大変です。そこで，**測定値の基準となる値をひとまとめにし，それ以外の値（基準値との差）を使って計算します**（☞ 1.2.3 項「基準値を用いた計算」）。

例題の測定値では 14.85 までが共通した値となっています。共通部分を基準値として，その差の部分で式をたてると

新点 P の標高（最確値）＝ $14.85 + \dfrac{4 \times 3 + 3 \times 9 + 6 \times 6}{4 + 3 + 6} \times \dfrac{1}{1000}$

すると，最初の式よりだいぶ計算が楽になりました。基準値以外の差分でつくっ

た式 $\dfrac{4 \times 3 + 3 \times 9 + 6 \times 6}{4 + 3 + 6}$ の結果は $5.76\cdots$ となります。四捨五入した整数値は 6

です。これを $14.85\,\mathrm{m}$ のミリ（mm）の値に加えるので，最確値の計算結果は，
$14.856\,\mathrm{m}$ になります。

> **補足** 📖
>
> 計算式の $\times \dfrac{1}{1000}$ は整数値のミリ（mm）をメートル（m）に
> 単位換算するためのものです。

【解答】 $14.856\,\mathrm{m}$

問題 1 ✓✓✓

　図に示すように，水準点 E を新設するため，水準点 A，B，C，D を既知点とし
て水準測量を行い，表の結果を得た。水準点 E の標高の最確値はいくらか。ただ
し，既知点 A，B，C，D の標高はそれぞれ $H_A = 55.250\,\mathrm{m}$，$H_B = 65.032\,\mathrm{m}$，H_C
$= 75.037\,\mathrm{m}$，$H_D = 85.050\,\mathrm{m}$ とする。

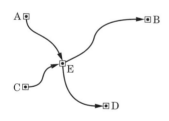

路線	距離〔km〕	観測高低差〔m〕
A → E	2	＋ 8.638 m
E → B	4	＋ 1.148 m
C → E	1	－ 11.164 m
E → D	2	＋ 21.156 m

| 1　63.878 m | 2　63.880 m | 3　63.882 m |
| 4　63.884 m | 5　63.886 m |

　既知点は 4 つになっていますが，計算手順は例題のとおりです。観測の向
き（矢印）を確認し，計算時には高低差の符号に注意しましょう。

解説

　問題文中より，既知点 A，B，C，D の標高は

　　$H_A = 55.250\,\mathrm{m}$　　$H_B = 65.032\,\mathrm{m}$　　$H_C = 75.037\,\mathrm{m}$　　$H_D = 85.050\,\mathrm{m}$

(1) 各測点（A，B，C，D）から水準点 E の標高（測定値）を求める

A → E　55.250 + 8.638 = 63.888 m

B → E（符号が逆）　65.032 − 1.148 = 63.884 m

C → E　75.037 − 11.164 = 63.873 m

D → E（符号が逆）　85.050 − 21.156 = 63.894 m

(2) 軽重率の計算

観測距離はそれぞれ，2 km : 4 km : 1 km : 2 km となり，この場合の軽重率は距離に反比例するので

$$\frac{1}{2} : \frac{1}{4} : \frac{1}{1} : \frac{1}{2} \implies 2 : 1 : 4 : 2$$

すべてに 4 をかけます

ここまでの結果をまとめると，**解表**のようになります。

■解表

路線	水準点 E の標高（測定値）〔m〕	軽重率
AE 間	63.888	2
BE 間	63.884	1
CE 間	63.873	4
DE 間	63.894	2

(3) 水準点 E の標高（最確値）を求める

4 つの測定値の基準値を 63.88 とすると

$$新点 E の標高（最確値）= 63.88 + \frac{2 \times 8 + 1 \times 4 + 4 \times (-7) + 2 \times 14}{2 + 1 + 4 + 2} \times \frac{1}{1000}$$

$$= 63.88 + \frac{20}{9} \times \frac{1}{1000}$$

$$= \mathbf{63.882\ m}$$

よって，該当する選択肢は 3 となります。

【解答】3

出題傾向

観測標高の最確値を求める問題は，パターンがほとんど同じです。この問題の解き方をマスターしておきましょう。

4.4 ▶往復観測の許容誤差

これも水準測量において出題頻度の高い計算問題です。出題パターンはほとんど変わらないので，計算をミスなくできるようにしましょう。

4.4.1 水準測量の許容誤差

準則において，「水準測量の観測は，簡易水準測量を除いて往復観測とする」と定められています。再測するかどうかの判定については，水準点及び固定点によって区分された区間の往復観測値の較差をもとに判定することになっています。往復観測値の較差の許容範囲については，表4.3 のように定められています。

■表4.3 往復観測値の較差の許容範囲

区分 項目	1 級水準測量	2 級水準測量	3 級水準測量	4 級水準測量
往復観測値の較差	$2.5\ \mathrm{mm}\sqrt{S}$	$5\ \mathrm{mm}\sqrt{S}$	$10\ \mathrm{mm}\sqrt{S}$	$20\ \mathrm{mm}\sqrt{S}$
備考	S は観測距離（片道，km 単位とする）			

例として，測点間距離 1000 m における 1 級水準測量の往復観測値の較差の許容範囲は，1000 m＝1 km として

$$2.5\ \mathrm{mm}\times\sqrt{1}=2.5\ \mathrm{mm}\times1=2.5\ \mathrm{mm}$$

となります。

> ┌ 補足 📖 ─────────
> 許容範囲の式は，問題文中に与えられていることが多いです。
> └────────────────

4.4.2 較 差

較差とは最大値と最小値の差であり，水準測量の往復観測の場合，**測点間における往路と復路の観測値の差（誤差）**となります。

例えば，**図4.9** のように，AB 間の観測高低差が，往路で −3.432 m（下り），復路で +3.434 m（上り）だった場合，AB 間の往復較差は 2 mm ということになります。

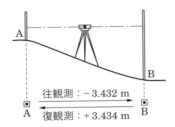

AB 間の較差の計算
（往路観測値）と（復路観測値）の差
$-3.432 \text{ m} + 3.434 \text{ m} = 0.002 \text{ m} = 2 \text{ mm}$

往復較差の計算結果は，その後の計算の
便宜上，絶対値で表します

■図 4.9　AB 間の往復較差

4.4.3　計算手順

　測量士補試験では，例年類似した問題が出題されていますので，ここでは例題
をもとに計算手順について解説しておきます。

例題　☑☑☑

　水準測量において，図のように水準点 A から水準点 B までの観測を行い，表の
結果を得た。往復観測値の較差の許容範囲は，観測距離 S を km 単位として
$2.5 \text{ mm} \sqrt{S}$ とすると，再測すべきと考えられる観測区間と観測方向はどれか。た
だし，水準点 A から水準点 B までの高低差は，-2.0000 m である。なお，関数の
数値が必要な場合は，巻末の関数表を使用すること。

観測区間	高低差		観測距離 S
	（往）方向	（復）方向	
A ～（1）	-1.1675 m	$+1.1640 \text{ m}$	500 m
（1）～（2）	$+0.4721 \text{ m}$	-0.4750 m	250 m
（2）～（3）	$+0.2597 \text{ m}$	-0.2586 m	250 m
（3）～ B	-1.5648 m	$+1.5640 \text{ m}$	1000 m

（1）許容範囲の計算

　問題文中より，許容範囲については $2.5\,\text{mm}\sqrt{S}$（S は観測距離，km 単位）を用いるようにとされています。許容範囲は観測距離により異なりますので，それぞれの許容範囲は以下のとおりとなります。

> **注意 ⚠**
> 代入する観測距離 S は km 単位であることに注意してください（問題では m 単位で表記されていることが多いので，km 単位に換算する必要があります）。また，$\sqrt{\ }$（平方根）を用いた計算の場合，$\sqrt{\ }$ の中の数値を簡単にして解けるよう工夫してください（測量士補試験では関数表を使って手計算することになるためです）。

　　（500 m = 0.5 km）

　　$2.5\,\text{mm}\sqrt{0.5} = 2.5 \times \sqrt{\dfrac{50}{100}} = 2.5 \times \dfrac{\sqrt{50}}{10} = 2.5 \times \dfrac{7.07107}{10} = 1.767\,\text{mm}$

> 関数表より
> $\sqrt{50} = 7.07107$

　　（250 m = 0.25 km）

　　$2.5\,\text{mm}\sqrt{0.25} = 2.5 \times \sqrt{\dfrac{25}{100}} = 2.5 \times \dfrac{5}{10}$

　　　　　　　　　　　　　　　　$= 1.25\,\text{mm}$

> **Point**
> $\sqrt{\ }$ の中を整数にすれば，関数表を使って解くことができます（⇨ 1.2.5 項「$\sqrt{\ }$ の外し方」）。

　　（1000 m = 1 km）

　　$2.5\,\text{mm}\sqrt{1} = 2.5 \times 1 = 2.5\,\text{mm}$

　全体の観測距離は，500 m + 250 m + 250 m + 1000 m = 2000 m なので

　　（2000 m = 2 km）

　　$2.5\,\text{mm}\sqrt{2} = 2.5 \times 1.41421 = 3.53\,\text{mm}$

> 関数表より $\sqrt{2} = 1.41421$

（2）較差（誤差）の計算

・各観測区間の往復観測における較差の計算

　　　観測区間 A ～（1）　：$-1.1675\,\text{m} + 1.1640\,\text{m} = 0.0035\,\text{m} = 3.5\,\text{mm}$

　　　観測区間（1）～（2）：$+0.4721\,\text{m} - 0.4750\,\text{m} = 0.0029\,\text{m} = 2.9\,\text{mm}$

　　　観測区間（2）～（3）：$+0.2597\,\text{m} - 0.2586\,\text{m} = 0.0011\,\text{m} = 1.1\,\text{mm}$

　　　観測区間（3）～ B　：$-1.5648\,\text{m} + 1.5640\,\text{m} = 0.0008\,\text{m} = 0.8\,\text{mm}$

> **補足 📖**
> 較差の計算結果は絶対値で表してください。

・観測方向（A ～ B 往復）と水準点間高低差（2.000 m）との差
　往方向の観測高低差をすべて合計すると

$$-1.1675\,\mathrm{m} + 0.4721\,\mathrm{m} + 0.2597\,\mathrm{m} - 1.5648\,\mathrm{m} = -2.0005\,\mathrm{m}$$

復方向の観測高低差をすべて合計すると

$$+1.1640\,\mathrm{m} - 0.4750\,\mathrm{m} - 0.2586\,\mathrm{m} + 1.5640\,\mathrm{m} = +1.9944\,\mathrm{m}$$

問題文中に「水準点 A から水準点 B までの高低差は，$-2.0000\,\mathrm{m}$」とあるので，既知点である水準点間（A 〜 B）の高低差は $2.0000\,\mathrm{m}$ です。この値との差が観測方向における誤差となります。

$$2.0005\,\mathrm{m} - 2.0000\,\mathrm{m} = 0.0005\,\mathrm{m} = 0.5\,\mathrm{mm}$$

$$1.9944\,\mathrm{m} - 2.0000\,\mathrm{m} = 0.0056\,\mathrm{m} = 5.6\,\mathrm{mm}$$

(3) 再測の判定

・観測区間における判定

ここまで求めた較差と許容範囲を表に加えてまとめると**解表 1** のようになります。

> **補足** 📖
> 符号は高低差を示しています。ここでは較差を求めるため，あえて絶対値にして計算しています。

■ 解表 1

観測区間	高低差		観測距離 S	較差	許容範囲	判定
	（往）方向	（復）方向				
A 〜 (1)	$-1.1675\,\mathrm{m}$	$+1.1640\,\mathrm{m}$	500 m	3.5 mm	1.767 mm	×
(1) 〜 (2)	$+0.4721\,\mathrm{m}$	$-0.4750\,\mathrm{m}$	250 m	2.9 mm	1.25 mm	×
(2) 〜 (3)	$+0.2597\,\mathrm{m}$	$-0.2586\,\mathrm{m}$	250 m	1.1 mm	1.25 mm	○
(3) 〜 B	$-1.5648\,\mathrm{m}$	$+1.5640\,\mathrm{m}$	1000 m	0.8 mm	2.5 mm	○

上表より，較差が許容範囲を超えている区間（再測すべき観測区間）は「A 〜 (1)」「(1) 〜 (2)」となります。

・観測方向における判定

同じく観測方向についての結果をまとめると**解表 2** のようになります。

■ 解表 2

観測方向	観測高低差	水準点間高低差	誤差	許容範囲	判定
往路	$-2.0005\,\mathrm{m}$	2.0000 m	0.5 mm	3.53 mm	○
復路	$+1.9944\,\mathrm{m}$		5.6 mm		×

上表より，誤差が許容範囲を超えている方向（再測すべき観測方向）は復路となります。

[解答] 再測すべき観測区間は「A 〜 (1)」と「(1) 〜 (2)」，観測方向は復路

問題 1 ✓✓✓

水準点 A から水準点 B までの路線で，公共測量における 1 級水準測量を行い，表の結果を得た。再測すべきと考えられる区間番号はどれか。ただし，片道の観測距離を S 〔km〕とするとき，往復観測値の較差の許容範囲は $2.5\,\text{mm}\sqrt{S}$ とする。なお，$\sqrt{0.4} \doteqdot 0.63$，$\sqrt{1.6} \doteqdot 1.26$ とし，関数の数値が必要な場合は，巻末の関数表を使用すること。

区間番号	観測区間	観測距離	往方向	復方向
①	A 〜 (1)	400 m	$+4.1238\,\text{m}$	$-4.1231\,\text{m}$
②	(1) 〜 (2)	400 m	$+4.0714\,\text{m}$	$-4.0705\,\text{m}$
③	(2) 〜 (3)	400 m	$-1.1070\,\text{m}$	$+1.1076\,\text{m}$
④	(3) 〜 B	400 m	$+2.0194\,\text{m}$	$-2.0183\,\text{m}$

1 ①　　2 ②　　3 ③　　4 ④　　5 再測の必要はない

例題を少し応用した問題です。計算手順を参考に解いてみましょう。計算結果を整理するために問題中の表に枠を追加して書き入れましょう。

解説

$2.5\,\text{mm}\sqrt{S}$ より，観測距離 400 m の許容範囲は

$$2.5\,\text{mm}\sqrt{S} = 2.5 \times \sqrt{0.4} = 2.5 \times 0.63 = 1.575\,\text{mm} \doteqdot 1.58\,\text{mm}$$

$S = 400\,\text{m} = 0.4\,\text{km}$

問題文中より $\sqrt{0.4} \doteqdot 0.63$

となります。また，較差は（往方向の観測値）−（復方向の観測値）なので，これらの結果も問題の表に追加すると，**解表**のようになります。

■解表

区間番号	観測区間	観測距離	往方向	復方向	較差	許容範囲	判定
①	A 〜 (1)	400 m	$+4.1238\,\text{m}$	$-4.1231\,\text{m}$	0.7 mm	1.58 mm	◯
②	(1) 〜 (2)	400 m	$+4.0714\,\text{m}$	$-4.0705\,\text{m}$	0.9 mm	1.58 mm	◯
③	(2) 〜 (3)	400 m	$-1.1070\,\text{m}$	$+1.1076\,\text{m}$	0.6 mm	1.58 mm	◯
④	(3) 〜 B	400 m	$+2.0194\,\text{m}$	$-2.0183\,\text{m}$	1.1 mm	1.58 mm	◯

　個別区間（①〜④）では，すべてで［較差＜許容範囲］が成立しており，再測
の必要はなさそうにも見えますが，**ここで判定を終わってはいけません。**

　次に全体の往復較差の判定も行います。

　往方向の観測高低差を合計すると

　　　$+ 4.1238 \, \text{m} + 4.0714 \, \text{m} - 1.1070 \, \text{m} + 2.0194 \, \text{m} = + 9.1076 \, \text{m}$

　復方向の観測高低差を合計すると

　　　$- 4.1231 \, \text{m} - 4.0705 \, \text{m} + 1.1076 \, \text{m} - 2.0183 \, \text{m} = - 9.1043 \, \text{m}$

　全体の往復較差は

　　　$+ 9.1076 \, \text{m} - 9.1043 \, \text{m} = 0.0033 \, \text{m} = 3.3 \, \text{mm}$

　全体の観測距離（$400 \, \text{m} \times 4 = 1600 \, \text{m} = 1.6 \, \text{km}$）の許容範囲は

　　　$2.5 \, \text{mm} \sqrt{S} = 2.5 \times \sqrt{1.6} = 2.5 \times 1.26 = 3.15 \, \text{mm}$

　ここで

　　（全体の往復較差）$3.3 \, \text{mm} > 3.15 \, \text{mm}$（許容範囲）

となり，全体の長さでは許容範囲を超えてしまっているので，これを解消するため，
最も較差の大きかった区間番号④を再測することになります。

【解答】4

注意 ⚠

過去問題の多くは，各区間の判定のみで正答がわかるものですが，たまに問題1のような
ひとひねり加えられた問題が出題されていますので，注意してください。

4.5 ▶ レベル視準線の点検調整

杭打ち調整法と呼ばれるレベルの視準線を調整する方法です。水準測量では定番の計算問題です。図に数値を書き込むなどして，符号を間違わないように注意しましょう。

4.5.1 杭打ち調整法

杭打ち調整法とは**図4.10**のようにレベルの視準軸と気泡管軸を平行（水平）に調整するためのレベル視準線の点検・調整方法です。

その観測手順と調整計算の方法について，具体的な数値を入れて解説します。

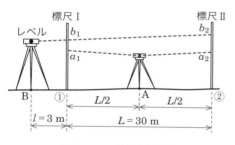

図4.10 杭打ち調整法

■表4.4

レベルの位置	標尺Ⅰの読定値	標尺Ⅱの読定値
A	$a_1 = 1.406$ m	$a_2 = 1.586$ m
B	$b_1 = 1.459$ m	$b_2 = 1.629$ m

<観測手順>

（1）平たんな場所を選び，30 m離れた2点①，②に杭を打ち，その中央のA点にレベルを据え付けます。

（2）A点から，標尺Ⅰ及び標尺Ⅱの値を読みます。

　→**表4.4**より，標尺Ⅰの読定値 $a_1 = 1.406$ m　標尺Ⅱの読定値 $a_2 = 1.586$ m

（3）測点①②の延長線上で，①から3 m離れたB点にレベルを据え付けます。

（4）B点から，標尺Ⅰ及び標尺Ⅱの値を読みます。

　→**表4.4**より，標尺Ⅰの読定値 $b_1 = 1.459$ m　標尺Ⅱの読定値 $b_2 = 1.629$ m

このとき，視準線が水平であれば，標尺Ⅰの2つの読定値の差 $(b_1 - a_1)$ から標尺Ⅱの2つの読定値の差 $(b_2 - a_2)$ を差し引くと理論上0になるはずです。そこで，以下の式よりその判定を行い，誤差がある（視準線が水平でない）場合，調整計算を行います

$$\text{誤差}\ d = (b_1 - a_1) - (b_2 - a_2)$$

手前（標尺 I ）の読定値の差　　奥（標尺 II ）の読定値の差

$$= (1.459 - 1.406) - (1.629 - 1.586) = + 0.010\ \text{m}$$

ここでの計算結果の符号が，後の調整計算の符号に関係してきます。正（＋）の場合は視準線を上げて調整し，符号が負（－）の場合は視準線を下げて調整することになります。計算の方法によっては符号が逆になってしまいますので，誤差の計算には以下のことを守るようにしてください。

・読定値の差は**外側のレベルの値から内側のレベルの値を差し引く**

・誤差の計算は外側のレベルから見て**手前の標尺の読定値の差から奥の標尺の読定値の差を差し引く**（**図4.11**）

$$\text{誤差}\ d = (\ \text{外・手前}\ - \ \text{内・手前}\ ) - (\ \text{外・奥}\ - \ \text{内・奥}\ ) \qquad (4\cdot1)$$

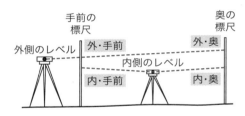

■**図4.11　誤差 d の求め方**

＜調整計算＞

視準線の誤差はわかりましたが，視準線を水平にする操作は外側のレベル（B点）を使って奥の標尺（標尺 II ）の読定値を調整することで行いますので，その**調整量 e を求める**必要があります。考え方を示すと**図4.12**のようになります。

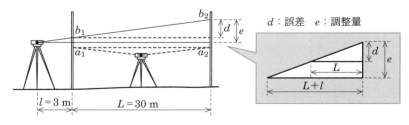

■**図4.12　調整量 e の求め方**

ここで，誤差 d と調整量 e の関係は三角形の相似比計算により，以下の式を立てることができます（☞ 1.4 節「相似比計算」）。

$$(L + l) : e = L : d$$

$$e \times L = (L + l) \times d$$

調整量 e を求める式にすると

$$e = \frac{L + l}{L} \times d \tag{4・2}$$

いま，$L = 30\,\mathrm{m}$，$l = 3\,\mathrm{m}$，$d = +0.010\,\mathrm{m}$ がわかっていますので，式 (4・2) に代入すると

$$e = \frac{30 + 3}{30} \times (0.010) = 1.1 \times 0.010 = 0.011\,\mathrm{m}$$

4 章

補足 📖 --
過去問題では，レベル及び標尺の設置間距離はすべて $L = 30\,\mathrm{m}$，$l = 3\,\mathrm{m}$ で出題されています。その場合，調整量 e は $1.1 \times d$ で計算することができます。

視準線を水平に調整する操作として，外側のレベル（B 点）から奥の標尺（標尺 II）の読定値 b_2 に対し，元の値（1.629 m）に調整量 e（0.011 m）を加えます。すなわち，調整後の読定値を b_0 とすると

$$b_0 = 1.629 + 0.011\,\mathrm{m} = 1.640\,\mathrm{m}$$

となります。したがって，**外側のレベル（B 点）において標尺 II の読定値を 1.640 m に調整**します。

問題 1 ☑☑☑

レベルの視準線を点検するために，図のように A 及び B の位置で観測を行い，表に示す結果を得た。この結果からレベルの視準線を調整するとき，B の位置にお

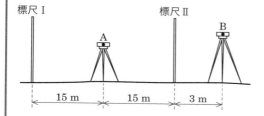

レベルの	読定値	
位置	標尺 I	標尺 II
A	1.1987 m	1.1506 m
B	1.2765 m	1.2107 m

いて標尺 I の読定値をいくらに調整すればよいか。

 1 1.2570 m 2 1.2596 m 3 1.2604 m

 4 1.2926 m 5 1.2960 m

調整計算の方法は同じです。しかし，例に示した図と違って，外側のレベル
が右にあります。手前と奥の標尺の関係に注意して問題を解くようにしま
しょう。

解説

解図，**解表**のように，問題の図と表に内，外，手前，奥を書き入れて，式（4・1）
より

$$誤差\,d = (\,外\cdot手前 - 内\cdot手前\,) - (\,外\cdot奥 - 内\cdot奥\,)$$
$$= (1.2107 - 1.1506) - (1.2765 - 1.1987)$$
$$= 0.0601 - 0.0778$$
$$= -0.0177\,\text{m}$$

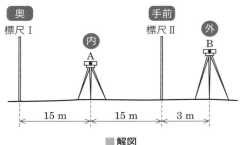

■**解表**

レベルの位置	設定値	
	奥 標尺 I	手前 標尺 II
A　内	1.1987 m	1.1506 m
B　外	1.2765 m	1.2107 m

■**解図**

調整量 e の計算式は式（4・2）に $L = 30\,\text{m}$，$l = 3\,\text{m}$，$d = -0.0177\,\text{m}$ を代入し

$$e = \frac{L + l}{L} \times d = \frac{30 + 3}{30} \times (-0.0177) = 1.1 \times (-0.0177) = -0.01947\,\text{m}$$

標尺の読定値の調整は，外側のレベル（B 点）から見た奥の標尺（標尺 I）の読
定値 b_1 で行うので，調整後の読定値 b_0 は

$$b_0 = 1.2765 + (-0.01947) = 1.25703 \fallingdotseq \mathbf{1.2570\,m}$$

よって，近い値は選択肢 1 となります。   【解答】1

出題傾向

レベル視準線の点検調整の問題パターンは，例題と問題 1 で示したように，外側
のレベルが左にあるか，右にあるかです。誤差 d を求める計算式で，読定値とそ
の位置関係に注意して解くようにしましょう。

4.6 ▶ 標尺補正の計算

標尺補正の計算では補正量を求める公式を覚える必要がありますが，出題パターンはほとんど同じです。公式の導き方としては，標尺改正数や膨張係数が観測高低差や気温に対してどのように変化する値なのかを考えましょう。

4.6.1　標尺補正に関する注意事項

・準則では，新点の標高を求めるため，1 ～ 2 級水準測量において，標尺補正量の計算及び正規正標高補正計算（楕円補正）を行うとしています。

・2 級水準測量の標尺補正は，水準点間の高低差が 70 m 以上の場合に行うものとし，標尺補正量は，**気温 20 度における標尺改正数**を用いて計算します。

・計算は読定単位（**1 級水準測量：0.1 mm**，2 級水準測量：1 mm）まで算出します。

4.6.2　標尺補正の計算

　水準測量で用いる標尺は検定を通して，定められた基準以上のものを使用するように決まっています（1 ～ 2 級水準測量では 1 級標尺以上，3 ～ 4 級水準測量では 2 級標尺以上）。

　標尺補正の計算とは，検定により定められている定数や係数から補正量を求めて，観測値に対して補正する計算のことをいい，標尺補正量 ΔC は以下の計算式により求められます。

$$\Delta C = \{C_0 + (T - T_0) \times \alpha\} \times \Delta H \tag{4・3}$$

C_0 ：基準温度（20℃）における標尺改正数（観測高低差 1 m あたりの補正量）

T ：観測時の測定温度

T_0 ：基準温度（20℃）

α ：膨張係数（1℃あたり標尺の膨張係数）

ΔH：観測高低差

> 1 級水準測量では，観測の開始，終了，及び固定点到着時に 1℃ 単位で気温を測定することになっています

なお，標尺改正数や膨張係数は各標尺に検定結果として与えられています。

　標尺補正の計算を行ううえで，標尺補正量の式は必ず覚えておく必要があります。式を導くためにも以下のポイントをつかんでおきましょう。

Point

＜標尺補正量の式のポイント＞

$$\Delta C = \{C_0 + (T - T_0) \times \alpha\} \times \Delta H$$
①　　　　②　　　　③

① 標尺改正数 C_0 は基準温度（20℃）の値が適用されます（観測時の気温によって増減しない）。

② 膨張係数 α は基準温度 T_0 と比較し，観測時の気温 T により増減します（基準温度より高いと大きくなり，低いと小さくなる）。

③ 観測高低差 ΔH（m 単位）は標尺改正数と膨張係数に比例します。

問題 1 ✓✓✓

公共測量により，水準点 A から B までの間で 1 級水準測量を実施し，表に示す結果を得た。標尺補正を行った後の水準点 A，B 間の高低差はいくらか。ただし，観測に使用した標尺の標尺改正数は 20℃ において $-6.60\ \mu\mathrm{m/m}$，膨張係数は $0.6 \times 10^{-6}/℃$ とする。

観測路線	観測距離	高低差	気温
A → B	2.151 km	-14.6824 m	6.0℃

1　-14.6822 m　　2　-14.6823 m　　3　-14.6824 m
4　-14.6826 m　　5　-14.6966 m

まずは標尺補正量の式を思い出せるかどうかです。気温が基準温度（20℃）より低いので，補正後の高低差は，観測高低差（－14.6824 m）より数値が小さくなると考えておきましょう。

標尺補正量 ΔC は式（4・3）より
$$\Delta C = \{C_0 + (T - T_0) \times \alpha\} \times \Delta H$$

C_0：基準温度（20°）における標尺改正数 $= -6.60\ \mu\mathrm{m/m}$，T：観測時の測定温度 $= 6.0℃$，T_0：基準温度 $= 20℃$，
α：膨張係数（1℃ あたり標尺の膨張係数）$= 0.6 \times 10^{-6}/℃$，
ΔH：観測高低差 $= -14.6824$ m
上記の数値を代入すると

$\mu\mathrm{m}$ は $\dfrac{1}{1000}$ mm，すなわち $\dfrac{1}{1000000}$ m なので，$-6.60\ \mu\mathrm{m} = -6.60 \times 10^{-6}$ m となります（→ 1.1.4 項「単位と接頭語」）

$$\Delta C = \{ -6.60 \times 10^{-6} + (6 - 20) \times 0.6 \times 10^{-6} \} \times (-14.6824)$$

> 指数部分を残しながら計算
> （☞ 1.2.2 項「指数を含んだ計算」）

$$= (-15 \times 10^{-6}) \times (-14.6824)$$

> 近似値で計算（☞ 1.2.7 項「近似値計算」）
> $(-15) \times (-14.7) = 220.4$

$$= 220.4 \times 10^{-6} = 0.0002204 = 0.0002 \text{ m}$$

> 指数の数だけ小数点を移動（☞ 1.2.2 項「指数を含んだ計算」）

補正後の高低差は観測高低差 ΔH に標尺補正量 ΔC を加えることで求まるので

$-14.6824 \text{ m} + 0.0002 \text{ m} = \boldsymbol{-14.6822 \text{ m}}$

【解答】 1

4
章

問題 2 ☑ ☑ ☑

　公共測量により，水準点 A から水準点 B の間で 1 級水準測量を実施し，表に示す結果を得た。標尺補正を行った後の水準点 A，B 間の観測高低差はいくらか。ただし，観測に使用した標尺の標尺定数は 20℃において $-14\,\mu\text{m/m}$，膨張係数は $1.2 \times 10^{-6}/℃$とする。

観測路線	観測距離	高低差	気温
A → B	2.400 km	+ 69.5000 m	15℃

1　+ 69.4986 m　　2　+ 69.4994 m　　3　+ 69.4999 m

4　+ 69.5008 m　　5　+ 69.5014 m

解説 T：観測時の測定温度 = 15℃，T_0：基準温度 = 20℃，α：膨張係数 = $1.2 \times 10^{-6}/℃$，ΔH：観測高低差 = + 69.5000 m

(1) 標尺補正量 ΔC の計算

$$\Delta C = \{C_0 + (T - T_0) \times \alpha\} \times \Delta H$$
$$= \{-14 \times 10^{-6} + (15 - 20) \times 1.2 \times 10^{-6}\} \times (+69.5000)$$
$$= -20 \times 10^{-6} \times (+69.5000)$$
$$= -1390 \times 10^{-6}$$
$$= -0.00139\,\text{m}$$

(2) 補正後の高低差の計算

　補正後の高低差 = + 69.5000 + (- 0.00139) = + 69.49861 ≒ **+ 69.4986 m**

　よって，最も近い値は選択肢 1 となります。

[解答] 1

出題傾向

標尺補正量の問題パターンは毎回ほぼ同じです。数値を変えるなどして計算問題を解きながら，公式を暗記してください。

4.7 ▶ GNSS 測量機を用いた水準測量

 令和2年度の準則改正により含まれた測量方式です。今後出題が増える可能性がありますので，概要を知っておきましょう。

4.7.1 GNSS 水準測量

　GNSS 測量機を用いた水準測量（以下「GNSS 水準測量」）とは，GNSS 測量機を用いて，新設する水準点の標高を定める作業をいいます。

　水準点は主要国道近傍に設置していることが多いため，作業地域によっては遠方の水準点を用いることもあり，通常の水準測量では多大な時間と経費がかかります。そこで，近年の衛星測位システムの充実及び国土地理院提供のジオイド・モデルが高度化されたこともあり，高さ方向の観測に弱いとされる GNSS 測量を水準測量で用いることが可能になりました（**図 4.13**）。

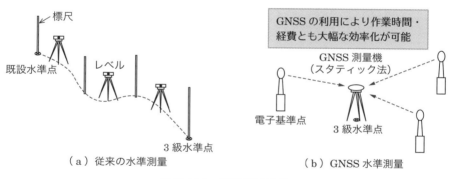

■**図 4.13　水準測量の方法**

　GNSS 水準測量は，その観測精度から **3 級水準測量**に区分され，適用範囲はジオイド・モデルの提供地域としています。**表 4.5** はその主な作業規定になります。

■表 4.5　GNSS 水準測量の主な作業規定

項目＼区分	3 級水準測量
既知点の種類	一〜二等水準点，1 〜 2 級水準点，電子基準点（「標高区分：水準測量による」に限る）
測量方式	結合多角方式
既知点数	3 点以上
路線の辺数	6 辺以下
観測距離	6 km 〜 40 km（観測点間の距離）
路線長	60 km 以下（既知点から既知点までの距離）
観測楕円体比高	700 m 以下

4.7.2　観測方法

　GNSS 観測は，平均図に基づき**スタティック法及び短縮スタティック法**により行い，その方法は**表 4.6** を標準とします。

■表 4.6　GNSS 観測手法

観測時間		5 時間以上
データ取得間隔		30 秒以下
使用衛星数	GPS・準天頂衛星	5 衛星以上
	上記衛星に GLONASS 衛星を含む場合	6 衛星以上

※ GNSS 観測時の留意点については基準点測量や地形測量時と同様になります。

＜観測時の気象条件＞

　GNSS は電波の大気遅延が高さ方向の精度に大きく影響することから，台風や前線，積乱雲などが接近又は通過しているなど大気の状態が不安定のときは観測を行わないなど，**気象条件には十分注意する**必要があります。

補足 📖

GNSS 水準測量では，セミ・ダイナミック補正を行わないことにしています。それは，もともと標高については水準測量により成果を得ており，元期の測地成果 2011 の基準日以降に標高成果の改定を行った地域で補正を行うと，元期から地殻変動量を二重に補正される不整合が生じるためです。

☞3.13 節「セミ・ダイナミック補正」

問題 1 ✓ ✓ ✓

　次の文は，公共測量における GNSS 測量機を用いた標高の測量（以下「GNSS 水準測量」という。）について述べたものである。明らかに間違っているものはどれか。

1　GNSS 水準測量では，スタティック法により観測を行う。

2　GNSS 水準測量では，既知点として，水準測量により標高が取り付けられた電子基準点を使用することができる。

3　GNSS 水準測量では，セミ・ダイナミック補正を行う。

4　GNSS 水準測量では，高精度なジオイド・モデルを用いることにより，近傍に水準点がない場合でも 3 級水準点を設置することができる。

5　GNSS 水準測量では，電波の大気遅延が高さ方向の精度に影響することから，観測時の気象条件に十分注意する。

　GNSS 水準測量の特徴及びメリット・デメリットを整理して解きましょう。

1　○　GNSS 水準測量は，GNSS 測量方式の中，高さ方向の高精度な観測が可能なスタティック方式が用いられます。

2　○　GNSS 水準測量で使用できる電子基準点は，水準測量により標高が取り付けられているものに限ります。このほか，一〜二等水準点，1〜2 級水準点なども既知点として使用できます。

3　×　GNSS 水準測量では，**セミ・ダイナミック補正を行わない**ことにしています。元期（測地成果 2011）の基準日以降に標高の改定を行った地域で補正を行うと二重に補正を行ってしまうことが生じるためです。

4　○　GNSS 測量での高さ観測は楕円体高となりますので，標高を求めるためにはジオイド高を差し引く必要があります。そのため，ジオイド・モデルを整備している範囲が GNSS 水準測量の適用地域となります。

5　○　GNSS 測量は高さ方向の測定に弱いとされ，電波の大気遅延の影響を大きく受けます。そのため，大気の状態が不安定な場合は注意する必要があります。

[解答] 3

出題傾向

新しい技術として今後の出題が予想されます。ポイントは，スタティック法で実施することや，観測時は気象条件に十分注意することなどがあげられます。また，セミ・ダイナミック補正が行えないことも覚えておきましょう。

5章

地 形 測 量

出題頻度とそのテーマ ➡ 出題数 3 問

| ★★★ | 地形測量（現地測量）の概要／等高線とその計算 |
| ★★ | 数値標高モデル／地形データ精度の点検計算 |

合格のワンポイントアドバイス

　地形測量の分野はさほど広いものではなく，覚えることも限定されていますので，比較的解きやすい分野といえるでしょう。ほとんどが文章問題で，計算問題としては，等高線の計算がほぼ毎年出題されています。計算自体は難しいものではありませんので，必ず解けるようにしてください。TS（トータルステーション）やGNSS測量機を用いた細部測量に関連する問題も毎年出題されています。その特徴や注意事項は，過去問題を解きながら整理しておきましょう。

5.1 ▶ 地形測量（現地測量）の概要

ここでは地形測量（現地測量）の全体的な事柄のほか，細部測量で用いる測量の方法や GNSS 測量機を用いた測量の留意点について整理しておきましょう。

5.1.1 地形測量

　トータルステーション（以下「TS」）や GNSS 測量機を用いて，地図製作に必要な地形や地物（建物や道路など）の位置を測定する作業を**地形測量**といいます。

　準則においては，第 3 編に「地形測量及び写真測量」という項目があり，数値地形図データを作成する作業として取り扱われています。測量士補試験では，写真測量は別分野として出題されていますので，詳しくは 6 章で解説しています。

5.1.2 現地測量の作業工程

　現地において，TS 等※又は GNSS 測量機を用いて（又は併用して）地形，地物などを測定し，**数値地形図データ**を作成する作業を**現地測量**といいます。

補足 📖
※現地測量では TS のほかに，セオドライトや測距儀，レベルも使用することから，準則では「TS 等」という表記をしています。問題を解くうえでは TS をイメージして構いません。

　現地測量は，**4 級基準点，簡易水準点**又はこれと同等以上の精度の基準点に基づいて実施されます。現地測量にて作成する数値地形図データの**地図情報レベル**※は，**1000 以下（250，500 及び 1000）**を標準としています。

補足 📖
※地図情報レベルは従来の紙地図の縮尺に相当するもので，縮尺分母とレベルの数値が対応しています（地図情報レベルが小さいほど，精度の高い地図情報）。

　現地測量は以下の手順で行います（**図 5.1**）

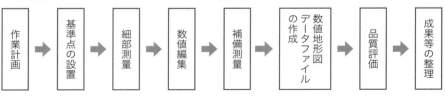

作業計画 → 基準点の設置 → 細部測量 → 数値編集 → 補備測量 → 数値地形図データファイルの作成 → 品質評価 → 成果等の整理

■ 図 5.1　現地測量の作業工程

（1）細部測量

　TS や GNSS 測量機を用いて地形や地物を測定し，数値地形図データを取得する作業のことを**細部測量**といいます。基準点測量が道路の中心点などの地図の骨組みとなる部分を測量していくことに対し，細部測量はその基準点をもとに，建物や道路幅などの図化作業に必要となる細かな箇所を測定していきます。

　細部測量は**放射法**又は同等の精度を確保できる方法（以下「放射法等」）により行います（**図5.2**）。

> 放射法と同等な精度を確保できる方法として，「支距法（オフセット法）」「後方交会法」「前方交会法」などがありますが，細部測量では，主として放射法が用いられます

放射法は，基準点からの方向と距離により，地物の位置を放射状に観測して求めます

支距法は，基準線上の点からのオフセット距離（支距）を測定して位置を求めます

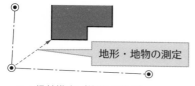

（a）放射法

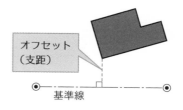

（b）支距法（オフセット法）

後方交会法は，未知点に TS を整置し，3点以上の既知点からその位置を求めます

前方交会法は，2点以上の既知点に TS を整置し，視準方向の交点として目標の位置を求めます

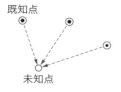

（c）後方交会法

（d）前方交会法

■ **図5.2　放射法及びそれと同等の精度を確保できる方法**

観測は TS 等や GNSS 測量機（キネマティック法（RTK 法）又はネットワーク型 RTK 法）を用いて行われます。その作業方法にはオンライン方式とオフライン方式があります。

オフライン方式は，現地でデータ取得だけを行い，その後，取り込んだデータを図形編集装置に入力し，作業所内でデータ編集を行う方法です。

オンライン方式は，携帯 PC（タブレット PC など）の図形処理機能を用いて図形表示しながら計測及び編集を現地で直接行う方法です。従来の平板測量のようにその場で図形が描けることから**電子平板方式**とも呼ばれます（**図 5.3**）。

> **補足** 📖
> 準則において，キネマティック法とRTK 法はセットで記載されているので，本書ではキネマティック法（RTK 法）と表記します。

■**図 5.3　オンライン方式**

① **TS 点の設置**

現地の状況により，基準点からの細部測量が困難と考えられる場合，**基準点を既知点として，補助基準点となる TS 点を設置**します。

② **地形・地物等の測定**

地形・地物等の測定は，基準点（又は TS 点）に TS 又は GNSS 測量機を用いて，放射法等により地形，地物などの水平位置及び標高を測定し，地形図の図化作業に必要なデータを取得する作業をいいます。「**測定位置確認資料**」を現地にて作成します。

> **補足** 📖
> 「測定位置確認資料」は編集時に必要となる地名や建物の名称のほか，取得したデータを結びつけるための情報として記録します。

(2) 数値編集

細部測量の結果に基づき，図形編集装置を用いて，地形，地物などの数値地形図データを編集し，編集済データを作成します。

編集済データの論理的矛盾など（地形の形状が正しく描かれているかなど）の点検は**点検プログラム**により行います。

(3) 補備測量

数値編集を実施後，編集で生じた疑問事項及び重要な表現事項，編集困難な事項，地物表現の誤りなど，**現地調査以降に生じた変化に関する事項**を，現地において確認及び修正する作業を**補備測量**といいます。

5.1.3　GNSS 測量機を用いた細部測量

GNSS 測量機を用いた細部測量は，3.12 節の基準点測量の方法と共通する部分もありますが，細部測量は 4 級基準点（簡易水準点を含む）と同等以上の精度を目的としていることから，**キネマティック法（RTK 法）とネットワーク型 RTK 法**が基本となります。測量士補試験でよく出題されるポイントは以下の内容です。**3.12 節「GNSS 測量機を用いた測量」**の内容と合わせて理解するようにしましょう。

┌─ **Point** ─────────────────────────────

- 細部測量で用いる測量方法の関係から，GPS・準天頂衛星の場合に**使用する衛星数は 5 つ以上。**（GLONASS衛星を使用する場合は 6 つ以上。ただし，併用する場合は，GPS・準天頂衛星と GLONASS 衛星をそれぞれ 2 つ以上）。

  > **注意 ⚠**
  > 必要衛星数は測量方法により異なります。
  > （⮕ 3.12 節表 3.7）

- 測点間の視通がなくても観測はできるが，衛星を受信する必要があるため，**上空視界の確保**は必要。
- 観測は霧や弱い雨などの**天候にほとんど影響を受けない。**
- 標高は，**楕円体高からジオイド高を差し引く**ことで補正して求める。
- ネットワーク型 RTK 法では，放射法と同等の精度を確保できる方法として，**間接観測法と単点観測法**がある。

  ┄ **補足** ┄┄┄┄┄┄┄┄┄┄┄┄┄┄┄┄┄┄┄┄┄┄┄┄┄┄
  間接観測法は GNSS 測量機で観測した移動局間の基線ベクトルを求める方法です。単点観測法は移動局の座標値を求める方法です。
  ┄┄┄┄┄┄┄┄┄┄┄┄┄┄┄┄┄┄┄┄┄┄┄┄┄┄┄┄┄┄┄┄

- TS 点の設置では，観測を 2 セット行い，**1 セット目を採用値，2 セット目を点検値**とする。
- 観測回数は **FIX 解を得てから 10 エポック以上，データの取得間隔は 1 秒。**

  ┄ **補足** ┄┄┄┄┄┄┄┄┄┄┄┄┄┄┄┄┄┄┄┄┄┄┄┄┄┄
  エポックとは衛星から受信する信号の単位のことです。FIX 解については 3.12.5 項の補足で解説しています。
  ┄┄┄┄┄┄┄┄┄┄┄┄┄┄┄┄┄┄┄┄┄┄┄┄┄┄┄┄┄┄┄┄

└──────────────────────────────────────

| コラム | 衛星を用いた測量技術の変遷 |

　衛星を用いた測量は，アメリカの GPS から始まりました。当初，GPS を用いて高精度に測量するためには，静止した状態で長時間かけて観測する**スタティック法**で行う必要がありました。その後，技術の進化により，移動しながら短時間でリアルタイムに観測ができる **RTK 法**が考え出されました。その後も GPS 測量の進化は進み，電子基準点が整備されたことにより，**ネットワーク型 RTK 法**が開発されました。これは，それまでの GPS 測量が受信機 2 台以上を必要としていたことに対し，1 台での測量を可能としました。

　そして，ロシアの GLONASS，日本の QZSS（みちびき）など，他の衛星測位システムの整備が進み，それらも GPS と合わせて測量で用いられるようになったことから，これらの総称として **GNSS 測量**と呼ばれるようになりました。現在はさらに多くの測位システムの利用を可能とする**マルチ GNSS 測量**の整備も進められており，今よりも短時間で高精度な GNSS 測量が可能になる予定です。高度化が進む GNSS 測量に注目してみてください。

問題 1 ✓ ✓ ✓

次のa～dの文は，公共測量における地形測量のうち，現地測量について述べたものである。 ア ～ エ に入る語句の組合せとして最も適当なものはどれか。

a. 現地測量とは，現地においてトータルステーションなどを用いて，地形，地物などを測定し， ア を作成する作業をいう。

b. 現地測量により作成する ア の地図情報レベルは，原則として イ 以下とする。

c. 現地測量は，4級基準点， ウ 又はこれと同等以上の精度を有する基準点に基づいて実施する。

d. 細部測量の結果に基づいて数値編集を実施後，編集で生じた疑問事項，地物の表現の誤り及び脱落， エ 以降に生じた変化に関する事項などを現地において確認する補備測量を行う。

	ア	イ	ウ	エ
1	数値地形図データ	1000	簡易水準点	現地調査
2	数値地形図データ	1000	4級水準点	成果検定
3	数値画像データ	1000	4級水準点	成果検定
4	数値地形図データ	2500	4級水準点	現地調査
5	数値画像データ	2500	簡易水準点	現地調査

解説

現地測量に関する問題においてポイントとなる箇所は以下のとおりです。

・現地測量は**数値地形図データ**を作成する作業である。

・数値地形図データの**地図情報レベルは1000以下**にする。

・**基準点は4級基準点，簡易水準点**以上の精度を有するものを使用する。

・補備測量は編集後の不備や現地調査以降に生じた変化を確認，修正するために行う。

［解答］ 1

出題傾向

上記の解説で示した内容を問う問題はよく出題されています。

5章

問題 2 ☑☑☑

次の文は，公共測量において実施する，トータルステーション（以下「TS」という）を用いた地形測量について述べたものである。明らかに間違っているものはどれか。

1 取得した数値データの編集に必要な資料は現地で作成する。
2 放射法では，目標までの距離を直接測定する。
3 細部測量で地形，地物の水平位置及び標高を測定する場合は，主として後方交会法を用いる。
4 現地調査以降に生じた地形，地物の変化については現地補測を行う。
5 地形，地物の状況により，基準点に TS を整置して作業を行うことが困難な場合，TS 点を設置することができる。

 解説

1 ○ 細部測量では，地形や地物などの測量を行うほか，編集の点検に必要な資料（測定位置確認資料）も現地で作成します。

2 ○ 放射法は基準点同士の測線を基準として，目標（建物の角など）までの距離と角度を測定していくことで，その形状を取得します。

3 × 細部測量で地形や地物の位置を求める場合，主として**放射法**が用いられます。後方交会法は TS 点の設置で用いられます。

4 ○ 現地調査以降に生じた変化に関する事項については補備測量の工程の中で現地補測を行います。

5 ○ 細部測量は基準点等に基づいて実施されますが，必要な場所に，必ずしも基準点が設置されているとは限りません。その場合は，補助基準点として TS 点を設置します。

[解答] 3

問題 3 ☑ ☑ ☑

　次の文は，公共測量における地形測量のうち，GNSS 測量機を用いた細部測量について述べたものである。明らかに間違っているものはどれか。

1　既知点からの視通がなくても位置を求めることができる。

2　標高を求める場合は，ジオイド高を補正して求める。

3　霧や弱い雨にほとんど影響されずに観測することができる。

4　ネットワーク型 RTK 法による場合は，上空視界が確保できない場所でも観測することができる。

5　ネットワーク型 RTK 法の単点観測法では，1 台の GNSS 測量機で位置を求めることができる。

　GNSS 測量の問題は一見難しく感じるかもしれませんが，概要を整理しておけば，ほとんど理解できます。問題を解いて覚えていくとよいでしょう。

1　○　GNSS 測量は上空の衛星を利用して位置を求めますので，測点間の視通がなくても観測は可能です。ただし，上空視界の確保が必要となります。

2　○　GNSS 測量で取得される高さデータは GRS80 楕円体面を基準とした楕円体高です。標高を求める場合は，国土地理院で公開されているジオイド・モデルを取得し，楕円体高からジオイド高を差し引いて補正する必要があります。

3　○　GNSS 衛星から取得される電波は霧や弱い雨にほとんど影響を受けません。ただし，他の電波や建物などの遮蔽物には影響を受けやすくなります。

4　×　ネットワーク型 RTK 法は，周辺にある電子基準点から補正情報を取得することで，受信機 1 台での観測も可能とした GNSS 測量の方法です。ただ，ネットワーク型 RTK 法といえども，観測において GNSS 衛星を受信することには変わりありませんので，上空視界の確保は必要となります。

5　○　4 の解説で示したとおり，ネットワーク型 RTK 法の単点観測法は受信機 1 台での観測が可能です。

【解答】4

出題傾向

GNSS 測量の問題では，視通や上空視界の確保に関する文言がよく出題されています。

問題 4 ☑☑☑

次の文は，公共測量における RTK 法による地形測量について述べたものである。　ア　～　エ　に入る語句の組合せとして最も適当なものはどれか。

RTK 法による地形測量とは，GNSS 測量機を用いて地形図に表現する地形，地物の位置を現地で測定し，取得した数値データを編集することにより地形図を作成する作業である。RTK 法による地形測量では，小電力無線機などを利用して観測データを送受信することにより，　ア　がリアルタイムで行えるため，現地において地形，地物の相対位置を算出することができる。RTK 法による地形測量における観測は，　イ　により 1 セット行い，観測に使用する衛星数は GPS・準天頂衛星を使用する場合は　ウ　以上とする。この RTK 法による地形測量は，　エ　の工程に用いることができる。

	ア	イ	ウ	エ
1	基線解析	放射法	5 衛星	細部測量
2	基線解析	放射法	4 衛星	数値図化
3	ネットワーク解析	交互法	5 衛星	細部測量
4	基線解析	交互法	4 衛星	数値図化
5	ネットワーク解析	放射法	4 衛星	細部測量

解説

ア　GNSS 測量で測点間の距離を求めることを**基線解析**といいます。ネットワーク解析は GIS（7.3 節参照）上で最短経路検索などを行うときなどに用いられる用語です。

イ　地形測量で用いられる測量方法は主に**放射法**です。交互法は河川の横断測量等において用いられる水準測量の方法の一つです。

ウ　地形測量において GPS・準天頂衛星を使用する場合の**衛星数は 5 つ以上**です（GLONASS 衛星を併用する場合は 6 つ以上）。ただし，基準点測量で用いられるスタティック法などは時間をかけて観測するので，GPS・準天頂衛星の場合は 4 つ以上（GLONASS 衛星を併用する場合は 5 つ以上）とされています。

エ　RTK 法は**細部測量**で用いることができます。数値図化は観測後に行われる地形図作成のための編集作業の一つです。

【解答】1

─注意⚠────
使用する衛星数は，観測方法により異なりますので注意してください（☞3.12 節表 3.7）。

5.2 ▶ 等高線とその計算

等高線の位置を計算で求める問題は，ほぼ毎年のように出題されています。計算は三角形の相似を使った簡単なものですので，文章を読んで図を描けるかどうかが攻略するポイントです。

5.2.1　等高線とは

　等高線とは，同じ高さの点をたどりながら地形図上に記した線（主曲線という）のことで，山などの形状を表すために一定の間隔で描かれています。記入する等高線の間隔（標高の間隔）は縮尺により異なります。

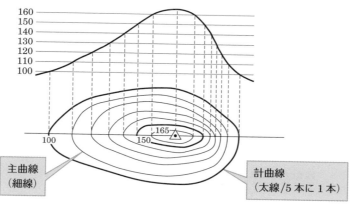

■図 5.4　等高線

<等高線の特徴>

・等高線を読みやすくするため，**5 本に 1 本を太線（計曲線**という）にする。
・主曲線だけでは表せない緩やかな地形などを適切に表現する場合は**補助曲線**を用いる。
・**傾斜が急な箇所では等高線の間隔は狭くなる。**
・**同一の等高線は必ず閉じた図形となる**（途中分岐などはしない）。
・**等高線が図面内で閉合する場合，その内部に山頂又は凹地が存在する。**
・**山の尾根線や谷線は等高線と直角に交わる。**

5.2.2　等高線の計算例

　等高線の計算問題は，測量士補試験において出題頻度が高く，かつ出題パターンがほとんど同じという傾向があります。また，計算方法そのものは三角形の相似図形の比で解く簡単なものです。ただし，問題に図がないことが多いので，自分で描く必要があります。

　実際の試験問題は例題のようなパターンで出題されます。

例題 ☑ ☑ ☑

　縮尺 1/1000 の地形図上に，標高 31.5 m の点 A と標高 38.0 m の点 B がある。点 A，B 間の水平距離を 91.0 m とし，点 A，B 間の傾斜が一定であるとする場合，点 A，B を結ぶ線分上において，これを横断する標高 32 m の等高線との交点は，地形図上で点 A から何 cm の地点か。

　文章を読むだけではなかなか計算式を立てることができません。この問題では何といっても図を描くことが大切です。図を描くにあたって，図中に数値を書き込むので，細かな比率やスケールは考える必要はありません。概略の図を描く程度のつもりでいてください。

　文章中より，点 A の標高 31.5 m，点 B の標高 38.0 m，AB 間の水平距離 91.0 m，傾斜は一定，点 A から標高 32 m の等高線の交点までの水平距離（x とする）を図に示すと，**解図 1** のようになります。

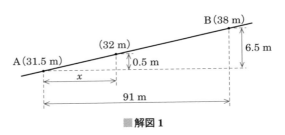

■解図 1

　解図 2 の三角形の相似から比の計算より x を求めます（☞ 1.4 節「相似比計算」）。

$$x : 0.5 = 91 : 6.5$$

$$\frac{x}{0.5} = \frac{91}{6.5}$$

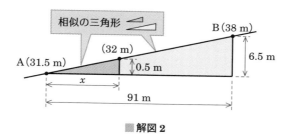

■ 解図2

$$x = \frac{91 \times 0.5}{6.5} = 7 \text{ m}$$

よって，点Aから標高32 mの等高線の交点までの水平距離 x は 7 m = 700 cm となります。求めるのは1/1000地形図上の距離なので

$$地形図上の距離 = 700 \times \frac{1}{1000} = \textbf{0.7 cm}$$

【解答】 0.7 cm

5章

問題 1 ☑☑☑

トータルステーションを用いた縮尺1/1000の地形図作成において，傾斜が一定な直線道路上にある点Aの標高を測定したところ81.6 mであった。一方，同じ直線道路上の点Bの標高は77.6 mであり，点Aから点Bの水平距離は60 mであった。このとき，点Aから点Bを結ぶ直線道路とこれを横断する標高80 mの等高線との交点は，地形図上で点Aから何cmの地点か。

1 1.2 cm **2** 2.4 cm **3** 3.6 cm **4** 4.8 cm **5** 6.0 cm

この問題を解くには文章を読んで図を描くことが大切です。そうすれば三角形の相似図形の問題を解く程度のものです。最後に，地形図上の距離ということで縮尺した値にすることを忘れないよう注意してください。

文章を読んで図を描くと**解図**のようになります。

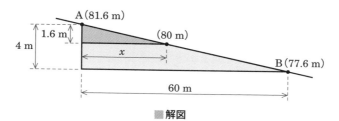

■ 解図

189

解図より三角形の相似比から x の値を求める式を立てると

$$60 : 4 = x : 1.6$$

$$\frac{60}{4} = \frac{x}{1.6}$$

地上の距離 $x = \dfrac{60 \times 1.6}{4} = 24\,\text{m} = 2400\,\text{cm}$

求めるのは縮尺 1/1000 の地形図上の距離なので

地形図上の距離 $= 2400 \times \dfrac{1}{1000} = \mathbf{2.4\,cm}$

【解答】2

出題傾向

過去問題の多くは，例題と問題 1 のパターンです。出題頻度も高いので，確実に解けるようにしておきましょう。

問題 2 ✓ ✓ ✓

　トータルステーション（以下「TS」という）を用いた縮尺 1/1000 の地形図作成において，標高 50 m の基準点から，ある道路上の点 A の観測を行ったところ，高低角 30°，斜距離 24 m の観測結果が得られた。その後，点 A に TS を設置し，点 A と同じ道路上にある点 B（点 A から点 B を結ぶ道路は直線で傾斜は一定）を観測したところ，標高 56 m，水平距離 18 m の観測結果が得られた。このとき，点 A から点 B を結ぶ直線道路とこれを横断する標高 60 m の等高線との交点は，この地形図上で点 B から何 cm の地点か。なお，関数の数値が必要な場合は，巻末の関数表を使用すること。

　1　0.2 cm　　2　0.4 cm　　3　0.6 cm　　4　1.2 cm　　5　2.4 cm

　考え方はほとんど変わりませんが，少しパターンの違った問題です。複雑かもしれませんが，これも図を描くことができればおのずと答え方が見えてきますので，まずはしっかり文章を読みながら図を描きましょう。

解説　文章中の「標高 50 m の基準点から点 A までの高低角 30°，傾斜距離 24 m，点 B の標高 56 m，点 A から点 B の水平距離 18 m，点 B から標高 60 m の等高線の交点までの距離（x とする），縮尺 1/1000」を図に表すと，**解図 1** のようになります。

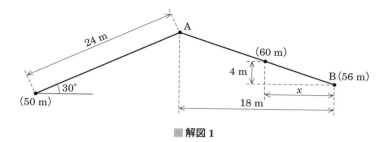

■ **解図1**

　解図1より，点Aの標高を求めなければいけないことがわかりますので，まず，標高50 mの基準点から点Aまでの高低角30°，傾斜距離24 mの条件から点Aの標高を求めます。

　左側斜面の三角形（**解図2**）から，三角関数のsinを用いて

　　　点Aの標高 = 50 + 24 × sin 30° = 50 + 12 = 62 m

となります。点Aの標高（62 m）を求めることができたので，解図1の右側斜面の標高及び高低差は**解図3**のようになります。

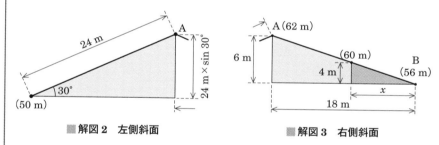

■ **解図2　左側斜面**　　　　■ **解図3　右側斜面**

　三角形の相似比から地上の距離 x を求める式を立てると

　　　$x : 4 = 18 : 6$

　　　$\dfrac{x}{4} = \dfrac{18}{6}$

　　　地上の距離 $x = \dfrac{18 \times 4}{6} = 12\ \text{m} = 1200\ \text{cm}$

となります。求めるのは縮尺 1/1000 の地形図上の距離なので

　　　地形図上の距離 = $1200 \times \dfrac{1}{1000} = \mathbf{1.2\ cm}$

【解答】4

出題傾向
近年，このパターンの問題もよく出題されるようになりました。問題 1 の応用の形ではありますが，出題パターンはほとんど同じですので，解けるようにしましょう。

問題 3 ☑ ☑ ☑

　図は，ある道路の縦断面を模式的に示したものである。この道路において，GNSS 測量により縮尺 1/1000 の地形図作成を行うため，縦断面上の点 A 〜 C の 3 点で観測を実施した。点 A の標高は 78 m，点 B の標高は 73 m，点 C の標高は 69 m で，点 A と点 B の間の水平距離 50 m，点 B と点 C の間の水平距離は 48 m であった。このとき，点 A と点 B の間を結ぶ道路とこれを横断する標高 75 m の等高線との交点を X，点 B と点 C の間を結ぶ道路とこれを横断する標高 70 m の等高線との交点を Y とすると，この地形図上における交点 X と交点 Y の間の水平距離はいくらか。最も近いものを次の中から選べ。ただし，点 A 〜 C はこの地形図上で同一直線上にあり，点 A と点 B の間を結ぶ道路，点 B と点 C の間を結ぶ道路は，それぞれ傾斜が一定でまっすぐな道路とする。なお，関数の値が必要な場合は，巻末の関数表を使用すること。

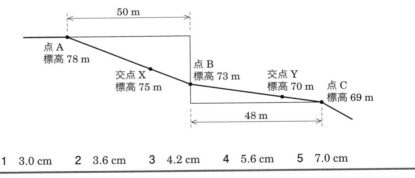

| 1 | 3.0 cm | 2 | 3.6 cm | 3 | 4.2 cm | 4 | 5.6 cm | 5 | 7.0 cm |

 先の等高線の計算と同様に三角形の相似比を使って考えてみましょう。

解説　**解図**のように，点 B を基準に左と右で三角形の相似を考え，交点 X から点 B の水平距離（x とする），点 B から交点 Y の水平距離（y とする）を求めます。

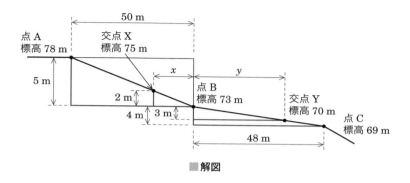

■ 解図

・**交点 X から点 B の水平距離 x**

$$50 : 5 = x : 2$$

$$\frac{50}{5} = \frac{x}{2}$$

$$x = \frac{50 \times 2}{5} = 20 \text{ m}$$

・**点 B から交点 Y の水平距離 y**

$$y : 3 = 48 : 4$$

$$\frac{y}{3} = \frac{48}{4}$$

$$y = \frac{48 \times 3}{4} = 36 \text{ m}$$

・**交点 X から交点 Y の水平距離**

$$20 \text{ m} + 36 \text{ m} = 56 \text{ m}$$

地形図は縮尺 1/1000 なので，地形図上の水平距離は

$$56 \text{ m} \div 1000 = 0.056 \text{ m} = \textbf{5.6 cm}$$

【解答】4

出題傾向

先の問題と同様に三角形の相似比で求めることができますが，問題に図が描かれていないパターンも考えられますので，文章を読み解けるようにしておきましょう。

5章

5.3 ▶ 数値標高モデル

 数値標高モデルは地形測量で求められた標高データを使って作成された地形モデルのことです。その特徴をつかんでおけば比較的容易に解ける問題が多いのでしっかりマスターしましょう。

数値標高モデル（DEM：Digital Elevation Model）は，格子状に並べられた標高点データから作成された三次元のデジタル地形モデルのことです。**数値地形モデル（DTM：Digital Terrain Model）** とも呼ばれています。

■ 図 5.5　数値標高モデル（DEM）

補足 📖
地形に関連する三次元モデルとして数値表層モデル（DSM：Digital Surface Model）もありますが，これは建物や樹木などの高さも含んだものであり，DEM や DTM とは区別されます。

Point

＜数値標高モデル（DEM）の特徴＞
・標高点間隔が小さくなるほど詳細な地形を表現できる。
・DEM から等高線を作成でき，等高線からも DEM を作成することができる。
・2 つの標高点間の視通を判断できる。
・2 つの標高点間の傾斜角を計算できる。
・水面と標高点との判断から水害などにおける浸水のシミュレーションが可能。

問題 1 ✓✓✓

　次の文は，数値標高モデル（DEM）の特徴について述べたものである。明らかに間違っているものはどれか。ただし，ここで DEM とは，等間隔の格子の代表点（格子点）の標高を表したデータとする。

1　DEM の格子点間隔が大きくなるほど詳細な地形を表現できる。
2　DEM は等高線から作成することができる。
3　DEM から 2 つの格子点間の視通を判断することができる。
4　DEM から 2 つの格子点間の傾斜角を計算することができる。
5　DEM を用いて水害による浸水範囲のシミュレーションを行うことができる。

　　DEM は地形を標高点データから作成された地形モデルです。DEM の特徴を覚えて解いてみましょう。

1　✕　DEM は標高点データをつないでいくことで作成されていますので，当然のことながら，点の間隔が小さいほど詳細な地形を表現でき，大きいほどモデルの形状は粗くなってしまいます。

2　◯　等高線から標高点データを作成し，DEM を作成することができ，逆にDEM から等高線データを作成することもできます。

3　◯　DEM は標高データなので，点間の視通を判断することが可能です。

4　◯　DEM は標高データなので，点間の高低差から傾斜角を計算することが可能です。

5　◯　水面の高さとその地点の標高の比較から浸水範囲のシミュレーションが可能です。

【解答】1

出題傾向

DEM に関する問題で問われている内容は，この問題にほぼ集約されています。DEM の特徴を覚えておきましょう。

問題 2 ✓✓✓

　次のア〜オの事例について，コンピュータを用いた解析を行いたい。この際，等高線データや数値標高モデルなどの地形データが必要不可欠であると考えられるものの組合せはどれか。ただし，数値標高モデルとは，ある一定間隔の水平位置ごとに標高を記録したデータである。

5章

ア　台風による堤防の決壊によって，浸水の被害を受ける範囲を予測する。

イ　日本全国を対象に，名称に「谷」及び「沢」の付く河川を選び出し，都道府県ごとに「谷」と「沢」のどちらが付いた河川が多いかを比較する。

ウ　百名山に選定されている山のうち，富士山の山頂から見ることができる山がいくつあるのかを解析する。

エ　東京駅から半径 10 km 以内の地域を対象に，10 階建て以上のマンションの分布を調べ，地価との関連を分析する。

オ　津波の避難場所に指定が予定されている学校のグラウンドについて，想定される高さの津波に対する安全性を検証する。

1　ア，オ　　　　　2　イ，エ　　　　　　3　ア，ウ，オ

4　イ，ウ，エ　　　5　ア，ウ，エ，オ

地形データが必要になる解析は，高さが関係するものかどうかです。ただし注意が必要なのは，数値標高モデルは標高点のみの地形データであるということです。

ア　浸水被害の予測では，水面の高さと各地点の標高を比較するため，数値標高モデルは必要です。

イ　「谷」や「沢」の名称の検索において，地形データは関係ありませんので，数値標高モデルは不要です。

ウ　当たり前の話ですが，奥の山より手前の山の方が高ければ奥の山は見えません。このように，富士山山頂から見える山を解析するうえでは数値標高モデルは必要になります。

エ　数値標高モデルは標高点のみの地形データです。建物の高さデータを含んでいないうえに建物の階数データはもちろんありませんので不要です。

オ　津波の避難場所は，津波による水面の最大高さより高い場所を指定する必要があります。それを解析するうえで数値標高モデルは必要です。

【解答】3

┌─**Point**─────────────────────────

数値標高モデルは標高点データで地形の形状を表した三次元モデルです。建物や樹木の高さは含んでいません。

5.4 ▶ 地形データ精度の点検計算

近年の測量士補試験で新しく出題されはじめ，頻出しているパターンの問題です。新形式の問題なので式が示されていますが，今後出題回数が増えるとなくなることも考えられます。式や解き方のパターンも理解しておきましょう。

5.4.1　観測データの精度点検

　地形測量では，空中写真測量から数値地形図データを作成して水平位置を求めたり，数値地形モデル（DTM）[※]から標高データを作成するなどしていますが，その精度検証については現地で直接測量を実施して，検証値との比較により点検を行っています。

補足 📖

※数値標高モデル（DEM）と同じ意味です。（⇨5.3節「数値標高モデル」）

5.4.2　精度点検の計算

　精度の点検計算は各地点での較差（誤差）を求めた後，標準偏差[※]を算出して検証します（⇨3.6節「最確値・標準偏差」）。

$$標準偏差\ \sigma = \sqrt{\frac{較差の2乗の合計}{計測地点の数}}$$

$$= \sqrt{\frac{(地点1の\Delta s)^2 + (地点2の\Delta s)^2 + \cdots + (地点Nの\Delta s)^2}{N}}$$

補足 📖

※ 3.6節の標準偏差は最確値に対する測定値のばらつきの程度を表しているのに対し、上記の式は較差のばらつきの程度を求めているので、標準偏差の式が若干異なります。

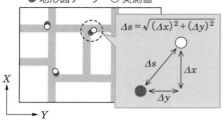

図5.6 水平位置の精度点検イメージ

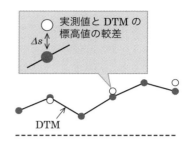

図5.7 標高値の精度点検イメージ

補足 📖

地形データ精度の点検計算は，測量士補試験では新しく出題された問題であり，過去の問題では計算式が示されています。ただ，今後出題頻度が高くなれば計算式が示されなくなることも考えられます。

問題 1 ✓ ✓ ✓

　数値地形モデルの標高値の点検を，現地の5地点で計測した標高値との比較により実施したい。各地点における数値地形モデルの標高値と現地で計測した標高値は表のとおりである。標高値の精度を点検するための値 σ はいくらか。式1を用いて算出し，最も近いものを次の中から選べ。なお，関数の値が必要な場合は，巻末の関数表を使用すること。

$$\sigma = \sqrt{\frac{(\text{地点1の標高値の差})^2 + (\text{地点2の標高値の差})^2 + \cdots + (\text{地点}N\text{の標高値の差})^2}{N}}$$

（式1）

N：計測地点の数

地点番号	現地で計測した標高値〔m〕	数値地形モデルの標高値〔m〕
1	29.3	29.5
2	72.1	71.5
3	11.8	12.2
4	103.9	103.4
5	56.4	56.3

1　0.16 m　　2　0.18 m　　3　0.35 m　　4　0.40 m　　5　0.60 m

示されている式に代入して求めるだけなので落ち着いて解きましょう。

 問題の表の「現地で計測した標高値」から「数値地形モデルの標高値」を差し引いて各地点の「標高値の差」を求めます（**解表**）。

■解表

地点番号	現地で計測した標高値〔m〕	数値地形モデルの標高値〔m〕	標高値の差〔m〕
1	29.3	29.5	− 0.2
2	72.1	71.5	0.6
3	11.8	12.2	− 0.4
4	103.9	103.4	0.5
5	56.4	56.3	0.1

求めた標高値の差を問題の式1に代入します。

計測地点の数は5点あるので $N = 5$ として

$$\sigma = \sqrt{\frac{(-0.2)^2 + (0.6)^2 + (-0.4)^2 + (0.5)^2 + (0.1)^2}{5}}$$

$$= \sqrt{\frac{0.04 + 0.36 + 0.16 + 0.25 + 0.01}{5}}$$

$\sqrt{16.4} \fallingdotseq \sqrt{16} = 4$

$$= \sqrt{\frac{0.82}{5}} = \sqrt{0.164} = \sqrt{\frac{16.4}{100}} = \frac{\sqrt{16.4}}{10} = \frac{4}{10} = 0.4 \text{ m}$$

小数点をもつ$\sqrt{\ }$なので，工夫により$\sqrt{\ }$を外す（☞1.2.5項「$\sqrt{\ }$の外し方」）

［解答］4

問題 2

空中写真測量において，水平位置の精度を確認するため，数値図化による測定値と現地で直接測量した検証値との比較により点検することとした。5地点の測定値と検証値から，南北方向の較差 Δx，東西方向の較差 Δy を求めたところ，表のとおりとなった。5地点における各々の水平位置の較差 Δs から，水平位置の精度を点検するための値 σ を算出し，最も近いものを次の中から選べ。ただし，Δs は式1で求め，σ は計測地点の数を N とし式2で求めることとする。なお，関数の値が必要な場合は，巻末の関数表を使用すること。

$$\varDelta s = \sqrt{(\varDelta x)^2 + (\varDelta y)^2} \qquad \text{(式1)}$$

$$\sigma = \sqrt{\frac{(地点1の\varDelta s)^2 + (地点2の\varDelta s)^2 + \cdots + (地点Nの\varDelta s)^2}{N}} \qquad \text{(式2)}$$

地点番号	南北方向の較差 $\varDelta x$ 〔m〕	東西方向の較差 $\varDelta y$ 〔m〕
1	1.0	4.0
2	3.0	4.0
3	6.0	3.0
4	5.0	3.0
5	2.0	0.0

1 2.0 m　　**2** 3.1 m　　**3** 5.0 m　　**4** 7.5 m　　**5** 9.9 m

水平位置の精度点検の問題です。三平方の定理で水平位置の較差 $\varDelta s$ を算出してから標準偏差 σ を求めます。

解説　式1を用いて各地点の水平位置の較差 $\varDelta s_1 \sim \varDelta s_5$ を求めます。

$$\varDelta s_1 = \sqrt{(1)^2 + (4)^2} = \sqrt{17} \qquad \varDelta s_2 = \sqrt{(3)^2 + (4)^2} = \sqrt{25}$$

$$\varDelta s_3 = \sqrt{(6)^2 + (3)^2} = \sqrt{45} \qquad \varDelta s_4 = \sqrt{(5)^2 + (3)^2} = \sqrt{34}$$

$$\varDelta s_5 = \sqrt{(2)^2 + (0)^2} = \sqrt{4}$$

上記 $\varDelta s_1 \sim \varDelta s_5$ の値を式2に代入して精度点検のための値 σ を求めます。

$$\sigma = \sqrt{\frac{(\sqrt{17})^2 + (\sqrt{25})^2 + (\sqrt{45})^2 + (\sqrt{34})^2 + (\sqrt{4})^2}{5}}$$

$$= \sqrt{\frac{17 + 25 + 45 + 34 + 4}{5}} = \sqrt{\frac{125}{5}} = \sqrt{25} = \mathbf{5\ m}$$

【解答】3

出題傾向

精度の点検計算の問題は，標高値と水平位置のパターンが出題されています。過去は計算式が示されていますが，今後頻出されると式が示されないことも考えられますので，式も含めて解き方を覚えておくようにしましょう。

6章

写真測量及びレーザ測量

合格のワンポイントアドバイス

　出題数は5問と多く，文章問題が3問，計算問題が2問となっています。

　近年，国土交通省が推進するi-Constructionにより，新たな測量技術が準則に追加されています。これまでの空中写真測量，写真地図作成及びレーザ測量の範囲に加えて出題されるため，内容が多岐にわたることになりますので，重要箇所を整理しておきましょう。

　計算問題はそのほとんどがパターン化されています。過去問題を繰り返し解き，解き方とそこで用いる公式を理解しておきましょう。

6.1 ▶ 写真測量と三次元点群測量の概要

最近の準則改正では，写真測量やレーザ測量技術を用いた三次元点群測量に関する方法が相次いで追加されています。この分野の測量技術は日々進歩しているため，個別の技術の出題傾向をつかむのは難しいですが，まずは，それぞれの特徴を理解するようにしましょう。

6.1.1　写真測量及びレーザ測量技術の種類

　国土交通省では，ICT（情報通信技術）の全面的な活用などの施策を建設現場に導入することによって，建設生産システム全体の生産性向上を図り，魅力ある建設現場を目指す取組みである **i-Construction**（アイ・コンストラクション）を進めています。この動きを受け，国土地理院では ICT を活用した測量技術の整備を進めており，最近の準則改正では，UAV や車などにカメラやレーザ測距装置を搭載した測量技術が相次いで追加されています（**図 6.1**）。

　これらの測量は，作業時間や人員の削減，作業効率の向上などの効果がありますが，いずれの方法にもメリット・デメリットがあります。作業地域や求められる精度などを考慮して，測量方法を選択することになります。

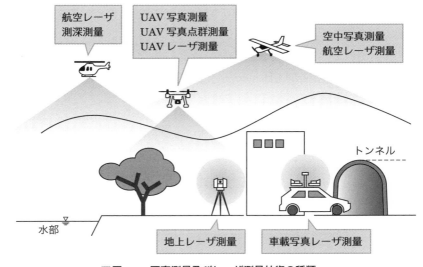

■図 6.1　写真測量及びレーザ測量技術の種類

6.1.2 写真測量と三次元点群測量

　写真測量及びレーザ測量の技術では，空中写真から数値地形図データを作成することを主たる目的とする**写真測量**と，写真やレーザスキャナから三次元点群データを作成することを主たる目的とする**三次元点群測量**に分けられます。

（1）写真測量

　写真測量は，専用の航空機や UAV などから地上に向かって連続的に撮影を行います（**図6.2**）。この時，隣り合う写真が重なる（オーバーラップ）ように撮影することで，特殊な装置で立体的に見ることができ，高さの計測や等高線を描くことができます。撮影された写真の地物の形状，大きさ，色調，模様などから土地利用の状況を判

■図6.2　写真測量

読します。こうして作成されるのが**数値地形図データ**です（**図6.3**）。また，写真測量は空中写真から**写真地図**を作成することもできます（**図6.4** ☞ 6.3 節「写真地図（オルソ画像）」）。

　写真測量は上空から全体を撮影するので，現地測量に比べ広い範囲を一定の精度で測量することができます。航空機からの写真測量を**空中写真測量**（☞ 6.2 節「空中写真測量」），UAV によるものを **UAV 写真測量**（☞ 6.10.2 項「UAV 写真測量」）といいます。

■図6.3　数値地形図

■図6.4　写真地図

(2) 三次元点群測量

　三次元点群測量とは，写真解析や
レーザスキャナにより得られた**三次元
点群データ等を作成する作業**をいい，
三次元点群データを用いた数値地形図
データを作成する作業を含みます。準
則には下記の測量方法が項目に組み込
まれています。それぞれの留意事項等
については各節・項で解説していま
す。

■ **図 6.5　三次元点群データ**

　＜令和 5 年改正の準則に反映されている三次元点群測量＞
- ・航空レーザ測量（☞ 6.8 節「航空レーザ測量」）
- ・航空レーザ測深測量（☞ 6.8.2 項「航空レーザ測深測量」）
- ・車載写真レーザ測量（☞ 6.9 節「車載写真レーザ測量」）
- ・UAV 写真点群測量（☞ 6.10.3 項「UAV 写真点群測量」）
- ・UAV レーザ測量（☞ 6.10.4 項「UAV レーザ測量」）
- ・地上レーザ測量（☞ 6.11 節「地上レーザ測量」）

①　要求仕様の策定と作業仕様の策定

　車載写真レーザ測量と UAV レーザ測量の作業工程には作業計画前に「**成果品
の要求仕様の策定**」という項目が含まれています。これは，**測量計画機関**が目的
等を踏まえ，測量により作成する成果品の内容，精度等を明らかにして，要求仕
様として取りまとめる作業です。そして，この要求仕様を踏まえ，**測量作業機関**
がそれを満たすための作業方法を定める項目が「**作業仕様の策定**」となります。

補足 📖

車載写真レーザ測量と UAV レーザ測量に「要求仕様の策定」の工程が組まれている理由
は，これらの成果品の利用用途が多岐に渡っており，その都度要求される点密度や精度等の
仕様が大きく異なるためです。また，計測に用いる機器の組合せも多様に存在するので，「作
業仕様の策定」の工程を設けることで，測量作業機関がある程度自由に作業手法を選択でき
るようにしています。

---

②　オリジナルデータ

　三次元点群測量の各種作業工程では，まずオリジナルデータを作成します。オ

リジナルデータとは，各種測量方法において，撮影及びレーザ測距により取得されたデータから作成された三次元点群データのことをいいます。したがって，オリジナルデータは建物や樹木の高さを含んだ **DSM**（数値表層モデル）となります。

問題 1　　　　　　　　　　　　　　　　　　　　　　☑ ☑ ☑

　　次の a ～ e の文は，空中写真測量の特徴について述べたものである。明らかに間違っているものだけの組合せはどれか。

a. 現地測量に比べて，広域な範囲の測量に適している。

b. 空中写真に写る地物の形状，大きさ，色調，模様などから，土地利用の状況を知ることができる。

c. 他の撮影条件が同一ならば，撮影高度が高いほど，一枚の空中写真に写る地上の範囲は狭くなる。

d. 高塔や高層建物は，空中写真の鉛直点を中心として放射状に倒れこむように写る。

e. 起伏のある土地を撮影した場合でも，一枚の空中写真の中では地上画素寸法は一定である。

　1　a, c　　2　a, d　　3　b, d　　4　b, e　　5　c, e

写真測量は何のために行うのか，上空から写真を撮影するとどうなるのかを考えて解きましょう。

解説

a. ○　写真測量は，上空から地上を撮影して行うので，広い範囲を一定の精度で測量することができます。

b. ○　空中写真に写る地物の形状や大きさ，色調などから土地の状況を読み取り，地形図を作成します。これを写真判読といいます。

c. ×　地形やカメラの設定など撮影条件が同じであれば，撮影高度が高くなるほど撮影範囲は広くなります（**解図**）。

d. ○　写真は中心投影となりますので，高塔や高層建築物は写真の中心から放射状に広がり倒れ込むように写ります。

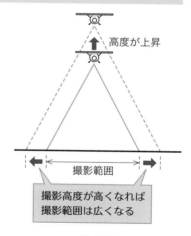

高度が上昇

撮影範囲

撮影高度が高くなれば撮影範囲は広くなる

■ 解図

205

e. ×　起伏のある土地（いわゆる標高が異なる場所）では，撮影の対象までの距離（この場合は撮影高度）が異なることになるので，**地上画素寸法は起伏により変化します。**（⇨6.4 節「地上画素寸法と撮影高度」）

【解答】5

問題 ☑ ☑ ☑

　国土交通省では，ICT（情報通信技術）の全面的な活用などの施策を建設現場に導入することによって，建設生産システム全体の生産性向上を図り，もって魅力ある建設現場を目指す取組みである i-Construction（アイ・コンストラクション）を進めている。次の文は，公共測量として行う i-Construction における測量で整備する三次元点群データについて述べたものである。明らかに間違っているものはどれか。

1　三次元点群データとは，地形や地物を表現するための，位置や高さなどの情報を持つ点の集まりである。

2　三次元点群データを取得する測量方法として，車載写真レーザ測量（移動計測車両による測量）や航空レーザ測量，無人航空機（UAV）による空中写真を用いる測量などがある。

3　無人航空機（UAV）による空中写真を用いる測量であれば，どのような場所でも地形の三次元点群データが作成できる。

4　三次元点群データを利用して，断面図作成や土量計算などを行うことができる。

5　三次元点群データは，測量計画機関が指定する形式で作成する。

1　○　三次元点群データの三次元とは，x, y, z の座標軸のことであり，平面位置と高さの情報をもつデータになります。三次元の点データが集まることで，地形や地物の形状を立体的に表すことができます。

2　○　三次元点群データを取得する方法は，対象物にレーザを照射して直接取得する方法と，連続して重複させた写真から解析により取得する方法があります。その手段として車や航空機，UAV などがありますが，その目的に応じて使い分けられます。

3　×　UAV 測量は，飛行が容易でない場所があるほか，**写真に写らない場所の測量は物理的に不可能です。** UAV 測量に限らず，各種方法にはメリット，デメリットがありますので，作業地域の状況や求められる精度に応じて，測量方法を選択することになります。

4 ○ 三次元点群データから数値地形モデルを作成することもできるので，断面図作成や土量計算も行うこともできます。

5 ○ 三次元点群データの形式は，測量により作成する成果品の内容や精度により異なりますので，測量計画機関が指定する仕様に沿った形で作成することになります。

【解答】3

出題傾向

三次元点群データを作成する新たな測量方法が，次々と準則に追加されています。これら新しい技術の出題に関しては測量士（午前）の問題が参考になりますので，過去問題をチェックしておくことをおすすめします。

6
章

6.2 ▶ 空中写真測量

主として航空機による写真測量になります。過去の出題も多く，作業工程のそれぞれの特徴について整理しておきましょう。

6.2.1　空中写真測量の作業工程

　測量士補試験において，空中写真測量は航空機による写真測量を指しています。作業工程は以下の通りです（**図6.6**）。

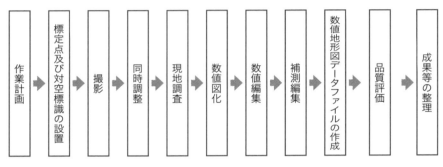

図6.6　空中写真測量の作業工程

6.2.2　標定点及び対空標識の設置

　標定点とは，地上と写真上の点を対応づけるために必要な基準点や水準点のことで，撮影された写真を地図の座標位置に合わせる標定作業に必要になります。標定点は，もともと地上にある測点なので，撮影された写真上ではわかりません。そこで，測点の周囲などに**対空標識（一時標識）**を設置することで，写真上でもわかるようにします（**図6.7**）。対空標識は形状などが定められており，構造物に対して直に印を付ける方法もあります。

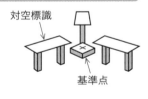

図6.7　対空標識の例

＜対空標識設置に関する注意事項＞

・土地所有者又は管理者の許可を得て設置する。

・樹上に設置する場合は植物の成長を見越して，あらかじめ周囲より50 cm ほど高く設置する。

・航空カメラの画角に応じた上空視界を確保する。

・対空標識板の保全等のために測量計画機関や作業機関の名称，保存期間など を明記する。

・撮影終了後はすみやかに撤去する。

6.2.3　同時調整

　同時調整とは，標定点の写真座標を測定の後，標定要素（撮影時に得られた位 置や傾きなどの情報）を統合して調整計算を行い，各写真のパスポイントやタイ ポイント，標定点の地図上の座標位置を決定する作業をいいます。

補足 📖

「同時調整」の作業は，従来「空中三角測量」と呼ばれていましたが，撮影時にGNSS/ IMU装置と高度な解析装置を用いることにより，撮影と同時に空中写真の位置や傾きを計 測することが可能になり，標定にかかる時間が大幅に短縮されたことから変更されました。 しかし，「UAV写真測量」では，高度な機器を想定していないことから「空中三角測量」の 名称で作業項目にもどっています。

(1) 標定点

　標定点は撮影コースの配置を考慮し，空中写真上で明瞭な地点を選定します。 区域撮影における標定点は，ブロックの四隅付近と中央付近の計5点に配置す ることを標準としています。

(2) パスポイント・タイポイント

　パスポイントとは，標定点のうち，撮影コース方向の写真の接続を行うために 用いられる点のことです。パスポイントは主点付近に1点と，主点基線（撮影 コースの方向）に直角な両方向の計3箇所以上配置することを標準としています。

　タイポイントとは，標定点のうち，隣接する撮影コース間の接続を行うために 用いられる点のことです。タイポイントはブロック調整の精度を向上させるた め，撮影コース方向に一直線に並ばないようジグザグに配置します。また，タイ

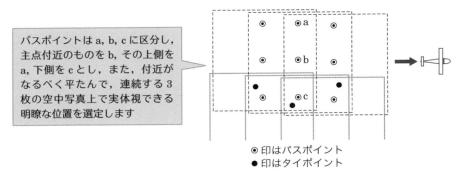

パスポイントは a, b, c に区分し，主点付近のものを b，その上側を a，下側を c とし，また，付近がなるべく平たんで，連続する 3 枚の空中写真上で実体視できる明瞭な位置を選定します

◉印はパスポイント
●印はタイポイント

■図 6.8　パスポイントとタイポイント

ポイントはパスポイントで兼ねることができます。

補足 📖　外部標定

重複して撮影された空中写真から写真上の位置と地図上の位置を結びつけていく作業を標定といいます。カメラのレンズのひずみや焦点距離から写真上の位置を定める内部標定といい，2 枚以上の写真をつなぎ合わせて地図上の位置を定める作業を外部標定といいます。外部標定は相互標定，接続標定，絶対標定で構成されます。

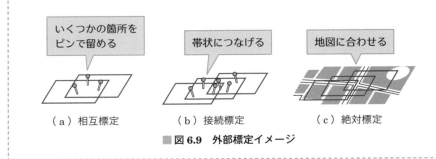

いくつかの箇所をピンで留める

帯状につなげる

地図に合わせる

（a）相互標定　　　　（b）接続標定　　　　（c）絶対標定

■図 6.9　外部標定イメージ

6.2.4　デジタルステレオ図化機

　隣接する 2 枚の空中写真を用いて立体視されたモデルを**ステレオモデル**といいます。このステレオモデルをコンピュータの画面上で構築し，X, Y, Z の座標値を記録して図を描くことのできる機械が**デジタルステレオ図化機**です。デジタルステレオ図化機は，コンピュータ，ステレオ視装置，ディスプレイ，三次元マ

ウス又は **X, Y** ハンドル及び **Z** 盤などから構成されます。

デジタルステレオ図化機では、ステレオモデル構築のほか、同時調整、数値地形モデルの作成、数値図化データの作成・確認などを行うことができます。図化に用いる空中写真はデジタル画像になりますので、過去にフィルム航空カメラで撮影されたアナログ写真は、スキャナなどによりデジタル化して使用します。

問題 1 ✓ ✓ ✓

次の文は、公共測量における対空標識の設置について述べたものである。明らかに間違っているものはどれか。

1 対空標識は、あらかじめ土地の所有者又は管理者の許可を得て設置する。

2 上空視界が得られない場合は、基準点から樹上などに偏心して設置することができる。

3 対空標識の保全などのため、標識板上に測量計画機関名、測量作業機関名、保存期限などを表示する。

4 対空標識の D 型を建物の屋上に設置する場合は、建物の屋上にペンキで直接描く。

5 対空標識は、他の測量に利用できるように撮影作業完了後も設置したまま保存する。

対空標識は写真測量における測点ではありますが、写真上での判読のために一時的に設置するものです。そこを踏まえて解いてみましょう。

解説

1 ○ 対空標識を設置する場合は、あらかじめ土地の所有者又は管理者に許可を得て設置する必要があります。

2 ○ 対空標識は写真上での判読のために必要となるものです。上空視界が得られない場合は、樹上に偏心して設置する必要があります。

3 ○ 対空標識保全のため、測量計画機関名や作業機関名、保存期限などの表示が準則で定められています。

4 ○ 準則において、対空標識の標準形状及び寸法が、地図情報レベルに応じて定められています（**解図**）。このうち、D 型は建物の屋上に直接ペンキで描くものであり、E 型は樹上設置を踏まえたものになっています。

6 章

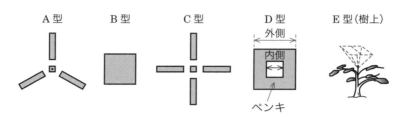

A 型　　　B 型　　　C 型　　　D 型　　E 型（樹上）

外側

内側

ペンキ

■解図　空中写真測量における対空標識標準型

5　×　対空標識は一時的に設置するものですので，撮影作業完了後は，周囲への
安全のため，すみやかに撤去し，現状を回復する必要があります。

【解答】5

出題傾向

対空標識設置に関する問題がたびたび出題されています。「撮影作業完了後はすみ
やかに撤去する」という文言がポイントです。

問題 2

　次の文は，同時調整におけるパスポイント及びタイポイントについて述べたもの
である。明らかに間違っているものはどれか。
　1　パスポイントは，撮影コース方向の写真の接続を行うために用いられる。
　2　パスポイントは，各写真の主点付近及び主点基線に直角な両方向の，計 3 箇
　　所以上に配置する。
　3　タイポイントは，隣接する撮影コース間の接続を行うために用いられる。
　4　タイポイントは，撮影コース方向に直線上に等間隔で並ぶように配置する。
　5　タイポイントは，パスポイントで兼ねて配置することができる。

パスポイントは「コース上で隣接する写真間に用いるもの」，タイポイント
は「コース間で隣接する写真間に用いるもの」です。

解説　　パスポイントは，撮影コース方向に隣接する写真の接続を行うために用いられる
点のことであり，パスポイントの特徴として，主点付近に 1 点と主点基線に直角
な両方向の計 3 箇所以上に配置することを標準としています。以上から，問題文
の 1，2 は正しい内容です。

タイポイントは，コース間で隣接する写真の接続を行うために用いられる点のことで，タイポイントの特徴として，撮影コース方向に一直線に並ばないようジグザグに配置し，パスポイントで兼ねることができます。

以上から問題文の 3，5 は正しい内容ですが，4 は間違っていることになります。

【解答】4

出題傾向

パスポイントとタイポイントの問題はパターンがほとんど同じです。それぞれの特徴として，この問題の記述の箇所は覚えておきましょう。

問題 3 ☑ ☑ ☑

次の a ～ d の文は，デジタルステレオ図化機の特徴について述べたものである。 ア ～ エ に入る語句の組合せとして最も適当なものはどれか。

a. デジタルステレオ図化機は，コンピュータ上で動作するデジタル写真用ソフトウェア，コンピュータ， ア ，ディスプレイ，三次元マウス又は XY ハンドル及び Z 盤などから構成される。

b. デジタルステレオ図化機で使用するデジタル画像は，フィルム航空カメラで撮影したロールフィルムを空中写真用 イ により数値化して取得するほか，デジタル航空カメラにより取得する。

c. デジタルステレオ図化機では，デジタル画像の内部標定，相互標定及び対地標定の機能又は ウ によりステレオモデルを構築する。

d. 一般にデジタルステレオ図化機を用いることにより， エ を作成することができる。

	ア	イ	ウ	エ
1	ステレオ視装置	スキャナ	デジタイザ	数値地形モデル
2	描画台	スキャナ	外部標定要素	スキャン画像
3	ステレオ視装置	編集装置	デジタイザ	数値地形モデル
4	ステレオ視装置	スキャナ	外部標定要素	数値地形モデル
5	描画台	編集装置	デジタイザ	スキャン画像

 語句の選択肢を当てはめながら考えていくと，答えが見えてきます。前後の文章をしっかり読み，間違った選択肢に惑わされないようにしましょう。

a. ステレオ視装置により，隣接する2枚の空中写真から立体視をすることが可能になります。

b. スキャナで取り込むことにより，アナログ空中写真をデジタル画像としてコンピュータ上で扱うことができます。

c. **外部標定要素**によりステレオモデルを構築します。空中写真上に標定点やパスポイント，タイポイントなどを選定しておくことにより，写真を相互につなぎ合わせ，地図上に定めることができます。

d. デジタルステレオ図化機で**数値地形モデル**を作成することができます。数値地形モデルは写真地図の作成において必要になります。

【解答】4

出題傾向
ステレオ図化機は，写真測量における多くの作業を行うことができます。その特徴を問う問題がたびたび出題されていますので，覚えておきましょう。

6.3 ▶ 写真地図（オルソ画像）

写真地図は空中写真を正射変換した正射投影画像（オルソ画像）で作成した地図のことです。写真地図と一般的な空中写真との違いや，正射変換することによるメリットなどを整理しておきましょう。

6.3.1　写真地図作成の作業工程

　写真地図とは，空中写真を正射投影画像に正射変換し，モザイク処理により各写真をつなぎ合わせ，写真地図データファイルを作成する作業をいいます。作業工程は**図 6.10** のように行われ，同時調整までは空中写真測量の作業工程と同じです。

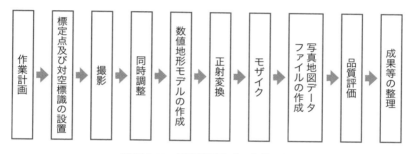

■図 6.10　写真地図作成の作業工程

(1) 数値地形モデルの作成（⊏⧽ 5.3 節「数値標高モデル」）

　数値地形モデルは，ブレークライン法等により標高を取得し作成します。標高の取得には，等高線から取得する方法の他，ブレークラインを選定して取得する方法などがあります。これらで取得した標高データをもとにグリッドや不整三角網で地形を表現します。

> **補足** 📖
> ブレークラインは，地形における重要な変化点を表し，道路のエッジや擁壁，尾根線や段差の大きい人工斜面の上端・下端などを指します。

(2) 正射変換

　正射変換とは，デジタル空中写真を中心投影から正射投影に変換し，正射投影画像（オルソ画像）を作成する作業をいいます。

(3) モザイク

　隣接する正射投影画像をつなぎ合わせる場合，画像の重なる部分で地物の位置のずれや色調差が生じます。モザイクはこれらをデジタル処理により**不整合部分（位置や色）**を調整し，きれいに接合させる作業をいいます。

6.3.2　中心投影と正射投影

　三次元の空間を二次元の平面に映し出すことを**投影**といいます。投影のうち，地物から反射された光がレンズの中心を通って写し出されたものを**中心投影**といい，地物の真上を無限遠に写し出したものを**正射投影**といいます（**図 6.11**）。写真はレンズを通して写し出された中心投影画像に対し，地図で表している地物の形状は正射投影されたものとなります。よって，空中写真を写真地図として使用するためには正射変換が必要となります（**図 6.12**）。ただし，中心投影の空中写真には地形の起伏や写真の中心から離れることによるひずみが生じているので，これらのひずみを取り除く必要があります。そこで，数値地形モデルを用いて処理することになります。

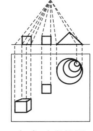

（a）中心投影　　　（b）正射投影

■**図 6.11　中心投影と正射投影**

（a）変換前　　　　（b）変換後

■**図 6.12　正射投影変換**

6.3.3　写真地図の特徴

・写真地図は地形図と同様に図上で距離を計算できる。
・写真地図は標定作業が行われているため，**GIS（地理情報システム）でも使用可能。**
・フィルム航空カメラで撮影された**アナログ写真**でも，**専用スキャナによりデジタル画像に変換**して写真地図を作成することができる。
・写真地図の作成には，**数値地形モデルが必要**（使用する数値地形モデルの精度は地図情報レベルに応じて規定されている）。
・平坦な場所より起伏の大きい場所の方が，地形の影響によるひずみが生じやすい。
・写真地図は正射投影されているため，**立体視（実体視）できない。**

問題 1　☑☑☑

次の文は，公共測量における写真地図（数値空中写真を正射変換した正射投影画像（モザイクしたものを含む））について述べたものである。正しいものはどれか。
1　写真地図は，正射投影されているので実体視できる。
2　写真地図は，地形図と同様に図上で距離を計測することができる。
3　フィルム航空カメラで撮影された画像からは，写真地図を作成できない。
4　写真地図作成には，航空レーザ測量による高精度の数値地形モデル（DTM）が必須である。
5　モザイクとは，写真地図の解像度を下げる作業をいう。

写真地図はデジタル空中写真を正射変換して地図と整合できる写真画像にしたものです。写真地図の特徴及び空中写真との違いを整理して解いてみましょう。

1　×　写真地図は正射変換されたことにより実体視ができません。実体視は中心投影された写真のひずみによりできるものです。
2　○　写真地図は空中写真を地図と整合できるように作成したものなので，通常の地図と同様に，図上で距離を計算できます。
3　×　写真地図作成のための正射変換はデジタル空中写真を用いて行いますが，フィルム航空カメラで撮影されたアナログ空中写真であっても，専用スキャナで読み取ることによりデジタル空中写真に変換して使用することができます。

4　×　写真地図作成には数値地形モデルが必要ですが，その精度は地図情報レベルに応じて規定されています。したがって，必ずしも航空レーザ測量による高精度な数値地形モデルを用いる訳ではありません。

5　×　モザイクとは，正射変換された複数の画像を，位置や色を合わせながらつなぎ目が目立たないように接合していく作業のことです。

【解答】2

問題 2 ☑☑☑

次の文は，写真地図（数値空中写真を正射変換した正射投影画像（モザイクしたものを含む））の特徴について述べたものである。明らかに間違っているものはどれか。

1　写真地図は画像データのため，そのままでは地理情報システムで使用することができない。

2　写真地図は，地形図と同様に図上で距離を計測することができる。

3　写真地図は，地形図と異なり図上で土地の傾斜を計測することができない。

4　写真地図は，オーバーラップしていても実体視することはできない。

5　平たんな場所より起伏の激しい場所の方が，地形の影響によるひずみが生じやすい。

1　×　写真地図はデジタルマップなどでも用いられる地図画像です。よって，地理情報システム（GIS）で使用することが可能です。

2　○　写真地図は地形図と同様に図上で距離計測が可能です。

3　○　写真地図は正射変換されているため，それだけでは傾斜計測ができません。

4　○　写真地図は正射変換されているため，実体視することはできません。

5　○　写真地図はもともと中心投影の写真を正射変換して作成しています。地形の起伏が激しい場所ではひずみが生じやすくなります。

【解答】1

問題 3 ✓✓✓

次のa～eの文は，公共測量における写真地図作成について述べたものである。明らかに間違っているものだけの組合せはどれか。

a. 正射変換とは，数値写真を中心投影から正射投影に変換し，正射投影画像を作成する作業をいう。

b. 写真地図は，図上で水平距離を計測することができる。

c. ブレークライン法により標高を取得する場合，なるべく段差の小さい斜面等の地性線をブレークラインとして選定する。

d. 使用する数値写真は，撮影時期，天候，撮影コースと太陽位置との関係などによって現れる色調差や被写体の変化を考慮する必要がある。

e. モザイクとは，隣接する中心投影の数値写真をデジタル処理により結合する作業をいう。

1 a, c   2 a, d   3 b, d   4 b, e   5 c, e

 解説

a. ○ 正射変換とは，撮影した空中写真を中心投影から正射投影に変換し，正射投影画像（オルソ画像）を作成する作業をいいます。

b. ○ 写真地図は，正射変換された正射投影画像を地図と整合できるようにしたものなので，一般的な地図と同様に図上で距離を計測することができます。

c. × ブレークラインは，地形における重要な変化点を表しているので，**段差の大きい斜面の地性線**を選定します。

d. ○ 写真ごとに色調が異なっていると，モザイク等による色調整が難しくなるため，撮影時期や天候などを考慮して撮影する必要があります。

e. × モザイクは，**正射投影に変換後**の隣接する数値写真をつなぎ合わせる処理になります。

[解答] 5

6章

出題傾向

写真地図の分野で問われる内容は問題1，2のパターンが多いですが，近年は問題3のように，少し専門的な知識を問うものも出題されています。

6.4 ▶ 地上画素寸法と撮影高度

出題頻度が高い計算問題です。ここでは，写真縮尺と撮影高度の関係とデジタル画像における「画素」という概念を理解する必要があります。また，公式を覚えるだけでなく，図を描くと解きやすくなります。

6.4.1　画素と地上画素寸法

デジタル画像は，画素（ピクセル）と呼ばれる点の集合体で構成されています。1画素の大きさを素子寸法（又は画素寸法）といい，また，1インチ（2.54 cm）の大きさに入る画素数を解像度といいます。解像度が大きいほど高精細な画像になります。

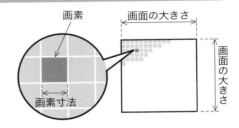

■図6.13　画素と画素寸法

　地上画素寸法とは，デジタル空中写真において，1画素の大きさ（素子寸法）に相当する地上での大きさを表しています。すなわち，素子寸法を写真の縮尺倍することで地上画素寸法を求めることができます。

地上画素寸法＝素子寸法×写真の縮尺分母

6.4.2　撮影高度と海抜撮影高度

　写真測量において，地上の撮影面に対しての高さを撮影高度（又は対地高度）といいます。これに対し，航空機で飛行中に記録している高さは，基準面（標高 0 m）からの高さである海抜撮影高度（又は飛行高度）です。そのため，撮影高度は海抜撮影高度から撮影面の標高を差し引いて求めることになります（図6.14）。

撮影高度 H ＝海抜撮影高度 H_0 －標高 h

6.4.3　撮影高度と写真縮尺

　航空機から地上を撮影しているときの状態を模式的に表すと図6.14のように

なります。撮影高度と写真縮尺の計算問題を解く際は，この模式図を描くと，その関係が理解しやすくなります。

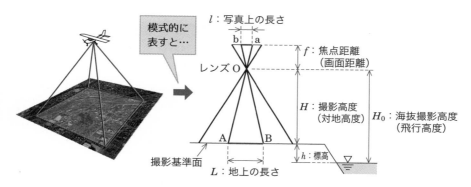

図 6.14　空中写真測量の模式図と各種用語

6.4.4　地上画素寸法と撮影高度の計算

　計算問題で必要となる公式を導くためには，模式図からクロス型の相似図形に着目します（**図 6.15**）。

　$\triangle$OAB と $\triangle$Oab は相似なので，次の比が成り立ちます。

$$l : L = f : H$$

比の値で表すと

$$\frac{l}{L} = \frac{f}{H} \tag{6·1}$$

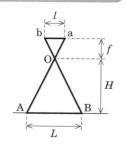

図 6.15　クロス型相似

　また，素子寸法 l と地上画素寸法 L の関係は，写真の縮尺（$1/m$）の関係でもあるのであるので，式で表すと

$$\frac{l}{L} = \frac{1}{m} \tag{6·2}$$

　すなわち，これらの式をまとめると

$$\frac{f}{H} = \frac{l}{L} = \frac{1}{m} \tag{6·3}$$

補足 📖

地上画素寸法と撮影高度の問題を解くにあたり，公式を覚えるのもよいですが，図の相似関係（クロス型相似）の図を描くと，その関係式を導きやすくなります（☞1.4節「相似比計算」）。

問題 1 ☑☑☑

　画面距離 10 cm，画面の大きさ 26000 画素×15000 画素，撮像面での素子寸法 4 μm のデジタル航空カメラを用いて鉛直空中写真を撮影した。撮影基準面での地上画素寸法を 12 cm とした場合，海面からの撮影高度はいくらか。ただし，撮影基準面の標高は 300m とする。なお，関数の値が必要な場合は，巻末の関数表を使用すること。

　　1　2400 m　　2　2700 m　　3　3000 m　　4　3300 m　　5　3600 m

 何を求める問題なのかを整理し，文中で与えられた数値を公式に当てはめると理解しやすくなります。

　まずは，それぞれの値をクロス型相似の図に書き入れてみましょう（**解図**）。

　式（6・1）の $\dfrac{l}{L} = \dfrac{f}{H}$ から撮影高度 H を求める式に変形すると

　　$H = \dfrac{L \times f}{l}$

　上式に文中で与えられているそれぞれの値を，単位を揃えて代入します。

　　　画面距離 $f = 10$ cm $= 0.1$ m
　　　地上画素寸法 $L = 12$ cm $= 0.12$ m
　　　素子寸法 $l = 4$ μm $= 4 \times 10^{-6}$ m

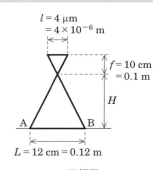

■解図

> 小数点を移動して式を整理
> （☞ 1.2.1 項「小数点の掛け算と割り算」）

　　撮影高度 $H = \dfrac{0.12 \times 0.1}{4 \times 10^{-6}} = \dfrac{0.012}{0.000004} = \dfrac{12000}{4} = 3000$ m

　求めるのは海面からの撮影高度（海抜撮影高度 H_0）なので，撮影基準面の標高 $h = 300$ m を加えると

　　$H_0 = H + h = 3000 + 300 = \textbf{3300 m}$

【解答】4

問題 2 ✓ ✓ ✓

　画面距離 12 cm，撮像面での素子寸法 12 μm のデジタル航空カメラを用いて，海面からの撮影高度 2500 m で鉛直空中写真の撮影を行ったところ，一枚の数値空中写真の主点付近に画面の短辺と平行に橋が写っていた。この橋は標高 100 m の地点に水平に架けられており，画面上で長さを計測したところ 1250 画素であった。この橋の実長はいくらか。なお，関数が必要な場合は，巻末の関数表を使用すること。

| 1 | 300 m | 2 | 313 m | 3 | 325 m | 4 | 338 m | 5 | 350 m |

問題 1 と似ていますが，画素数に関する知識も問われている問題です。内容を整理して解くようにしましょう。

 解説

　写真に写る橋の実長 L を求める問題です。橋は写真上で，1250 画素分の長さで写っているということなので，1 画素分の長さ（素子寸法）に画素数を掛けることで，写真上の橋の長さ l が求まります。

　$12 \, \mu m = 12 \times 10^{-6} \, m$ として

　　　写真上の橋の長さ $l = 12 \times 10^{-6} \times 1250 = 15000 \times 10^{-6} = 0.015 \, m$

　撮影基準面は標高 100 m の位置になるので

　　　撮影高度 $H = 2500 \, m - 100 \, m$
　　　　　　　　　$= 2400 \, m$

　画面距離 $f = 12 \, cm = 0.12 \, m$ として，

式 (6・1) $\dfrac{l}{L} = \dfrac{f}{H}$ より，L を求める

式に変形すると

　　　$L = \dfrac{l \times H}{f}$

　上式にそれぞれの値を代入すると

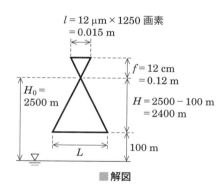

■ 解図

小数点を移動して式を整理
（⇨ 1.2.1 項「小数点の掛け算と割り算」）

　　　橋の実長 $L = \dfrac{0.015 \times 2400}{0.12} = \dfrac{1.5 \times 2400}{12} = \dfrac{150 \times 24}{12} = 150 \times 2 = \textbf{300 m}$

【解答】1

223

出題傾向

出題パターンとしては非常に多い問題です。何を求める問題かを見極めることが大切です。公式と併せて，図を描けるようになると問題が解きやすくなります。

問題 3 ☑☑☑

　画面の大きさが 23 cm × 23 cm，写真縮尺が撮影基準面で 1/20000 の空中写真フィルムを空中写真用スキャナで数値化した。数値化した空中写真のデータは，11500 画素 × 11500 画素であった。数値化した空中写真データ 1 画素の撮影基準面における寸法はいくらか。ただし，空中写真フィルムにひずみはなく，数値化工程でもひずみは生じないものとする。

1　1 cm　　2　4 cm　　3　10 cm　　4　25 cm　　5　40 cm

写真上での 1 画素における大きさを計算し，それを縮尺倍することで撮影基準面における寸法（地上画素寸法）を求めます。

解説

　写真上での 1 画素における大きさは

　　　23 cm ÷ 11500 画素 = 0.002 cm

となります。また，撮影基準面における寸法（地上画素寸法）は写真縮尺倍することで求まるので

　　　0.002 cm × 20000 = **40 cm**

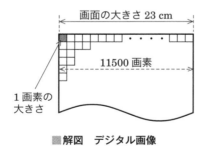

■解図　デジタル画像

Point

画素はデジタル画像における大きさを示す単位です。cm はアナログ写真の大きさの単位として用いています。

【解答】5

出題傾向

1 画素の大きさ（素子寸法）を求めてから地上画素寸法を求める問題です。問題 1 〜 3 のいずれかのパターンの問題が出題されています。

6.5 ▶ 撮影高度とひずみ

ここではひずみと撮影高度の式をマスターすることが重要です。6.4 節（地上画素寸法と撮影高度）と同様にクロス型相似の図を描くことがポイントです。

6.5.1　比高によるひずみ

　写真は中心投影のため、写っている対象物は写真の中心から放射状に広がるような形になります。空中写真でも撮影された建物は放射状に傾いて写っており、その傾きは中心から離れるにしたがって大きくなります。このように高さのある**対象物が傾いて写ることを比高によるひずみ**（又は像のずれ）と呼んでいます。このひずみ量を計測することで対象物の高さを求めることができます。

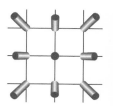

ひずんで写る
高層建築物

■図 6.16　比高によるひずみ

6.5.2　ひずみと撮影高度の式

　ひずみと撮影高度の関係を模式的に表すと、**図 6.17** のようになります。

　撮影高度 H、対象物の実際の高さ h、写真上での対象物のひずみ量 dr、写真の中心（主点）から対象物の先端（頂点）までの長さ r とすると次の関係式が成り立ちます。

$$\frac{h}{H} = \frac{dr}{r} \tag{6・4}$$

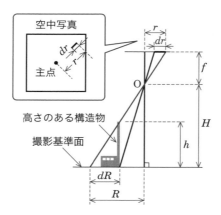

■図 6.17　ひずみと撮影高度の関係図

　問題を解くには式（6・4）を覚えておくだけで十分ですが，念のため，式の導き方を見ていきましょう。

＜式（6・4）の導き方＞

　図 **6.18** より，△Oam と△OAM が相似のため（☞1.4 節「相似比計算」）

$$f : H = r : R \rightarrow \frac{f}{H} = \frac{r}{R} \quad \cdots ①$$

△TAB と△OAM が相似のため

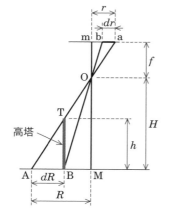

r	：写真中心（主点）から高塔の先端までの投影距離
dr	：写真上の高塔の像の長さ
R	：鉛直点から高塔先端までの地上における投影距離
dR	：高塔の位置から先端までの地上における投影距離
f	：画面距離（焦点距離）
H	：撮影高度
h	：構造物（高塔）の高さ
m	：写真の中心（主点）
M	：地上の鉛直点
O	：レンズの中心

■図 6.18

$$h : H = dR : R \quad \rightarrow \quad \frac{h}{H} = \frac{dR}{R} \quad \cdots ②$$

△Oab と △OAB が相似のため

$$f : H = dr : dR \quad \rightarrow \quad \frac{f}{H} = \frac{dr}{dR} \quad \cdots ③$$

式①と式③の左辺が同じなので

$$\frac{r}{R} = \frac{dr}{dR}$$

R を求める式に変形すると

$$R = \frac{dR \times r}{dr} \quad \cdots ④$$

式④を式②に代入すると

$$\frac{h}{H} = \frac{dR}{\left(\dfrac{dR \times r}{dr} \right)} \quad \longrightarrow \quad \frac{h}{H} = \frac{dR \times dr}{dR \times r}$$

すなわち

$$\frac{h}{H} = \frac{dr}{r} \tag{6·4}$$

このように，式 (6·4) を導くことができます。

問題 1　✓ ✓ ✓

　画面距離が 15 cm，画面の大きさが 23 cm × 23 cm の航空カメラを用いて，海抜 2200 m の高度から撮影した鉛直空中写真に，鉛直に立っている高さ 50 m の直線状の高塔が写っている。この高塔の先端は，鉛直点から 70.0 mm 離れた位置に写っており，高塔の像の長さは 2.0 mm であった。この高塔が立っている地表面の標高はいくらか。

　1　30 m　　2　400 m　　3　450 m　　4　750 m　　5　850 m

ひずみと撮影高度の式を用いて撮影高度を求め，海抜撮影高度から撮影高度を差し引くことで標高を求めることができます。図を描くことで，その関係はより理解しやすくなります。

解説 問題文を図にすると**解図**のようになります。

問題文中より

画面距離：$f = 15\ \mathrm{cm} = 0.15\ \mathrm{m}$

海抜撮影高度：$H_0 = 2200\ \mathrm{m}$

高塔の高さ：$h = 50\ \mathrm{m}$

主点から高塔の先端までの距離：$r = 70\ \mathrm{mm} = 0.07\ \mathrm{m}$

写真上の高塔の長さ：$dr = 2\ \mathrm{mm} = 0.002\ \mathrm{m}$

式（6·4）より，撮影高度 H を求める式に変形し，数値を代入すると

$$\frac{h}{H} = \frac{dr}{r} \implies H = \frac{r \times h}{dr} = \frac{0.07 \times 50}{0.002} = 1750\ \mathrm{m}$$

標高 x は海抜撮影高度 H_0 から撮影高度 H を差し引くことで求まるので

$$x = H_0 - H = 2200\ \mathrm{m} - 1750\ \mathrm{m} = \boldsymbol{450\ \mathrm{m}}$$

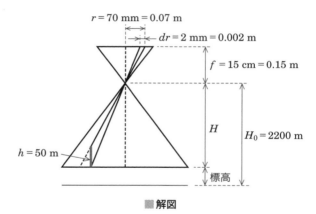

■解図

【解答】3

出題傾向

よく出題されるパターンの問題です。高さのある対象物が写っている場合は $\dfrac{h}{H} = \dfrac{dr}{r}$ の式を用いることになります。簡単に式を導くことができないので，覚えておきましょう。

問題 2 チャレンジ！ ☑☑☑

　画面距離 10 cm，撮像面での素子寸法 10 µm のデジタル航空カメラを用いて，対地高度 2000 m から平たんな土地について，鉛直下に向けて空中写真を撮影した。空中写真には，東西方向に並んだ同じ高さの二つの高塔 A，B が写っている。地理院地図上で計測した高塔 A，B 間の距離が 800 m，空中写真上で高塔 A，B の先端どうしの間にある画素数を 4200 画素とすると，この高塔の高さはいくらか。最も近いものを次の中から選べ。ただし，撮影コースは南北方向とする。また，高塔 A，B は鉛直方向にまっすぐに立ち，それらの先端の太さは考慮に入れないものとする。なお，関数の値が必要な場合は，巻末の関数表を使用すること。

　1　40 m　　2　53 m　　3　64 m　　4　84 m　　5　95 m

「撮影高度とひずみ」の問題ですが，公式を使いません。図を描いてから求める方法を考えてみましょう。

解説

設問の内容を図に示すと以下のようになります（**解図**）。

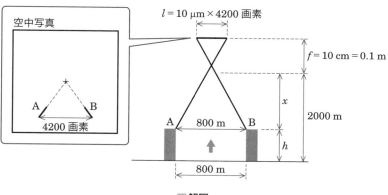

■解図

補足 📖

地図上で計測した距離が 800 m とありますが，地理院地図は WEB 地図であり，コンピュータ上で実際の距離を計測できますので，この数値は縮尺した長さではないことに注意してください。

　解図より，高塔の高さ *h* を求めるには，*x* の高さを計算すればよいことがわかります。また，高塔 A，B 間の実際の距離（800 m）は，高塔の先端の距離でもある

ので，x を求める際にクロス型相似として考えることができます。

　空中写真上の高塔 A，B の先端どうしの長さは，素子寸法 $10\ \mu\mathrm{m}$ の 4200 画素分の大きさになるので

$$10\ \mu\mathrm{m} \times 4200\ \text{画素} = 10 \times 10^{-6} \times 4200 = 0.00001 \times 4200 = 0.042\ \mathrm{m}$$

☞ 1.2.2 項「指数を含んだ計算」

　解図のクロス型相似から比で表すと

$$0.042 : 800 = 0.1 : x$$

☞ 1.4 節「相似比計算」

比の値で表すと

$$\frac{0.042}{800} = \frac{0.1}{x}$$

☞ 1.2.1 項「小数点の掛け算と割り算」

x を解く式に変形すると

$$x = \frac{800 \times 0.1}{0.042} = \frac{80}{0.042} = \frac{80000}{42} = 1905\ \mathrm{m}$$

　対地高度が $2000\ \mathrm{m}$ なので，x の高さ（$1905\ \mathrm{m}$）を差し引くことで高塔の高さ h を求めることができます。

$$高塔の高さ\ h = 2000 - 1905 = \mathbf{95\ m}$$

【解答】5

出題傾向

パターンとして多くないので，初見では解きにくい問題です。今後も少し傾向の異なる問題が出題されることはあると思いますが，図を描くことで解き方が見えてくると思います。

6.6 ▶ オーバーラップと撮影基線長

撮影高度と写真縮尺の関係と同様に出題頻度の高い計算問題です。オーバーラップと主点基線長の関係を整理できれば，容易に計算することができます。

6.6.1　オーバーラップとサイドラップ

　空中写真では，同じ場所を重複させながら撮影することで，ステレオモデルを構築したり地形図を作成することができます。隣接する 2 枚の写真の重複している割合を**重複度**といい，飛行方向（飛行コース）の重複度を**オーバーラップ**（記号：p），飛行コース間の重複度を**サイドラップ**（記号：q）といいます。準則では**オーバーラップは 60%**，サイドラップは 30% を標準としています。

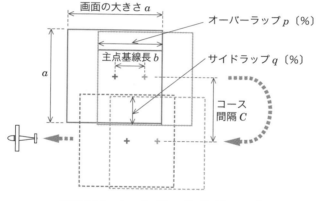

画面の大きさ a
オーバーラップ p〔%〕
主点基線長 b
サイドラップ q〔%〕
a
コース間隔 C

■**図 6.19　オーバーラップとサイドラップ**

6.6.2　主点基線長と撮影基線長

　空中写真の中心となる点を**主点**といいます。飛行方向に隣接する 2 枚の写真の主点間の長さを**主点基線長**（記号：b）といい，主点基線長を写真縮尺倍した地上における長さを**撮影基線長**（記号：B）といいます。

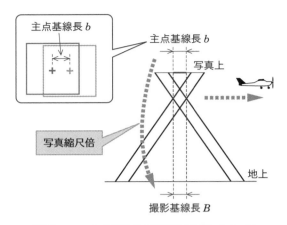

■図 6.20　主点基線長と撮影基線長のイメージ

主点基線長とオーバーラップ

（1）主点基線長の計算

　図 6.21 のように，主点基線長は主点間の長さであるとともに，**隣接する写真の移動量**といえます。一方で，オーバーラップは写真の重なる割合（％）を示しています。

　例えば，オーバーラップを 60％，飛行方向の写真の大きさ（画面の大きさ）を a としたとき，オーバーラップとして重なっている部分の長さは $0.6a$ となります。

　主点基線長 b はオーバーラップしていない箇所の長さを示していることになるので

$$b = (1-0.6)a \qquad (6\cdot5)$$

　つまり，主点基線長 b は

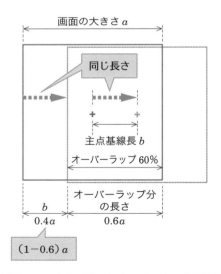

■図 6.21　主点基線長とオーバーラップの関係

$$b = 0.4a$$

で求めることができます。（※オーバーラップ60％の場合）

式（6・5）より，オーバーラップが未知数のとき，オーバーラップを p〔％〕とすると，次式が成り立ちます。

$$b = \left(1 - \frac{p}{100} \right) a \qquad (6 \cdot 6)$$

b：主点基線長，p：オーバーラップ〔％〕，a：画面の大きさ

（2）撮影基線長の計算

撮影基線長 B は主点基線長 b の縮尺倍となるので，写真縮尺分母を m としたとき，次式が成り立ちます。

$$B = m \times b \qquad (6 \cdot 7)$$

$$= m \left(1 - \frac{p}{100} \right) a \qquad (6 \cdot 8)$$

（3）コース間隔の計算

飛行方向に隣接する写真間隔を主点基線長と呼ぶように，隣接するコースでの主点間の長さを**コース間隔**といいます。

コース間隔 C は次式で求めることができます。

$$C = m \left(1 - \frac{q}{100} \right) a \qquad (6 \cdot 9)$$

m：写真縮尺分母，q：サイドラップ，
a：画面の大きさ（コース間方向の写真の大きさ）

> **補足** 📖
> 撮影基線長を求める式（6・6）と似ていますが，コース間での距離を求めているため，サイドラップ q を用いているところが異なります。

6.6.4 撮影基線長とシャッター間隔

撮影基線長は飛行方向に隣接する2枚の写真の主点間長さ（主点基線長）を縮尺倍したものであり，つまり，飛行中のカメラのシャッター間隔（時間）に移動した距離です。

シャッター間隔（時間）を t，航空機の飛行速度を v としたときの撮影基線長（距離）B は次式で求めます。

$$B = t \times v \qquad (6 \cdot 10)$$

> **補足** 📖
> 距離＝時間×速さ

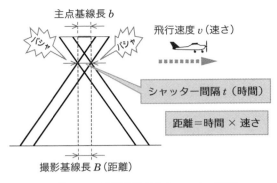

■図 6.22　撮影基線長とシャッター間隔

問題 1　　　　　　　　　　　　　　　　　　　　　✓✓✓

　画面距離 10 cm，画面の大きさ 26000 画素×15000 画素，撮像面での素子寸法 4 μm のデジタル航空カメラを用いて，海面からの撮影高度 3000 m で標高 0 m の平たんな地域の鉛直空中写真を撮影した。撮影基準面の標高を 0 m，撮影基線方向の隣接空中写真間の重複度を 60％とするとき，撮影基線長はいくらか。ただし，画面短辺が撮影基線と平行とする。なお，関数の値が必要な場合は，巻末の関数表を使用すること。

　　1　720 m　　　2　1080 m　　　3　1250 m　　　4　1800 m　　　5　1870 m

 撮影基線長 B は主点基線長 b の写真縮尺 m 倍となるので，まずは，重複度（オーバーラップ）と画面サイズから主点基線長を求めます。

 （1）主点基線長 b の計算
　　オーバーラップ 60％＝0.6，画面の大きさ＝$4×10^{-6}\,\text{m}×15000\,\text{画素}$，式（6・5）より

$$b=(1-0.6)×0.000004×15000$$
$$=0.024\,\text{m}$$

> 画面の大きさは画素数分のサイズとなり，画素数は文中より画面短辺が撮影基線（オーバーラップ側）となります

（2）写真縮尺 m の計算
　　画面距離 $f=10\,\text{cm}=0.1\,\text{m}$，撮影高度 $H=3000\,\text{m}$
　　式（6・3）より，写真縮尺 m は

$$\frac{1}{m}=\frac{f}{H} \implies m=\frac{H}{f}=\frac{3000}{0.1}=30000$$

> 海面からの撮影高度ですが，標高が 0 m なので，撮影高度 H＝海抜撮影高度 H_0

234

（3）撮影基線長 B の計算

$$撮影基線長 B = 主点基線長 b × 写真縮尺 m$$
$$= \boxed{0.024 × 30000} = \boxed{24 × 30}$$
$$= \boxed{720\ \mathrm{m}}$$

小数点を移動（ ☞ 1.2.1 項「小数点の掛け算と割り算」）

【解答】1

出題傾向

撮影基線長を求める基本的な問題です。よく出題されるパターンなので，解けるようにしてください。

問題 2 ☑ ☑ ☑

　空中写真測量において，同一コース内での隣接写真との重複度（オーバーラップ）を 80％ として平たんな土地を撮影したとき，1 枚おき（例えばコースの 2 枚目と 4 枚目）の写真の重複度は何％となるか。なお，関数の値が必要な場合は，巻末の関数表を使用すること。

1　36％　　2　40％　　3　50％　　4　60％　　5　64％

 図にするとイメージがしやすくなります。

 解説

　写真の 1 辺の長さを 100 として，問題の状況を図にします（**解図**）。

　オーバーラップを 80％ としたとき，重複していない長さは 20 となります。

　次の写真の長さも 20 となることから，1 枚おいた場合（2 枚目と 4 枚目）の重複幅は次の式で求めることができます。

$$100 - 20 - 20 = 60\%$$

【解答】4

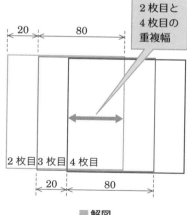

■ 解図

出題傾向

過去に出題の多い問題ではありませんが，オーバーラップと主点基線長の関係を押さえるようにしておきましょう。

問題 3 ☑ ☑ ☑

　画面の大きさ 23 cm × 23 cm のフィルム航空カメラを用いて，撮影縮尺 1/8000,
航空機の対地速度 200 km/h，隣接空中写真間の重複度 60% で平たんな土地の鉛
直空中写真を撮影した。このときのシャッター間隔はいくらか。ただし，航空機は
風などの影響を受けず，一定の対地速度で飛行するものとする。

　1 6 秒　　**2** 13 秒　　**3** 19 秒　　**4** 24 秒　　**5** 36 秒

　撮影基線長は，オーバーラップからだけでなく，時間と速さの関係からも求
めることができます。

解説

　画面の大きさ：$a = 23$ cm $= 0.23$ m

　撮影縮尺：$1/m = 1/8000$

> km/h を m/s に換算
> (⇨ 1.3.3 項「時速⇔秒速」)

　航空機の対地速度：$v = 200$ km/h $= 55.6$ m/s

　隣接空中写真間の重複度（オーバーラップ）：$p = 60\%$

　撮影基線長 B は主点基線長 b を写真縮尺 m 倍するので，オーバーラップ 60% の
ときの主点基線長 b は，式（6・5）より

$$b = (1 - 0.6)a = (1 - 0.6) \times 0.23 = 0.092 \text{ m}$$

　撮影基線長 B は式（6・7）より

$$B = m \times b = 8000 \times 0.092 = 736 \text{ m}$$

　撮影基線長 B は飛行中，シャッター間隔に進んだ距離になるので，時間と速さ
と距離の関係から，時間 t：シャッター間隔，速さ v：対地速度，距離 B：撮影基
線長として，式（6・10）をシャッター間隔 t を求める式に変形し，数値を代入しま
す。

$$B = t \times v \quad \Longrightarrow \quad t = \frac{B}{v} = \frac{736}{55.6} = 13.24 \fallingdotseq 13 \text{ s}$$

　よって，最も近い値は選択肢 **2** の **13 秒** となります。

【解答】 2

出題傾向

撮影基線長をシャッター時間と航空機の速度から求める問題です。過去の出題はさ
ほど多くありませんが，時速と秒速の単位換算や速度と時間と距離の関係を整理し
ておきましょう。

6.7 ▶ 空中写真判読

空中写真判読の出題頻度は少なくなりましたが，簡単に解ける問題なので，判読のポイントを押さえておきましょう。

6.7.1 空中写真判読とは

　空中写真判読とは，空中写真に写し込まれた地上の情報について，その形や色，陰影などを手がかりに判読していくことであり，地形図作成はもちろんのこと，科学的な調査にも用いられます。

6.7.2 判読のポイント

　地物の判読は，その対象物により難易度はさまざまですが，測量士補試験を解くうえでは，表 6.1 の判読のポイントを押さえておきましょう。

■表 6.1　判読のポイント

対象	判読のポイント
学校	同じ敷地内に L や I，コの字型の大きな建物及びグラウンド，プール，体育館の有無
鉄道	交差点の有無，緩いカーブ，直線の長さ
道路	交差点の有無，カーブの多さ，通行車両の有無
橋	地形と道路，鉄道，河川などの位置関係
住宅地	特殊な形状，ほぼ定まった形状の密集
送電線	適度な間隔（ほぼ等間隔），高塔が線状に並ぶ
針葉樹	階調が暗い（黒色），とがった樹冠，円錐形
広葉樹	階調が明るい（灰色），樹冠が丸い，樹冠表面の凹凸
竹林	階調が明るい（淡灰色），ヘイズ（ちり）のかかったきめ，とがった樹頂
果樹園	土地の形状（扇状地や耕地など），規則正しい配列の樹冠
茶畑	土地の形状（台地や丘陵の緩斜面など），細長い筋状に並ぶ列
田	土地の形状（平たん，長方形など），一様なきめ，連続性，耕地と耕地の間にあぜ
畑	耕地の一面ごとの異なる階調，あぜがない
牧草地	きめの細かい植生，色むらがない，あぜがない，サイロや厩舎などの構造物，柵の有無

6章

表 6.1 の判読ポイントは主に白黒（パンクロマティック）写真の代表例になります。これまでの出題は白黒写真がほとんどでしたが，最近はカラー写真の判読も出題されています。その場合，色調の表現は灰色などではなく，緑色など実際の色の表現となります。ただし，判読ポイントについては，ほとんど同じです。

6.7.3　空中写真の判読例

写真判読の代表的なものを以下に示します。**鉄道と道路，広葉樹と針葉樹**はよく比較されますので注意しておいてください。

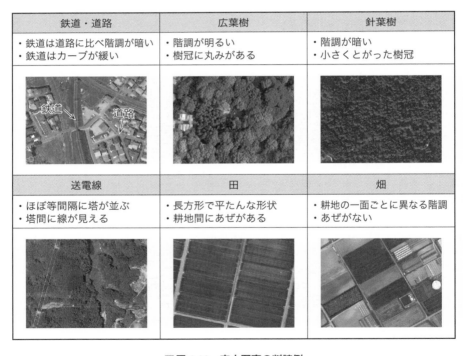

鉄道・道路	広葉樹	針葉樹
・鉄道は道路に比べ階調が暗い ・鉄道はカーブが緩い	・階調が明るい ・樹冠に丸みがある	・階調が暗い ・小さくとがった樹冠

送電線	田	畑
・ほぼ等間隔に塔が並ぶ ・塔間に線が見える	・長方形で平たんな形状 ・耕地間にあぜがある	・耕地の一面ごとに異なる階調 ・あぜがない

■図 6.23　空中写真の判読例

学　校	茶　畑	果樹園
・LやI，コの字型の建物 ・運動場やプール，体育館がある	・細長い筋状に並ぶ列	・規則正しい配列の樹冠
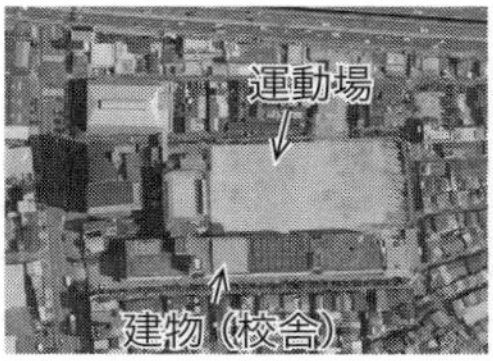 運動場 ↓ ↓ 建物（校舎）		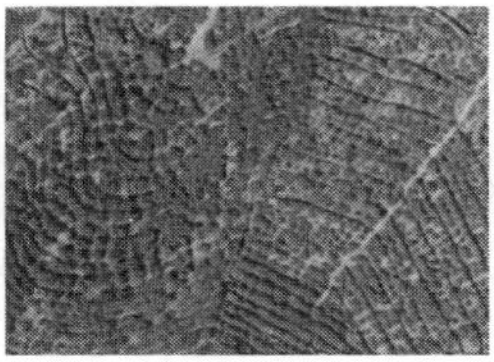

※階調：写真の明るさの度合い，樹冠：樹木の葉が茂っている部分

■ **図 6.23　空中写真の判読例（つづき）**

問題 1　　　　　　　　　　　　　　　　　　☑ ☑ ☑

　次の文は，夏季に航空カメラで撮影した空中写真の判読結果について述べたものである。明らかに間違っているものはどれか。

1　道路に比べて直線又は緩やかなカーブを描いており，淡い褐色を示していたので，鉄道と判読した。

2　山間の植生で，比較的明るい緑色で，樹冠が丸く，それぞれの樹木の輪郭が不明瞭だったので，針葉樹と判読した。

3　水田地帯に，適度の間隔をおいて，高い塔が直線状に並んでおり，塔の間をつなぐ線が見られたので，送電線と判読した。

4　丘陵地で，林に囲まれた長細い形状の緑地がいくつも隣接して並んでいたので，ゴルフ場と判読した。

5　耕地の中に，緑色の細長い筋状に並んでいる列が何本も見られたので，茶畑と判読した。

写真判読の問題パターンはこのような感じです。言葉のイメージだけでも解けなくもありませんが，いくつかの特徴を整理しておきましょう。

1　○　鉄道と道路はともに線状構造物のため，よく比較されます。鉄道は直線が長く，カーブも緩やかであることが大きなポイントです。

2　×　山間の植生でよく比較されるものが広葉樹と針葉樹です。**樹冠が丸く，比較的明るい階調をしているのは広葉樹**です。

3　○　送電線の特徴は，高塔がほぼ等間隔に線状に並んでいることです。

4　○　林や長細い形状の緑地（グリーン）といったゴルフ場のコースを思い浮かべて判断してください。

5　○　茶畑の特徴は，台地や丘陵の緩斜面に細長い筋状に並ぶ列が見られることです。

【解答】2

問題 2　✓✓✓

表は，夏季に撮影した縮尺 1/10000 空中写真（パンクロマティック）の判読理由と判断結果について示したものである。判読結果が明らかに誤っているものはどれか。

	判読理由	判読結果
1	同じ敷地内に L 型の大きな建物と，グラウンド，プールなどの施設があった	学校
2	扇状地の上に，規則正しい配列を示す樹冠がみられた	果樹園
3	谷筋にあり，階調が暗く，とがった樹冠がみられた	針葉樹林
4	一面ごとに異なった模様の耕地があり，耕地と耕地の間にあぜがなかった	牧草地
5	一面一面平たんで，一様なきめの耕地が連続して広がり，耕地と耕地の間にはあぜがあった	田

4　×　牧草地の特徴は，きめの細かい植生，色むらがない，あぜがない，サイロや厩舎などの構造物，柵の有無などです。あぜがなく一面ごとに異なった模様（階調）の耕地があるのは畑です。

【解答】4

出題傾向

写真判読の問題は，ほとんどが問題 1 や問題 2 のようなパターンです。特に広葉樹と針葉樹の判読についてはよく出題されています。

6.8 ▶ 航空レーザ測量

近年，航空レーザ測量の出題頻度は非常に高くなっています。作業工程の中で出てくる用語などの概略をつかんでおきましょう。また，令和5年の準則改正では「航空レーザ測深測量」も追加されましたので，その特徴も覚えましょう。

6.8.1　航空レーザ測量の作業工程

　航空レーザ測量とは，航空レーザ測量システム（GNSS/IMU装置，レーザ測距装置及び解析ソフトウェアから構成）を用いて，地形・地物等を計測し，格子状の標高データであるグリッドデータ等の三次元点群データファイルを作成する作業をいいます。**図6.24**が航空レーザ測量の作業工程になります。

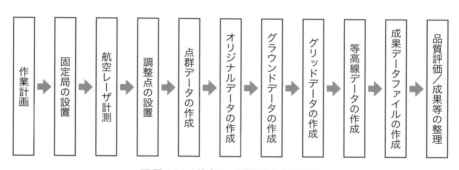

作業計画 → 固定局の設置 → 航空レーザ計測 → 調整点の設置 → 点群データの作成 → オリジナルデータの作成 → グラウンドデータの作成 → グリッドデータの作成 → 等高線データの作成 → 成果データファイルの作成 → 品質評価／成果等の整理

■**図6.24　航空レーザ測量の作業工程**

（1）航空レーザ計測

　GNSS/IMU装置，レーザ測距装置を用いて計測し，同時に航空レーザ用数値写真の撮影も行います。GNSS/IMU装置とは，GNSSの衛星測位システムと慣性計測装置（IMU：Inertial Measurement Unit）を組み合わせたものであり，GNSSで位置情報を，IMUで航空機の傾きと加速度を計測しています（**図6.25**）。

　レーザ測距装置は三次元レーザスキャニングができる装置であり，地上に向かってレーザ光（主に近赤外波長）を照射し，反射されるレーザ光の時間差によりデータを取得します。反射されるレーザをレーザ反射パルスといい，ファーストパルス（最初に返ってきたパルス）及びラストパルス（最後に返ってきたパル

241

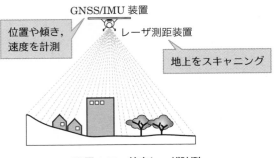

■図 6.25　航空レーザ計測

ス）の **2 パルス以上の計測**を必要としています。

　航空レーザ用数値写真は，作業工程における**フィルタリング及び点検**に用いられます。

(2) 点群データの作成

　点群データとは，航空レーザ計測により取得されたデータを統合解析したものになります。ここではノイズなどによるエラーデータを取り除き，点群データの欠測の割合（欠測率）を計算し，データの点検を行います。

① エラーデータ

　計測されるエラーデータとしては次のようなものがあります（**図 6.26**）。

　・雲や水蒸気に反射した極端に標高が高いデータ

　・高層建築物の壁に当たるなど**複数回反射**して取
　　得された，地形より低いデータ

　・海や河川などの水部

② 水部ポリゴンデータの作成

　航空レーザ用数値写真から正射変換により作成された写真地図を用いて，海や河川，池などの水部の範囲を特定し，水部ポリゴンデータを作成します。

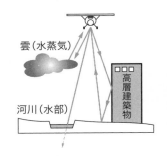

■図 6.26　航空レーザ測量
のエラーデータ

これは，航空レーザ測量で用いる近赤外レーザが水面に吸収されてしまう一方で，波や汚濁には反射するなど，データにばらつきが生じやすいためで，水面に一定の標高を与えて水部の面データを作成しています。

③ 欠測率

・「欠測」とは，点群データを格子間隔で区切り，**1つの格子内に点群データがない場合（水部は含まない）**をいう。

・計算は，国土基本図の図郭ごとに行い，欠測率は，欠測率調査票に整理するものとする。

・欠測率は，**格子間隔が1mを超える場合は10％以下**，**1m以下の場合は15％以下**を標準とする。

《欠測率計算の考え方》

欠測率は，対象面積に対する欠測の割合を示すもので，次の計算式で求めます。

$$欠測率 = \frac{欠測格子数}{格子数} \times 100 \,〔\%〕 \tag{6·11}$$

(計算例)
全体の格子数30（縦5×横6）の範囲

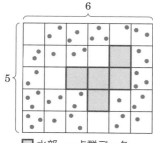

水部の格子数5
欠測格子数4

格子数は全体の格子数から水部の格子数を差し引く

格子数 = 30 - 5 = 25

□ 水部　● 点群データ

$$欠測率 = \frac{欠測格子数}{格子数} \times 100 = \frac{4}{25} \times 100 = 16\%$$

■ 図6.27　欠測率の計算例

補足 📖

最近は測量士補試験でも欠測率の計算問題が出題されていますので，その考え方を覚えておきましょう。

(3) オリジナルデータ

点群データの点検・調整を行い，精度検証して作成された三次元点群データをオリジナルデータといいます。オリジナルデータは建物や樹木の高さを含んだDSM（数値表層モデル）です。

6章

(4) グラウンドデータ

オリジナルデータから**表 6.2**のような建物や樹木などの反射データをフィルタリング処理（**図 6.28**）により取り除き，地表面のみの点群データにしたものをグラウンドデータ（DEM：数値標高モデル）といいます。

グラウンドデータは，作業地域の外周を格子間隔の 10 倍以上の距離を延伸した範囲について作成するものとしています。

■ **表 6.2　フィルタリング処理対象項目**

交通施設	道路	道路橋，高架橋，信号灯，道路情報板など
	鉄道	鉄道橋，高架橋，プラットホームなど
	移動体	駐車車両，鉄道車両，船舶など
建物及び付属施設		一般住宅，工場，倉庫，公共施設，駅舎など
小物体		鳥居，煙突，高塔，送電線，電波塔，貯水槽など
水部に関する構造物		浮桟橋，水位観測施設，河川表示板など
植生		樹木，竹林，生垣など
その他		大規模工事中の地域，資材置場の材料など

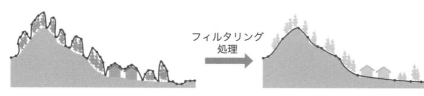

（a）オリジナルデータ（DSM）　　　　（b）グラウンドデータ（DEM）

■ **図 6.28　フィルタリング処理**

(5) グリッドデータ

グラウンドデータでは標高値のデータがランダムに分布しており，配点密度にばらつきがあります。そこで，グラウンドデータから**内挿補間**（TIN，最近隣法など）により，縦横に定められた間隔（**格子状**）に並べられたグリッドデータ（**DTM：数値地形モデル**）を作成します。

┌─ **注意** ⚠ DEM と DTM ─────────────────────────────
DEM（数値標高モデル）と DTM（数値地形モデル）はどちらも建物や樹木などを取り除
いた地形を表したデジタル三次元モデルのことです。ここではグラウンドデータを DEM,
グリッドデータを DTM としましたが，同義語として扱われる場合があり，国土地理院にお
いても特に規定していません。測量士補試験においても両方の用語が出てきますが，差異は
ないものとして解釈して構いません。ただし，建物や樹木などの高さを含んだ DSM（数値
表層モデル）とは異なりますので注意してください。
└──

6.8.2 航空レーザ測深測量

　航空レーザ測深測量とは，航空レーザ測深システムを用いて，河川等の水域及
びその周辺の陸域の地形，地物等を計測し，三次元点群データを計測する測量を
いいます。航空レーザ測量は近赤外レーザを用いているのに対し，航空レーザ測
深測量は水中を透過しやすい緑波長のレーザ光を用いることにより，水底地形の
計測を可能としています。海域及び河川において，広範囲の面的な地形データを
得ることができるメリットがある一方で，レーザ測深の精度には水質が大きく影
響するデメリットがあることから，透明度や濁度を事前に調査しておく必要があ
ります。

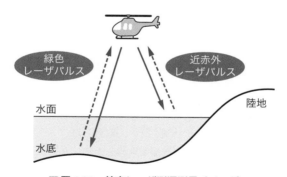

■図 6.29　航空レーザ測深測量イメージ

┌─ **補足** 📖 ─
航空レーザ測深測量は，令和 5 年の準則改正より追加されました。今後の出題が予想され
ますので，その特徴をつかんでおきましょう。
└ ─

問題 1

　次のa～dの文は，公共測量における航空レーザ測量及び数値地形モデル（以下「DTM」という）について述べたものである。　ア　～　エ　に入る語句の組合せとして最も適当なものはどれか。ただし，DTMは，等間隔の格子点上の標高を表したデータとする。

a. 航空レーザ測量は，レーザ測距装置，　ア　，デジタルカメラなどを搭載した航空機から航空レーザ計測を行い，取得したデータを解析して地表面の標高を求める。

b. 航空レーザ計測で取得したデータには，地表面だけでなく構造物，植生で反射したデータが含まれていることから，　イ　を行うことにより，地表面だけの標高データを作成する。

c. 　イ　を行うことにより作成した地表面だけの標高データは，ランダムな位置の標高を表したデータであるため，利用しやすいよう　ウ　によりDTMに変換することが多い。

d. DTMは，格子間隔が　エ　なるほど詳細な地形を表現できる。

	ア	イ	ウ	エ
1	GNSS/IMU 装置	フィルタリング	内挿補間	小さく
2	GNSS/IMU 装置	フィルタリング	ブロック調整	大きく
3	GNSS/IMU 装置	リサンプリング	内挿補間	大きく
4	トータルステーション	リサンプリング	ブロック調整	大きく
5	トータルステーション	フィルタリング	内挿補間	小さく

　航空レーザ測量の特徴をつかんでおきましょう。文章をよく読み，選択肢の語句を当てはめながら解答していきましょう。

解説　航空レーザ測量は，レーザ測距装置，**GNSS/IMU 装置**，デジタルカメラなどを搭載した航空機から航空レーザ計測を行い，取得したデータを解析して地表面の標高を求めるものです。航空レーザ計測で取得したデータには，地表面だけでなく構造物や植生で反射したデータが含まれていることから，これらを取り除く，**フィルタリング処理**を行うことにより，地表面だけの標高データを作成します。フィルタリング処理して作成した地表面の標高データは，ランダムな位置のデータであるため，利用しやすいよう，**内挿補間**により格子状に均等配分されたDTMに変換します。DTMは，格子間隔が**小さく**なるほど詳細な地形を表現できます。

【解答】 1

航空レーザ測量全般の知識を問う問題です。今後も出題される可能性が高いので，しっかり覚えておきましょう。

問題 2

　次の文は，公共測量における航空レーザ測量について述べたものである。明らかに間違っているものはどれか。

1　航空レーザ測量は，レーザを利用して高さのデータを取得する。

2　航空レーザ測量は，雲の影響を受けずにデータを取得できる。

3　航空レーザ装置は，GNSS 測量機，IMU，レーザ測距装置等により構成されている。

4　航空レーザ測量で作成した数値地形モデル（DTM）から，等高線データを発生させることができる。

5　航空レーザ測量は，フィルタリング及び点検のための航空レーザ用数値写真を同時期に撮影する。

1　○　航空レーザ測量はレーザパルスを照射し，地表面や地物で反射して戻ってきたレーザパルスを解析し，高さデータを取得します。

2　×　レーザパルスは雲の影響を受けやすく，データエラーを生じやすい原因の一つです。このほか，降雨，降雪，濃霧などにも影響を受けます。

3　○　航空レーザ測量の構成装置は，位置情報を取得する GNSS，航空機の傾きやスピードを記録する IMU，地表面の三次元レーザスキャンを行うレーザ測距装置です。また，空中写真の撮影を行うカメラや，取得したデータを統合・解析する装置も構成装置に含まれます。

4　○　航空レーザ測量で取得した三次元計測データは，エラーデータを取り除いてオリジナルデータ（DSM：数値表層モデル）を作成し，そこから樹木や構造物などのデータを取り除いたグラウンドデータ（DEM：数値標高モデル）を作成します。グラウンドデータの標高点は場所によりばらつきがあるので，内挿補間により格子状に並べ替えられたグリッドデータ（DTM：数値地形データ）を作成します。地表面のみのデータであるグラウンドデータやグリッドデータからは，コンピュータの自動生成機能により等高線データを作成することができます。

6章

5 ○ 航空レーザ測量ではレーザ照射と同時期に航空レーザ用数値写真を撮影します。この写真を正射変換することで写真地図を作成し，フィルタリング対象物の選定や点検などに用いられます。

【解答】2

注意 ⚠️
よく出題されている内容であり，航空レーザ測量は雲の影響を受けます。天候の影響を受けない GNSS 測量とは異なりますので，注意してください。

問題 3 ✓✓✓

　公共測量における航空レーザ測量において，格子状の標高データである数値標高モデルを格子間隔 1 m で作成する計画に基づき航空レーザ計測を行い，三次元計測データを作成した。図は得られた三次元計測データの一部範囲の分布を示したものである。この範囲における欠測率はいくらか。最も近いものを次の中から選べ。なお，関数の値が必要な場合は，巻末の関数表を使用すること。

凡例
● 三次元計測データ
▢ 水部

1　7%　　2　9%　　3　17%　　4　24%　　5　29%

 欠測率の計算です。水部の格子数は含まないので注意しましょう。

 欠測率は水部を除いた格子数に対する欠測格子数の割合です。
問題の図から範囲全体の格子数は縦 6，横 9 なので

　　　全体の格子数 = 6 × 9 = 54

水部の格子数と欠測格子数を数えます（**解図**）。

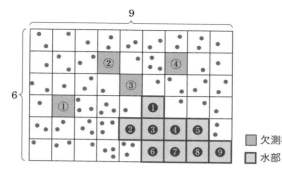

■解図

水部の格子数（❶～❾）＝9

欠測格子数（①～④）＝4

欠測率の計算に水部は除くので，格子数は全体の格子数から水部の格子数を差し引きます。

格子数＝全体の格子数－水部の格子数

＝54－9＝45

欠測率は式（6・11）で求めます。

$$欠測率＝\frac{欠測格子数}{格子数}×100$$

$$＝\frac{4}{45}×100＝8.88\cdots≒9\%$$

【解答】2

出題傾向

測量士補試験においても欠測率の計算問題が出題されるようになりました。今後も出題されることが予想されますので，解けるようにしておきましょう。

6.9 ▶ 車載写真レーザ測量

新しく準則に追加されて以降，車載写真レーザの問題は頻出しています。今後も多く出題されることが予想されますので，特徴を理解しておきましょう。

6.9.1　車載写真レーザ測量

　車載写真レーザ測量とは，車両に**自車位置姿勢データ取得装置**（GNSS/IMU装置など）**及び数値図化用データ取得装置**（レーザ測距装置，カメラなど）を搭載した計測・解析システム（車載写真レーザ測量システム※）を用いて，道路及びその周辺の地形・地物を測定し，取得したデータから数値地形図データを作成する作業をいいます。**地図情報レベルは，500 及び 1000** を標準としています。

補足 📖
※モービルマッピングシステム（MMS：Mobile Mapping System）ともいいます。

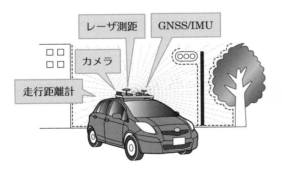

■図 6.30　車載写真レーザ測量

■図 6.31　三次元点群データ
写真提供：株式会社 CSS 技術開発

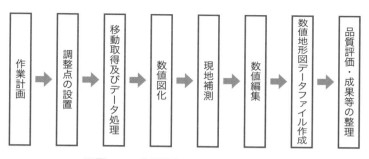

■ 図 6.32　車載写真レーザ測量の作業工程

6.9.2　車載写真レーザ測量の特徴

・車両に搭載した GNSS/IMU 装置やレーザ測距装置，計測用カメラなどを用いて，道路上を走行しながら効率的に高精度な三次元計測を行う。

・航空レーザ測量で計測が困難な道路沿いの地形・地物を計測することができる。ただし，車両からの視通ができない場所は計測できない。

・解析や調整処理に必要な基準点として調整点を設置する。調整点は，走行区間の路線長や状況に応じて 2 点以上設置する。

・調整点は，GNSS 衛星の受信が困難な箇所，カーブや右左折等の進路変動箇所，取得区間の開始点と終点に設置する。

・調整点の設置により，GNSS 衛星の受信が困難な場所（上空視界が確保できない箇所）でも計測が可能。

問題 1　☑☑☑

　次の文は，車載写真レーザ測量について述べたものである。　ア　～　エ　に入る語句の組合せとして最も適当なものはどれか。

　車載写真レーザ測量とは，計測車両に搭載した　ア　と　イ　を用いて道路上を走行しながら三次元計測を行い，取得したデータから数値地形図データを作成する作業であり，空中写真測量と比較して　ウ　な数値地形図データの作成に適している。ただし，車載写真レーザ測量では　エ　の確保ができない場所の計測は行うことができない。

	ア	イ	ウ	エ
1	レーザ測距装置	GNSS/IMU装置	高精度	計測車両から視通
2	レーザ測距装置	高度計	高精度	計測車両の上空視界
3	レーザ測距装置	GNSS/IMU装置	広範囲	計測車両の上空視界
4	トータルステーション	GNSS/IMU装置	広範囲	計測車両から視通
5	トータルステーション	高度計	高精度	計測車両の上空視界

車載写真レーザ測量の概要です。内容は基本的事項になるので，過去問題を解きながら覚えるようにしましょう。

解説　車載写真レーザ測量は，車両に搭載されたレーザ測距装置やカメラなどからなる数値図化用取得装置と GNSS/IMU 装置や走行距離計からなる自車位置姿勢データ装置を用いて道路上を走行しながら三次元計測を行います。

　レーザ測距装置により三次元データを直接取得することになるので，空中写真測量よりも高精度な数値地形図データを作成することが可能です。ただし，車両を走行させながらの計測となるので，計測車両からの視通の確保できない場所は計測することができません。

【解答】　1

問題 2　✓✓✓

　次の文は，公共測量における車載写真レーザ測量（移動計測車両による測量）について述べたものである。明らかに間違っているものはどれか。

1　車両に搭載した GNSS/IMU 装置やレーザ測距装置，計測用カメラなどを用いて，主として道路及びその周辺の地形や地物などのデータ取得をする技術である。

2　航空レーザ測量では計測が困難である電柱やガードレールなど，道路と垂直に設置されている地物のデータ取得に適している。

3　トンネル内など上空視界の不良な箇所における数値地形図データ作成も可能である。

> 4 道路及びその周辺の地図情報レベル 500 や 1000 などの数値地形図データを
> 作成する場合，トータルステーションなどを用いた現地測量に比べて，広範囲
> を短時間でデータ取得できる。
> 5 地図情報レベル 1000 の数値地形図データ作成には，地図情報レベル 500 の
> 数値地形図データ作成と比較して，より詳細な計測データが必要である。

1 ○ 車載写真レーザ測量では GNSS/IMU 装置と走行距離計で位置情報を，
レーザ測距装置と計測用カメラで図化用の地形図データを取得します。

2 ○ 車載写真レーザ測量は車両からの計測となるので，道路沿いの地形・地物
の計測を得意とします。各種の測量技術を合わせて用いることで補完するこ
とになり，高精度な測量を効率よく行うことができます。

3 ○ 車載写真レーザ測量の位置は，基本的には GNSS 測量機により取得します
が，トンネル内などの受信が困難な場所（上空視界が不良な箇所）において
は，調整点を設置することにより，計測を可能としています。

4 ○ 車載写真レーザ測量で作成する地図情報レベルは 500 又は 1000 を標準と
しています。走行しながらレーザやカメラでデータ取得を行うので，トータ
ルステーションなどの人が行う現地測量に比べて，広範囲を短時間でデータ
取得することができます。

5 × 地図情報レベルは地理情報の精度を表します。数字は以前の紙地図の縮尺
分母を表します。「数字が小さい」＝「精度が高い」となります。よって，地
図情報レベル 1000 と 500 では，500 の方がより詳細な計測データを必要と
します。

【解答】5

出題傾向

ここ数年で車載写真レーザ測量の問題がいくつか出題されました。その傾向として
は，GNSS を受信できなくても計測が可能というところがポイントになります。

6
章

6.10 ▶ UAV による測量

UAV（Unmanned Aerial Vehicle）は無人航空機のことであり，通称ドローンと呼ばれています。UAVによる測量が準則に加わって以降，身近な機器でもあることから頻出問題となっています。飛行ルールを中心に測量方法を理解しておきましょう。

6.10.1　UAV による測量

　UAVによる測量（**図6.33**）は，最近の準則改正で順次追加されてきました。その方法は **UAV写真測量，UAV写真点群測量，UAVレーザ測量**があります。UAV写真測量は，数値地形図データを作成する測量に分類されますが，UAV写真点群測量とUAVレーザ測量は三次元点群データを作成する測量に分類されます。機器を扱う上でのルールは変わり

■図6.33　UAVによる測量

ませんが，作業工程や留意事項で異なる部分がありますので，その違いを理解しておきましょう。

6.10.2　UAV 写真測量

　UAV写真測量は，UAVにより地形・地物を撮影して数値地形図データを作成します。**地図情報レベルは250及び500を標準**としています。航空機による写真測量に比べ，低空で飛行ができることから，狭い範囲での詳細なデータ取得に適しています。UAV写真測量の作業工程を**図6.34**に示します。

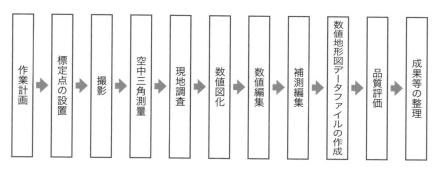

■図 6.34　UAV 写真測量の作業工程

6.10.3　UAV 写真点群測量

　UAV 写真点群測量は，UAV で撮影した**空中写真から三次元点群データを作成**し，地形の形状を表現したデータから，各種工事のための測量や，土量計算，縦横断面図の作成等を行います（**図 6.35**）。ここで作成される**三次元点群**とは，地形にかかわる情報の水平位置及び標高に加え，写真の色情報を属性として，計算処理が可能な状態として表現したものをいいます。

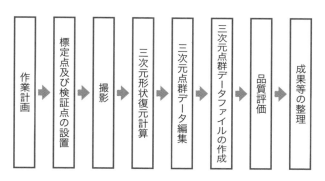

■図 6.35　UAV 写真点群測量の作業工程

255

6.10.4　UAV レーザ測量

　UAV レーザ測量は，令和 5 年 3 月の改正により準則に反映されました。UAV に位置姿勢データ取得装置（GNSS/IMU）及びレーザ測距装置を搭載した計測・解析システムを用いて，地形・地物等を計測し，取得したデータからオリジナルデータ等の三次元点群データ及び数値地形図データを作成します。作業工程は図 6.36 のとおりです。

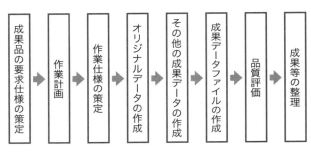

成果品の要求仕様の策定 → 作業計画 → 作業仕様の策定 → オリジナルデータの作成 → その他の成果データの作成 → 成果データファイルの作成 → 品質評価 → 成果等の整理

■図 6.36　UAV レーザ測量の作業工程

> **補足** 📖
> 「要求仕様の策定」と「作業仕様の策定」については 6.1.2 項（2）の①にその理由について解説していますので参照してください。

6.10.5　写真測量の作業工程における留意事項

　UAV 写真測量と UAV 写真点群測量は，ともに空中写真を用いて測量を行いますが，その目的が異なるので，作業工程が若干異なります。共通箇所と異なる箇所の主な留意事項をまとめました。

（1）共通の留意事項

（対空標識）

> 対空標識については 6.2.2 項を参照

・辺長又は直径は，空中写真に 15 画素以上で写る大きさを標準とする。

・色は白黒を標準とし，状況により黄黒とする。

☆型

X 型

＋型

円型

■図 6.37　対空標識の模様

・明瞭な構造物が測定できる場合は，その構造物を評定点及び対空標識にかえることができる。

（UAV の機体性能）

・自律飛行機能及び自動帰還機能を装備していること（離着陸時以外はプログラムによる自律飛行）。

・撮影区域の地表風に耐え，機体の振動や揺れを補正し，カメラの向きを安定させることができること。

（カメラ性能及びキャリブレーション）

・焦点距離，絞り，ISO 感度などの設定を手動で行うことができ，レンズは単焦点のものを標準とする。

・撮影後の確認のため，画像は非圧縮形式での記録を標準とする。

・カメラキャリブレーション※は撮影前に実施することを標準とするが，撮影後でも構わない。

・性能が準則の規定を満たしていれば，市販されているカメラでも可能。

補足 📖

※カメラキャリブレーションとは，撮影による被写体のひずみ係数や姿勢位置を求めることで，撮影画像の補正に用いることになります。

（撮影計画と機器の点検）

・適用地区は，土工現場における裸地のような，対象物の認識が可能な場所であり，地表が完全に植生に覆われ，地面が全く写らないようなところは適さない。

・対地高度は「地上画素寸法」÷「使用するカメラの 1 画素のサイズ」×「焦点距離」以下とする。

・撮影基準面は，撮影区域に対して一つを定めるが，高低差の大きい地域では，複数コース単位でも可能とする。

・同一コースは，直線で等しい高度となるように計画する（実際の飛行の対地高度のずれは 10%以内とする。）

・使用する UAV は，安全確保の観点から，飛行前後における適切な整備や点検を行うとともに，必要な部品の交換などを行う。

・撮影計画の確認や機器の点検のための試験飛行を行い，状況に合わせて計画

257

の見直しができるようにしておく。

(2) UAV写真測量の留意事項

・空中三角測量に必要となる水平位置及び標高の基準として**評定点**を設置する。

・同一コース内の隣接空中写真の重複度（オーバーラップ）**60%以上**，隣接コースの重複度（サイドラップ）**30%以上**を標準とする。

・空中三角測量は撮影した空中写真，標定点，パスポイント及びタイポイントの写真座標，カメラキャリブレーション等を用いて空中写真に写る各点の水平位置及び標高を決定する作業をいう。

> パスポイント及びタイポイントについては6.2.3項を参照

(3) UAV写真点群測量の留意事項

・撮影した写真及び標定点を用いて地形・地物等の三次元形状を復元（生成）し，オリジナルデータを作成する作業を**三次元形状復元計算**という。

・三次元形状復元計算に必要となる水平位置及び標高の基準となる標定点に加えて，三次元点群データの位置精度を評価するために**検証点**を設置する。また，**検証点の数は，設置する評定点の総数の半数以上**とする。また，検証点は，**標定点からできるだけ離れた場所**に，作業地域内に**均等に配置**することを標準とする（**図6.38**）。

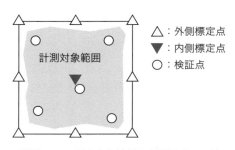

■ 図6.38　標定点と検証点の配置イメージ

・三次元形状復元計算におけるカメラキャリブレーションは，**セルフキャリブレーション**を行うことを標準としている。

・標定点は作業地域を囲むように配置する点（外部標定点）と作業地域内に配置する点（内部標定点）で構成する。また，作業地域内において，最も標高

の高い地点と最も低い地点に設置する。なお，これらの点は，外側又は内側標定点の一部とすることができる。

・同一コース内の隣接空中写真の重複度（オーバーラップ）**80％以上**，隣接コースの重複度（サイドラップ）**60％以上**を標準とする。ただし，撮影後に写真の重複度確認が困難な場合は，**オーバーラップ 90％以上**とする（**図6.39**）。

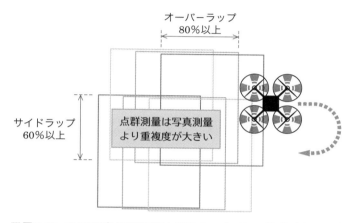

オーバーラップ
80％以上

サイドラップ
60％以上

点群測量は写真測量
より重複度が大きい

■**図 6.39 UAV 写真点群測量におけるオーバーラップとサイドラップ**

補足 📖
写真の重複度（オーバーラップ）について，UAV 写真測量は数値地形図データ作成を目的とした立体視を行うために 60％以上が必要ですが，UAV 写真点群測量は，三次元形状復元計算のためにできる限り多くの多視点画像を必要とすることから，80％（又は 90％）以上を必要としています。

・三次元点群データの密度が粗く精度を確保できない場合は，トータルステーション等を用いて補備測量を行う。
・三次元点群精度の誤差は最大でも **5 cm** を超えないものとする。

6.10.6 飛行時の留意事項

　UAV の機体は登録を受けたものでなければなりません。また，飛行にあたっては，飛行禁止空域及び禁止空域を問わず守らなければならないルールがあります（**表 6.3**）。飛行時には国で定められた飛行申請書類の提出や手続きが必要になります。

補足 📖

令和 4 年 12 月に航空法が改正され，これまで禁止されていた有人地帯における UAV の目視外飛行（レベル 4）が可能になりました。そして，この飛行の安全性を担保するため，「機体認証制度」と「機体ライセンス制度」が新たに設けられました。測量士補試験においても航空法改正に関する問題が出題される可能性もありますので，国土交通省の関連ページなども確認しておきましょう。

■表 6.3　飛行禁止空域と飛行ルール

飛行禁止空域	飛行ルール
・空港周辺 ・緊急用務空域 ・地表又は水面から 150 m 以上の高さの空域 ・DID（人口集中地区） ・国の重要な施設等の周辺 ・外国公館の周辺 ・防衛関係施設の周辺 ・原子力事業所の周辺	・飲酒時の飛行禁止 ・飛行に必要な準備を事前確認 ・他の航空機類との衝突を予防 ・危険な飛行の禁止 ・夜間での飛行禁止 ・目視の範囲内で UAV とその周辺を監視 ・人や物件との間に 30 m 以上の距離を保つ ・人が集まる催し場所での飛行禁止 ・危険物の輸送禁止 ・UAV からの物件投下の禁止

補足 📖

UAV の飛行禁止空域や飛行ルールは，人や物に対しての安全確保，国家そのものの安全を考えたものになっています。また，上記の他，交通に影響を及ぼす場合は，道路交通法により管轄する警察署長の許可を得ることや，第三者の敷地上空を飛行する場合は土地所有者に同意を得ること，プライバシーを保護することなどに注意する必要があります。今後もUAV 飛行に関する法改正などに注視しておきましょう。

問題 1 ☑ ☑ ☑

次の文は，公共測量における UAV（無人航空機）写真測量について述べたものである。明らかに間違っているものはどれか。

1 UAV 写真測量により作成する数値地形図データの地図情報レベルは，250 及び 500 を標準とする。

2 UAV 写真測量に用いるデジタルカメラは，性能等が当該測量に適用する作業規程に規定されている条件を満たしていれば，一般的に市販されているデジタルカメラを使用してもよい。

3 UAV 写真測量において，数値写真上で周辺地物との色調差が明瞭な構造物が測定できる場合は，その構造物を標定点及び対空標識に代えることができる。

4 計画対地高度に対する実際の飛行の対地高度のずれは，30%以内とする。

5 撮影飛行中に他の UAV 等の接近が確認された場合には，直ちに撮影飛行を中止する。

1 ○ UAV 測量は航空機に比べ低い位置からの撮影になるので，狭い範囲の詳細なデータを取得するのに向いています。そのため，地理情報レベルは250 及び 500 を標準としています。

2 ○ UAV に用いるデジタルカメラは，その性能が準則の規定を満たしていれば市販されているものを用いても構いません。

3 ○ 航空機による写真測量と同様に明瞭な構造物が測定できる場合は，その構造物を標定点又は対空標識に変えることができます。

4 × 準則により，計画対地高度に対する実際の飛行のずれは 10%以内にする必要があります。

5 ○ 測量に限らず，UAV の飛行ルールとして，他の UAV 等の飛行物体が接近した場合は，飛行を停止させるなど衝突を回避させる必要があります。

【解答】 4

6 章

問題 ② ☑☑☑

次の文は，無人航空機（以下「UAV」という。）で撮影した空中写真を用いた公共測量について述べたものである。明らかに間違っているものはどれか。

1 使用する UAV は，安全確保の観点から，飛行前後における適切な整備や点検を行うとともに，必要な部品の交換などの整備を行う。

2 航空法（昭和 27 年法律第 231 号）では，人口集中地区や空港周辺，高度 150 m 以上の空域で UAV を飛行させる場合には，国土交通大臣による許可が必要となる。

3 UAV による公共測量は，地表が完全に植生に覆われ，地面が写真に全く写らないような地区で実施することは適切でない。

4 UAV により撮影された空中写真を用いて作成する三次元点群データの位置精度を評価するため，標定点のほかに検証点を設置する。

5 UAV により撮影された空中写真を用いて三次元点群データを作成する場合は，デジタルステレオ図化機を使用しないので，隣接空中写真との重複は無くてもよい。

解説

1 ○ UAV は飛行する機器なので，安全確保の観点から，飛行前後の機器の整備点検は重要なことです。

2 ○ 航空法では人口集中地区，空港周辺，高度 150 m 以上の空域では国土交通大臣の許可が必要です。この他，緊急用務空域，国の重要な施設や原子力発電所などにおいても許可を必要としています。

3 ○ UAV による公共測量マニュアルにおいて，適用地区は，土工現場における裸地のような，対象物の認識が可能な場所が理想とされており，地表が完全に植生に覆われて地面が全く写らないようなところは適さないとされています。

4 ○ UAV による三次元点群測量では，データの位置精度を確認するため，標定点に加えて検証点を設置する必要があります。

5 × 空中写真から三次元点群データを作成する技術は，一般的にフォトグラメトリと呼ばれます。さまざまな角度から撮影された対象物の写真から立体を自動で生成します。そのため，**写真の重複は必ず必要**となります。

【解答】5

問題 3 ✓ ✓ ✓

　次の文は，公共測量において無人航空機（以下「UAV」という。）により撮影した数値写真を用いて三次元点群データを作成する作業（以下「UAV 写真点群測量」という。）について述べたものである。明らかに間違っているものはどれか。

1　UAV を飛行させるに当たっては，機器の点検を実施し，撮影飛行中に機体の異常が見られた場合，直ちに撮影飛行を中止する。

2　三次元復元計算とは，撮影した数値写真及び標定点を用いて，地形，地物などの三次元形状を復元し，反射強度画像を作成する作業をいう。

3　検証点は，標定点からできるだけ離れた場所に，作業地域内に均等に配置する。

4　UAV 写真点群測量は，裸地などの対象物の認識が可能な区域に適用することが標準である。

5　カメラのキャリブレーションについては，三次元形状復元計算において，セルフキャリブレーションを行うことが標準である。

1　○　UAV の飛行については安全が原則です。飛行前の機器の点検はもちろんのこと，撮影飛行中に異常があった場合は直ちに飛行を中止します。

2　×　三次元形状復元計算は，数値写真（空中写真）及び標定点を用いて，三次元形状を復元（生成）し，地形・地物などの高さを含んだ**三次元点群データ（オリジナルデータ）**を作成する作業をいいます。

3　○　検証点は，三次元点群データ（オリジナルデータ）の位置精度を評価するためのもので，標定点からできるだけ離れた場所に，かつ，作業地域内に均等に配置することを標準としています。

4　○　UAV 写真点群測量の適用地区は，対象物の認識が可能な場所であり，地表が植生に覆われていない裸地のような場所が適しています。

5　○　三次元形状復元計算を行う場合，ソフトウェアの処理中に行うセルフキャリブレーションの方が良い精度を得られることから，セルフキャリブレーションを行うことを標準としています。

【解答】2

出題傾向

UAV による測量は，令和 2 年の準則改正により加えられました。身近な測量機器として今後出題が増えることが予想されます。準則の留意事項，飛行ルールなどを整理しておく他，測量士試験（午前）に出題された問題なども参考にしましょう。

6.11 ▶ 地上レーザ測量

近年の準則改正により追加された項目です。新技術として今後の出題が予想されるので，概要を理解しておきましょう。

6.11.1 地上レーザ測量の概要

地上レーザ測量とは，地上レーザスキャナを用いて，地形・地物等を計測し，取得したデータから三次元点群のオリジナルデータを作成し，目的に応じて，グラウンドデータ，グリッドデータ，等高線データ，数値地形図データを作成します。数値地形図データで作成する**地図情報レベルは 250 及び 500 を標準**としています。地上レーザ測量で作成された三次元点群データは，時系列で計測することで，工事現場の路面や法面，あるいは地すべりや土砂崩れの地形変化を捉えることできます。

■ 図 6.40　地上レーザスキャナ
写真提供：ファロージャパン株式会社

- **補足** ------------------------------
令和 5 年の準則改正により，地上レーザ点群測量は地上レーザ測量の項目に統合されました。

6.11.2 地上レーザスキャナによる観測の留意点

地上レーザスキャナは，器械前方の鉛直方向（**放射方向**）及び水平 360 度方向（**接線方向**）にレーザ光を照射し，その反射を受光することで三次元観測データ（高密度の標高点群と反射強度データ）を取得します（**図 6.41**）。器械の構造や観測方法から，次のような特徴や留意点があります。

- ・地形・地物等に対する方向，距離及び反射強度を観測する。
- ・レーザが反射して観測できる範囲を**観測範囲**といい，そのうち測量に使用できる範囲を**有効範囲**という。

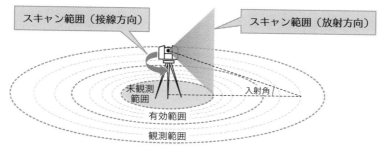

■ **図 6.41　地上レーザスキャナの概略図**

・座標位置を求める際の基準となる**標定点は有効範囲の外に設置**する。

・標定点の上には**標識（一時標識）を設置**することを原則とする。

・標定点は，原則として**平面直角座標系**で行う。平面直角座標系以外で計測したデータは，変換してオリジナルデータにする必要がある。

・レーザスキャナの距離計測方法は「**タイム・オブ・フライト方式**」または「**位相差方式**」を用いる。

補足 📖

「タイム・オブ・フライト（TOF）方式」とは，飛行時間を意味しており，レーザ光の照射から受光までの時間を換算することで距離を求めるもので，主に数 km の遠距離計測に用いられます。「位相差方式」とは光の波長のずれ（位相差）をもとに距離を求める方法で主に数十 m の中距離計測に用いられます。

・計測の際に平面直角座標系で行う場合は「**器械点・後視点法**」を用いる。それ以外の局地座標系で行う場合は「**相似変換法**」又は「**後方交会法**」を用いてから平面直角座標系に変換する。

・**器械を設置した直下は観測できない。**

・近距離での観測が望ましい。**距離が遠くなるほどレーザの入射角は小さくなり，スポット長径は大きくなる（図 6.42）**。また，観測点間隔も大きくなることから，観測精度が劣化する。そのため，**入射角は 1.5 度以上**で観測できるようにすること。

・放射方向の観測精度の劣化を補うため，同じ場所から**器械の高さを変えて，複数回観測**することが有効とされている。

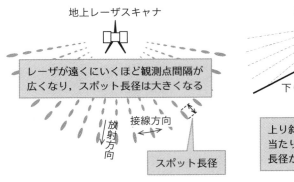

■図 6.42　レーザのスポット長径

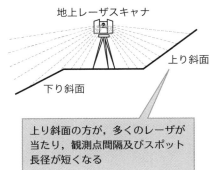

■図 6.43　斜面観測の特徴

・図 6.43 に示すように，上り斜面の方が観測点間隔及びスポット長径が小さくなるため，斜面の観測は地形の**低い所から高い所**への向きを原則とする。

・地上レーザスキャナでは，不要な点を除去するフィルタリングが手作業になるため，対象地域は**レーザ光を遮るものが少ない地域**が望ましい。

補足 📖

航空レーザ測量では，上空から地上に向けてレーザ光を照射するため，反射強度の違いなどにより地形の識別はしやすくなりますが，地上からのレーザでは，遠くにある点が地形とは限らないので，識別に手間がかかるとされています。

問題 1　　　　　　　　　　　　　　　　　　　　✓✓✓

　次の a〜e の文は，公共測量における地上レーザ測量について述べたものである。明らかに間違っているものだけの組合せはどれか。

a. 地上レーザ測量により作成する数値地形図データの地図情報レベルは，1000が標準である。

b. 斜面に対する観測の方向は，地形の高い方から低い方への向きを原則とする。

c. 標定点は，地上レーザ観測の有効範囲の外に設置する。

d. 地上レーザスキャナは，地形・地物等とレーザ光がなす角を入射角とし，標準的な地形・地物等が入射角 1.5 度以上で観測できる性能を有するものとする。

e. 数値地形図作成において，観測した三次元観測データは，標定点等を使用して平面直角座標系へ変換し，オリジナルデータとする。

　　1　a, b　　2　a, c　　3　b, e　　4　c, d　　5　d, e

a. ×　地上レーザ測量において数値地形図データを作成する場合，**地図情報レベルは 250 及び 500 を標準**としています。

b. ×　地上レーザスキャナは，地上に整置してレーザを照射するという特性上，**斜面に対する観測は，低い方から高い方への方向を原則**としています。

c. ○　標定点は座標位置の基準とするため，レーザ観測の有効範囲の外に設置することを原則としています。

d. ○　レーザスキャナの入射角は 1.5 度以上で観測できることを標準としています。入射角が小さくなるほど観測精度が劣化してしまいます。

e. ○　地上レーザ測量は原則として平面直角座標系で行う必要があります。

【解答】1

問題 2 ✓✓✓

次の a ～ c の文は，公共測量における，地上レーザスキャナを用いた数値地形図データの作成について述べたものである。　ア　～　ウ　に入る語句の組合せとして最も適当なものはどれか。

a. 地上レーザスキャナから計測対象物に対しレーザ光を照射し，対象物までの距離と方向を計測することにより，対象物の位置や形状を　ア　で計測する。

b. レーザ光を用いた距離計測方法には，照射と受光の際の光の　イ　から距離を算出する　イ　方式と，照射から受光までの時間を距離に換算アする TOF（タイム・オブ・フライト）方式がある。

c. 地上レーザスキャナを用いた計測方法は，平面直角座標系による方法と局地座標系による方法があり，局地座標系で計測して得られたデータは，相似変換による方法又は　ウ　交会による方法を用いて，平面直角座標系に変換する。

	ア	イ	ウ
1	三次元	反射強度差	前方
2	二次元	位相差	前方
3	三次元	位相差	後方
4	三次元	位相差	前方
5	二次元	反射強度差	後方

a. 地上レーザスキャナは，対象物にレーザ光を照射し，その反射を受光することで三次元の観測データを取得します。

b. レーザ光による距離計測方法は，位相差方式とTOF方式があります。位相差方式はレーザ光の波長のずれから距離を計算します。一方のTOF方式はレーザの照射から受光までの時間から距離を求めます。

c. 地上レーザ測量は平面直角座標系で行うことを原則としており，計測の際に平面直角座標系以外の局地座標系で行う場合は，相似変換法又は後方交会法を用いてから平面直角座標系に変換することになります。

【解答】3

出題傾向

地上レーザ測量に関する出題は，測量士補試験では少ないので，測量士試験（午前）の問題を参考にすると出題の傾向をつかむことができます。

GISを含む地図編集

合格のワンポイントアドバイス

　地図編集の出題は 4 問あり，そのうち必ず 1 問は「地形図の読図」です。読図の問題では，地形図上の長さを読み取る必要があることから，試験会場に直定規を持ち込むことができます。読図の問題は，解き方そのものはさほど難しくありませんが，問題を解くために，まず地図記号を覚えておく必要がありますので，暗記してください。

　その他の 3 問は，「地図投影（UTM図法と平面直角座標系）」から 1 問，「編集原図データ作成の原則と編集順序」から 1 問，「GISと地理空間情報の利用」から 1 問となっています。

　地図投影や図法などは大変ややこしいところでもありますが，測量士補試験で取り扱う範囲は限定されていますので，重要箇所を覚えておきましょう。また，GIS は近年身近なところで普及していることもあり，さまざまなパターンの問題が出題されています。特徴や基本的事項を押さえておきましょう。

7.1 ▶ 地図投影 （UTM図法と平面直角座標系）

 毎年出題される分野です。投影方法の分類やUTM図法，平面直角座標系の特徴を整理して覚えるようにしましょう。

7.1.1　地図の投影

　地図の投影とは，三次元立体である地球を，二次元平面に描くために考えられたものです。地球は球体であり，その表面は曲面です。曲面を平面に投影する場合，ごく狭い範囲を描く場合を除いて，必ずひずみが生じます。地図の投影において，ひずみの3要素である距離，角度，面積の3つを同時に正しく表すことはできませんので，さまざまな投影方法を用いて，できるだけひずみが小さくなるようにしています。

7.1.2　投影方法の分類

（1）投影面の種類による分類

　投影面の種類による分類は，大きく3つに分けられます（**図7.1**）。

図法名	図法の性質
方位図法	地球表面の任意の位置を接点とした平面に映す方法
円錐図法	地球にかぶせた円錐の表面に映す方法
円筒図法	地球にかぶせた円筒状の表面に映す方法

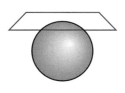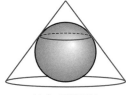

（a）方位図法　　　　　（b）円錐図法　　　　　（c）円筒図法

■ **図7.1　投影面の種類による分類**

（2）投影要素による分類

投影要素とは，距離（長さ），角度（方位），面積のことであり，地図投影の際のひずみの **3 要素**でもあります。3 つの投影要素を同時にひずみなく投影することはできないので，地図の目的や用途に合わせて，どの要素を基準にしたものにするかを選択します（**表 7.1**）。

■ 表 7.1　投影要素による分類

図法名	図法の性質
正距図法	地球上の特定の 2 点間※の距離を正しく表す方法
正角図法	地球上の任意の 2 点間の線を北（経線）に対して正しい角度で表す方法
正積図法	地球上の面積を正しい比率で表す方法

※特定の 2 点間とは，ある特定の線束又は線群のみが正しい長さに投影されるということです。曲面から平面への投影において，任意（すべて）の 2 点間の距離を正しく表すことはできません。

同じ図法で描かれた地図において，**正距図法と正角図法**，又は**正距図法と正積図法**の性質を同時に満たすことは可能です。

7.1.3　地図の種類

地図は一般図と主題図と特殊図に大別され，その目的や用途に合わせて，さまざまな地図が用いられます（**表 7.2**）。

■ 表 7.2　地図の種類

名称	特徴	用途
一般図	地形の状況や建物などを図式に従って表示し，多目的に使用できるように作成された地図。	国土基本図や地形図など
主題図	特定の内容に重点を置いて表現した地図。一般図を基図（基になる地図）として使用することが多い。	土地利用図や地質図など
特殊図	一般図や主題図の分類に含まない地図。	案内 MAP や立体地図など

※特殊図は縮尺を無視したものもありますので，地図に含まない考え方もあります。

7.1.4 ユニバーサル横メルカトル図法 (UTM 図法)

ユニバーサル横メルカトル図法 (以下「UTM 図法」という) は，世界共通の基準に従って作成された図法で，我が国では中縮尺の地図に広く用いられています。

＜UTM 図法の特徴＞

- ・地球全体を**経度差 6°ごとに 60 個のゾーン（経度帯）に分割**
  南北方向の適用範囲は北緯 84°〜南緯 80°
- ・各経度帯を**ガウス・クリューゲル図法で投影**
- ・各経度帯の**中央経線と赤道との交点を原点**とする
- ・原点の**縮尺係数は 0.9996**，東西に約 **180 km** 離れた地点で **1.0000**，約 270 km で 1.0004
- ・曲面を展開するため，緯線と経線で表す**図郭の形は不等辺四角形**となる
- ・**中縮尺地図に広く適用**（1/10000 地形図〜1/200000 地勢図）

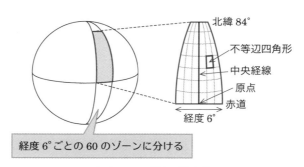

（a）UTM 図法の経度帯

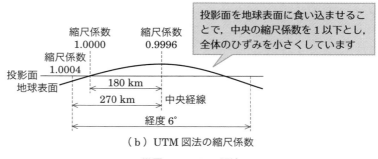

（b）UTM 図法の縮尺係数

図 7.2　UTM 図法

7.1.5 　平面直角座標系

　平面直角座標系は，UTM 図法をさらに細かく日本の土地の状況に合わせて分割したものになります。位置を X, Y 座標で表すことにより，測量計算を容易にできるようにしています。

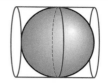

■ 図 7.3　ガウス・クリューゲル図法（横円筒図法）のイメージ

＜平面直角座標系の特徴＞

- ・日本全国を **19** の座標系に分割
- ・それぞれの区域をガウス・クリューゲル図法で投影（**図 7.3**）
- ・座標を縦軸 X，横軸 Y とし，各々北・東方向を正（＋），南・西方向を負（－）
- ・原点はそれぞれの座標系で設定し，原点座標値は，$X = 0.000$ m, $Y = 0.000$ m（**図 7.4（a）**）

補足 📖

ガウス・クリューゲル図法は，正角図法の 1 つであり，横方向に円筒をかぶせて投影（横円筒図法という）しています。

- ・中央経線（X 軸）上の縮尺係数は **0.9999** とし，東西（Y 軸）方向に約 **90 km** 離れた地点で **1.0000**，約 130 km の地点で 1.0001（適用範囲は 130 km まで）とする（図 7.4（b））

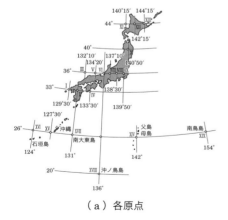

（a）各原点

（b）縮尺係数

■ 図 7.4　平面直角座標系

問題 1 ☑ ☑ ☑

次の文は，地図の投影について述べたものである。 ア ～ オ に入る語句の組合せとして最も適当なものはどれか。

地図の投影とは，地球の表面を ア に描くために考えられたものである。曲面にあるものを ア に表現するという性質上，地図の投影には イ を描く場合を除いて，必ず ウ を生じる。

ウ の要素や大きさは投影法によって異なるため，地図の用途や描く地域，縮尺に応じた最適な投影法を選択する必要がある。

例えば，正距方位図法では，地図上の各点において エ の 1 点からの距離と方位を同時に正しく描くことができ，メルカトル図法では，両極を除いた任意の地点における オ を正しく描くことができる。

	ア	イ	ウ	エ	オ
1	球面	極めて広い範囲	ひずみ	任意	距離
2	球面	ごく狭い範囲	転位	特定	距離
3	平面	極めて広い範囲	ひずみ	任意	角度
4	平面	ごく狭い範囲	転位	特定	角度
5	平面	ごく狭い範囲	ひずみ	特定	角度

地図の投影とはどんなものなのかについての問題です。まずはこの問題でそのポイントについて整理しましょう。

解説

ア 地図の投影は球体（球面）である地球を**平面**に投影することです。

イ 地球は大変大きな球体なので，**ごく狭い範囲**（約 10 km 以内）を投影する場合は平面として考えることができます。

ウ 球面を平面に投影する場合は必ず**ひずみ**を生じます。

エ 正距方位図法は，**特定**の 1 点からの距離と方位を正しく投影したものです。

オ メルカトル図法は，任意の地点における**角度**を正しく表しています。

【解答】5

Point

地図投影の全般について示した問題です。この内容は基本的なポイントなので覚えておきましょう。

問題 2 ✔✔✔

　次の文は，地図の投影について述べたものである。明らかに間違っているものは
どれか。

1　投影法は，投影面の種類において分類すると，方位図法，円錐図法及び円筒
　図法に大別される。

2　平面上に描かれた地図において，距離（長さ），角度（方位）及び面積を同
　時に正しく表すことはできない。

3　同一の図法により描かれた地図において，正距図法と正角図法，又は正距図
　法と正積図法の性質を同時に満たすことは可能である。

4　ユニバーサル横メルカトル図法（UTM 図法）と平面直角座標系で用いる投
　影法は，共に横円筒図法の一種であるガウス・クリューゲル図法である。

5　正距図法では，地球上の任意の 2 点間の距離を正しく表すことができる。

投影法の種類とその特徴に関する問題です。各名称とその特徴について覚え
ておきましょう。

1　○　投影面の種類による分類は，地球に対し平面に接して投影する**方位図法**，
　　地球に対し円錐をかぶせたように投影する**円錐図法**，地球に対し円筒をかぶ
　　せたように投影する**円筒図法**の 3 種類があります。

2　○　球体から平面に投影するときに生じる距離・角度・面積の誤差を，ひずみ
　　の 3 要素といいます。3 つの投影要素を同時にひずみなく表すことは不可能
　　です。

3　○　正距図法は，特定の 2 点間の距離を正しく表示するので，正角図法又は正
　　積図法と同時に満たすことが可能です。

4　○　UTM 図法と平面直角座標系は，ともに精密な地図の作製に最適なガウス・
　　クリューゲル図法を採用しています。

5　×　正距図法は，**特定の 2 点間について距離を正しく表示する**方法です。投影
　　において，地球上の任意の 2 点間の距離を正しく表示する方法はありません。

【解答】5

注意 ⚠
「正距図法」といっても，すべての距離を正しく表した図法ではありません。注意してくだ
さい。

問題 3 ✓✓✓

次の文は，我が国で一般的に用いられている地図の座標系について述べたものである。正しいものはどれか。

1 平面直角座標系では，日本全国を 16 の区域に分けている。

2 平面直角座標系の X 軸における縮尺係数は 1.0000 である。

3 平面直角座標系における X 軸は，座標系原点において子午線に一致する軸とし，真北に向かう方向を正としている。

4 UTM 図法（ユニバーサル横メルカトル図法）に基づく座標系は，地球全体を経度差 3° の南北に長い座標帯に分割してその横軸を赤道としている。

5 UTM 図法（ユニバーサル横メルカトル図法）に基づく座標系は，縮尺 1/2500 以上の大縮尺図に最も適している。

解説

1 × 平面直角座標系は日本全国を **19** の区域に分けています。

2 × 平面直角座標系の縮尺係数は，X 軸を **0.9999** とし，東西に約 90 km 離れた地点を 1 としています。

3 〇 平面直角座標系の X 軸は子午線と一致し，真北に向かう方向を正（＋）としています。また，座標原点は各座標系で設けられています。

4 × UTM 図法は，地球全体を経度差 **6°** の座標帯（経度帯）で分割しています。

5 × UTM 図法は縮尺 1/10000 〜 1/200000 の中縮尺の地図に適しています。

【解答】3

出題傾向

平面直角座標系と UTM 図法の特徴についての問題です。区分けの仕方や縮尺係数，原点について，よく出題されています。

7.2 ▶ 編集原図データ作成の原則と編集順序

よく出題される分野です。地図編集における基本的な分野であり，比較的容易に解ける問題が多いので，しっかりマスターしましょう。

7.2.1 地図の編集

　地図には，各種の測量成果を用いて作成された**実測図**と，この実測図を基図（基になる地図）として編集して作成された**編集図**があります。

　地図の編集とは編集図を作成することであり，**地図情報レベルが小さい地図（大縮尺地図）を基図として，地図情報レベルが大きい地図（小縮尺地図）を作成します**。編集により作成された地形図データを**編集原図データ**といいます。そのため，基図データは編集原図データより内容が新しく，必要な精度を有するものを選ばなければなりません。

Point
地図情報レベルが小さい（大縮尺）地図は，地図が詳細になるため，地図の精度は高くなります。基図データは編集原図データより精度が高いものを選択します。

　一般に地図情報レベル 25000 を基図データとして，50000 以上の編集原図データを作成していますが，2500 から 10000 以上の編集も行われています。

7.2.2 編集時の注意事項

　地図の編集をすると，広範囲を描くため，基図より描くものが小さくなります。場合によっては地図記号が重なったり，細かすぎて描ききれないことも出てきます。そこで，地図編集の際は，優先順序を考えながら，**取捨選択**や**転位**，**総描**といった方法を適宜とりつつ，その位置関係や情報を大きく変えることのないようにしています。

(1) 描画順序

　地図編集は，その重要度（優先順位）が高いものから編集描画していくことに

7章

なります。その描画順序は，**図 7.5** のと
おりです。転位を考えるうえで，この優
先順位が基本となりますので，必ず覚え
るようにしましょう。

(2) 取捨選択

　地図を編集すると，一定の範囲に書き
込まれる情報は基図データに比べて少な
くなります。そのため，優先度の高い情

①	基準点
②	自然骨格物（河川，水涯線）
③	人工骨格物（道路，鉄道）
④	建物
⑤	地形（等高線）
⑥	行政界
⑦	植生界・植生記号

■ **図 7.5　描画順序**

報を選び出し，編集の目的を考え，適切に取捨選択や省略することが必要になり
ます。

＜取捨選択の原則＞

　・公共性の高いものや重要な地物は省略しない

　・地域的に重要なものは省略しない

　・永続性のあるものは省略しない

(3) 転　位

　地図を編集すると，地図記号が互いに重なり合うことが出てきます。その際は，
描画順序の優先順位に応じて，優先順位の低いものを必要最小限の範囲で移動し
て表示することになります。これを転位といいます。

　転位の優先順位の問題は，よく出題されていますので，下記の「転位の原則」
を必ず覚えておきましょう。

＜転位の原則＞

・基準点は，転位しない（水準点は場合により転位することがある）

・有形自然物（河川や水涯線などの自然骨格物）は，転位しない

・有形自然物と有形人工物（道路・鉄道や建物）では，有形人工物を転位す
　る

・有形線と無形線（等高線や境界線など）では，無形線を転位する

・有形人工物でも人工骨格物（道路や鉄道）と建物では，建物を転位する

・人工骨格物同士（道路と鉄道）では，重要度が等しいので，これらの間を
　真位置として，互いを同程度転位する

・転位する場合は，それらの位置関係は損なわないようにする

┌─**Point**─
│転位の原則
│基準点＞有形自然物＞有形人工物（道路・鉄道＞建物）＞無形物（等高線＞境界線）

（4）総 描

　地図編集において，縮尺が小さくなると，建物や地形などは，細かい形状がわからなくなってしまいます。そこで，読図のしやすさも考え，建物や地形の特徴を損なわないように省略・誇張して描画します。これを**総描**（又は総合描示）といいます。

＜総描の原則＞

　・図形を多少装飾してでも形状の特徴を表現する

　・現地の状況と相似性を持たせる

　・基図と編集図の縮尺率を考慮する

┌─ **問題 1** ─────────────────────────── ✓✓✓
│
│　　次の1〜5は，国土地理院刊行の 1/25000 地形図を基図として，縮小編集を実施して縮尺 1/40000 の地図を作成するときの，真位置に編集描画すべき地物や地形の一般的な優先順位を示したものである。最も適当なものはどれか。
│
│　　　（優先順位高）　　　　　　　　　　　　　　　　（優先順位低）
│　1　電子基準点　→　一条河川　　→　道路　　→　建物　→　植生
│　2　一条河川　　→　電子基準点　→　植生　　→　道路　→　建物
│　3　電子基準点　→　道路　　　　→　一条河川　→　植生　→　建物
│　4　一条河川　　→　電子基準点　→　道路　　→　建物　→　植生
│　5　電子基準点　→　道路　　　　→　一条河川　→　建物　→　植生

　描画順序で先に描くものは，優先順位が高いということになります。

　　電子基準点や水準点などの基準点は，何よりも重要な点となるものです。次に重要度の高いものは河川や海岸線といった有形自然物，その次が有形人工物となります。有形人工物の中でも**道路や鉄道**などの地図の骨格となる線状構造物は建物よりも優先度が高くなります。**等高線や境界，植生**などの記号は無形物として優先度は低くなります。

補足

> 一条河川とは，河幅の大きさを表したものであり，平水時の幅が 1.5 m 以上 5 m 未満の川（比較的幅の狭い河川）を一条河川，5 m 以上（幅の広い河川）のものを二条河川といいます。

【解答】1

問題 2 ☑☑☑

　次の a ～ e の文は，一般的な地図編集における転位の原則について述べたものである。明らかに間違っているものだけの組合せはどれか。

a. 骨格となる人工地物（道路・鉄道など）とその他の人工地物（建物など）が近接し，どちらかを転位する場合はその他の人工地物を転位する。

b. 有形線（河川，道路など）と無形線（等高線・境界など）とが近接し，どちらかを転位する場合は無形線を転位する。

c. 有形の自然地物（河川など）と人工地物（道路など）が近接し，どちらかを転位する場合は自然地物を転位する。

d. 三角点及び水準点は転位することはできない。

e. 転位にあたっては，相対的位置関係を乱さないようにする。

　　1　a，b　　2　a，e　　3　b，c　　4　c，d　　5　d，e

解説　c. ×　自然地物は基準点の次に優先されますので，人工地物と比較した場合，人工地物を転位することになります。

　　　 d. ×　基準点は最優先されますが，水準点の転位は場合によりあり得ます。

【解答】4

出題傾向

こうした描画順序や転位の優先を問う問題は，過去によく出題されていますので，転位の原則は，必ず覚えてください。その際，基準点は最優先されますが，水準点の転位は場合によりあり得ることを注意しておいてください。

問題 3 ☑☑☑

次の文は，地図編集の原則について述べたものである。明らかに間違っているものはどれか。

1 注記は，地図に描かれているものをわかりやすく示すため，その対象により文字の種類，書体，字列などに一定の規範を持たせる。

2 有形線（河川，道路など）と無形線（等高線，境界など）とが近接し，どちらかを転位する場合は無形線を転位する。

3 取捨選択は，編集図の目的を考慮して行い，重要度の高い対象物を省略することのないようにする。

4 山間部の細かい屈曲のある等高線を総合描示するときは，地形の特徴を考慮する。

5 編集の基となる地図（基図）は，新たに作成する地図（編集図）の縮尺より小さく，かつ最新のものを使用する。

 地図編集における全体の知識を問う問題です。しっかり文章を読み，地形図をイメージしながら解きましょう。

 解説

1 ○ 編集原図データ作成において，基本となる考え方は位置関係の移動を最小限に抑えつつ，地図としての情報をわかりやすく伝えることです。そのため，文字の書体や位置にも一定の規範があります。

2 ○ 有形線と無形線では，有形線の優先度が高いため，無形線を転位することになります。

3 ○ 取捨選択は，優先度の高い情報を選び出し，編集の目的を考え，適切に省略することです。

4 ○ 総合描示（総描）は建物や地形の形状の特徴を考慮して省略・誇張して描画することをいいます。

5 × 編集の基となる基図は，新たに作成する編集図の縮尺より**大きく（精度が高く）**，かつ内容が新しくなければなりません。ただし，数値地図の場合は地図情報レベルが小さく内容の新しいものを基図とします。

【解答】5

注意 ⚠

従来の紙地図と数値地図（デジタル地図）の表現の違いに注意しておいてください。紙地図は縮尺で精度を表していましたが，数値地図は縮尺の概念がないので，地図情報レベルで精度を表します。レベルの数値は紙地図の縮尺分母に相当します。

7章

7.3 ▶ GIS と地理空間情報の利用

 GIS に関する問題は毎年出題されていますが、その内容はデータ形式のことから GIS の利活用、ハザードマップといった防災関連など多岐にわたります。機能や活用方法について理解しておきましょう。

7.3.1 地理情報システム（GIS）

地理情報システム（Geographic Information System，以下 GIS）とは、地図や各種データをコンピュータ上で扱えるようにしたもので、空間上の位置を含むさまざまな情報（**地理空間情報、空間データともいう**）を電子的に処理するシステムの総称です。この GIS を使うことで、地理空間情報を地図や 3D イメージなどの形で視覚的に表現したり、複数の情報を組み合わせて高度な分析を行ったりすることができます。

GIS の身近な利用例では、スマホの地図アプリやカーナビゲーションがあげられます（**図 7.6**）。

■ 図 7.6 地図アプリ

7.3.2 GIS のデータ形式

GIS で扱うデータには**位置情報**と**属性情報**が付与されています。位置情報を持つことで、GIS の地図上で位置を正しく表示することができ、レイヤ（階層）機能を用いてさまざまなデータを同じ位置で重ね合わせることができます。また、それらデータに属性情報を与えることで、この線は道路なのか鉄道なのか、これは何の施設なのかがわかるようになります。

データ形式は、ベクタデータとラスタデータに分けられ、それぞれに特徴があるので、状況に応じて使い分けられます（**表 7.3**）。

■ **表7.3　ベクタデータとラスタデータの特徴**

形　式	特　徴	主なファイル形式
ベクタ データ	・点・線・面に属性情報を付与して利用できる ・座標値で情報を持つので，距離計算や面積計算が可能 ・地図縮尺を変更しても形状は変わらない	Shape，GML，KML GeoJSON など
ラスタ データ	・連続的に変化する状態や広がりをもつ視覚的な表現に 　強い（画像，標高，気温などの分布状況） ・拡大すると画素が大きくなり，地図表現が粗くなる	JPEG，BMP，TIFF など

（1）ベクタデータ

　ベクタデータは，**座標と長さ（向き）の情報を持ち，点・線・面といった図形により形状を表します**（**図7.7**）。この点・線・面のデータを**構造化**※（意味をもたせ，関連付けること）することで経路検索などを行えるようにしています。基準点や街区，道路の線など，GISで扱うデータの多くはベクタデータになります。

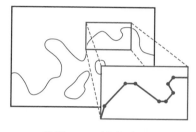

■ **図7.7　ベクタデータ**

補足 📖

※トポロジー（位相）構造と呼ばれています。点をノード，点で構成される線をアーク，線で構成される面をポリゴンといいます。

（2）ラスタデータ

　ラスタデータは，**画素（ピクセル）と呼ばれる正方形の集合体（メッシュ）で，形状を表していく方法**（**図7.8**）で，一般に画像データがその代表例です。画素ごとに輝度や濃淡などの情報を与えて表現することができるので，GISでは写真地図のほか，地形形状や気象を表す段彩図などの表現に用いられています。

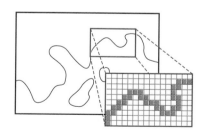

■ **図7.8　ラスタデータ**

7.3.3　GIS の活用推進に向けた取組み

　我が国では，GIS をはじめとした地理空間情報を高度に活用する社会（G 空間社会）の実現に向けて，GIS 上の地図の位置基準となる**基盤地図情報**※の整備を進め，無償でダウンロードできるようにしています。基盤地図情報に人口分布やインフラデータ，各種統計データなどの地理空間情報を重ね合わせ，総合的に管理・加工し，視覚的に表示し，高度な分析や迅速な判断を可能にします。次に主な活用例を示します。

＜GIS・地理空間情報の主な活用例＞

- ・道路中心データなどを用いた最短経路検索などのネットワーク解析
- ・地形や道路，避難施設などのデータと重ね合わせることで，浸水被害における避難経路を検討するといった防災システムとしての活用
- ・数値表層モデル（DSM）と建物外周データを用いて一定高さ以上の津波避難ビルを選定
- ・下水管やガス管といった地中埋設物において，経路や埋設年，種類などの属性情報を加えた管理システムを構築

補足📖
※基盤地図情報は，国や地方公共団体，民間事業者等の関係者が，同一基準の地理情報を使用することにより，効率的に整備し，高度利用を進めることを目的としています。また，こうした異なるシステム間での互換性の確保を目的として，データの品質，仕様等のルールを定めた「地理情報標準プロファイル（JPGIS）」も作成しています。
基盤地図情報の項目としては，次の 13 項目が定められています。
測量の基準点／海岸線／公共施設の境界線（道路区域界）／公共施設の境界線（河川区域界）／行政区画の境界線及び代表点／道路縁／河川堤防の表法肩の法線／軌道の中心線／標高点／水涯線／建築物の外周線／市町村の町若しくは字の境界線及び代表点／街区の境界線及び代表点

7.3.4　ハザードマップ

　国や地方公共団体ではさまざまな場面で GIS を活用していますが，防災分野もその一つで，各種ハザードマップの作成に利用されています。ハザードマップは，自然災害による被害の軽減や防災対策に使用する目的で，被災想定区域や避難場所，避難経路などの防災関連施設の位置などを示した地図のことです。洪水

や津波，高潮，土砂災害など，それぞれの自然災害に対応したハザードマップがあります。ハザードマップを作成するためには，その地域の土地の成り立ちや災害の素因となる地形・地盤の特徴，過去の災害履歴，避難場所・経路などの防災地理情報が必要になります。

　国土地理院では「ハザードマップポータルサイト」（図 7.9）を整備・公開して，一般の人でも災害リスクを簡単に確認できるように取組みを進めています。

■ 図 7.9　ハザードマップポータルサイト（国土地理院）

問題 1 ☑☑☑

　次の文は，GIS で扱うデータ形式や GIS の機能について述べたものである。明らかに間違っているものはどれか。

1　ラスタデータは，地図や画像などを微小な格子状の画素（ピクセル）に分割し，画素ごとに輝度や濃淡などの情報を与えて表現するデータである。

2　ベクタデータは，図形や線分を，座標値を持った点又は点列で表現したデータであり，線分の長さや面積を求める幾何学的処理が容易にできる。

3　ベクタデータで構成されている地物に対して，その地物から一定の距離内にある範囲を抽出し，その面積を求めることができる。

4　ネットワーク構造化されていない道路中心線データに，車両等の最大移動速度の属性を与えることで，ある地点から指定時間内で到達できる範囲がわかる。

5　GIS を用いると，ベクタデータに付属する属性情報をそのデータの近くに表示することができる。

7
章

GIS のデータ形式の特徴について問う問題です。

1 ○ ラスタデータは，画素と呼ばれる正方形の集合体で表現するデータです。画素ごとに輝度や濃淡などの情報を与えることで画像や各種データの分布状況などを表現することができます。

2 ○ ベクタデータは，座標と長さ（向き）の情報を持ち，点・線・面で形状を表しますので，線の長さや面積を簡単に求めることができます。

3 ○ ベクタデータは，上述したように図形の長さや面積を求めることができるので，一定範囲内の地物の面積を求めるなど，図形相互の計算も行うことができます。

4 × ネットワーク解析が行えるベクタデータは点，線，面がそれぞれつながっている構造化されたデータになっています。**構造化されていることで，点や線を関係させた解析等を行うことができます。**

5 ○ GIS は位置情報をもとに空間データをシステム上に表します。したがってデータに付与されている属性情報も表示することが可能です。

【解答】4

出題傾向

ベクタデータ，ラスタデータの特徴について問う問題は多いので，特徴を理解しておきましょう。

問題 2 ✔ ✔ ✔

次の a 〜 e の文は，GIS で扱うデータ形式や GIS の機能について述べたものである。明らかに間違っているものだけの組合せはどれか。

a. GIS でよく利用されるデータにはベクタデータとラスタデータがあり，ベクタデータのファイル形式としては，GML，KML，TIFF などがある。

b. 居住地区の明治期の地図に位置情報を付与できれば，GIS を用いてその位置精度に応じた縮尺の現在の地図と重ね合わせて表示できる。

c. 国土地理院の基盤地図情報ダウンロードページから入手した水涯線データに対して，GIS を用いて標高別に色分けすることにより，浸水が想定される範囲の確認が可能な地図を作成できる。

d. 数値標高モデル（DEM）から，斜度が一定の角度以上となる範囲を抽出し，その範囲を任意の色で着色することにより，雪崩危険箇所を表示することができる。

e. 地震発生前と地震発生後の数値表層モデル（DSM）を比較することによって，倒壊建物がどの程度発生したのかを推定し，被災状況を概観する地図を作成することが可能である。

1 a, b　　2 a, c　　3 b, d　　4 c, e　　5 d, e

a.　×　ベクタデータは座標と属性情報をもつ点・線・面で表される図形データです。問題で示されたファイル形式のうち **TIFF は画像のデータ形式になるので，ラスタデータ**となります。

b.　○　昔の地図を画像データとして取り込み，GIS 上で位置を合わせ，現在の地図と重ね合わせることで，その土地の歴史的な変遷を読み取ることができます。

c.　×　**水涯線は地図上の水部と陸部の境目の線**になります。GIS 上で標高データを使って標高別に色分けを行っても，この 2 つから浸水想定範囲が可能な地図を作成することはできません。

d.　○　数値標高モデル（DEM）は標高値データになるので，GIS 上で傾斜を求めて抽出することが可能です。その範囲と地図を重ね合わせることで雪崩危険箇所の表示が可能になります。

e.　○　数値表層モデル（DSM）は建物や樹木などの地物の高さを含んだ三次元地形モデルになります。地震発生前後でこの比較をすれば建物の倒壊がどの程度起こっているか，被災状況の概要をつかむ地図を作成することができます。

【解答】2

7章

問題 ❸ ✓✓✓

　N 市では，津波，土砂災害，洪水のハザードマップや各種防災に関する地理空間情報を利用できる GIS を導入した。次の文は，こうした地理空間情報を GIS で処理することによってできることや，GIS での処理方法について述べたものである。明らかに間違っているものはどれか。

1　河川流域の地形の特徴を表した地形分類図に，過去の洪水災害の発生箇所に関する情報を重ねて表示すると，過去の洪水で堤防が決壊した場所が旧河道に当たる場所であることがわかった。

2　津波ハザードマップと土砂災害ハザードマップを重ねて表示すると，津波が発生した際の緊急避難場所の中に，土砂災害の危険性が高い箇所があることがわかった。

3　住民への説明会用に，航空レーザ測量で得た数値表層モデル（DSM）を用いて，洪水で水位が上昇した場合の被害のシミュレーション画像を作成した。

4　標高の段彩図を作成する際，平地の微細な起伏を表すため，同じ色で示す標高の幅を，傾斜の急な山地に比べ平地では広くした。

5　災害時に災害の危険から身を守るための緊急避難場所と，一時的に滞在するための施設となる避難所との違いを明確にするため，別の記号を表示するようにした。

GIS では，地図の表示，検索，分析，加工など，あらゆることが可能です。どのようなことをしているのかイメージしながら解きましょう。

1　○　地形分類図とは，地形を形態，成り立ち，性質などから分類した地図のことです。その地図上に過去の洪水災害発生箇所を重ね合わせると，地形との関係性が見えてくるので，どのような場所で災害が多いかを知ることができます。

2　○　ハザードマップは，洪水や津波，高潮，土砂災害など，それぞれの自然災害に応じて被害想定エリアが記されています。個々の被害想定エリアを重ね合わせると，津波の避難場所が土砂災害の危険があるなど，より多くの視点で防災の取組みを分析することができます。

3　○　数値表層モデル（DSM）は，建物や樹木など，地物の高さも含んだ三次元地形モデルになるので，GIS 上で洪水の水位設定を行えば，浸水被害のシミュレーション画像を作成することができます。

4　×　段彩図とは地形の形状をわかりやすく見せるために，標高（高さ）を色分け（グラデーション）したものです。**細かな起伏を表すためには，同じ色で表現する標高の幅を狭くする必要があります。**

5　○　GIS のデータには位置情報に属性情報が付加されていますので，その点を表す記号も登録することができます。

【解答】4

出題傾向

GIS の活用は多岐にわたり，今後も広がりを見せることが予想されます。GIS の機能やそこで扱うデータの特徴を理解しておくことで，さまざまなパターンの問題に対応できると思います。

7.4 ▶ 地形図の読図（地図記号）

地形図の読図は，地図情報レベル25000と電子国土の地図を用いた出題となっています。読図は毎年出題されますが，その内容は「地図記号」「面積計算」「経緯度計算」の大きく3つに分けられます。いずれも地図記号を理解していないと解けませんので，しっかり押さえておきましょう。

7.4.1　地形図の読図

　地形図の読図は地図を読み解く力が問われています。地図記号を覚えることはもちろんのこと，等高線から高さを読み解いたり，定規やスケール記号を用いて，距離を計測することもあります。過去問題を解いて，その力を磨くようにしましょう。

7.4.2　主な地図記号（地図情報レベル25000）

　地図記号として覚えるものはたくさんありますが，その分野として，「基準点」「建物等」「交通等」「植生」の大きく4つに分けられます。

　建物や植生の記号はその形状が特徴を表しているものも多いので覚えやすいですが，形が似ているものも多いので，関連づけて覚えるようにしましょう。

　地図情報レベル25000（縮尺1/25000地形図）の覚えるべき地図記号を分野別にまとめます。

補足 📖

地図情報レベルと地形図縮尺の関係及び数値地形図データの位置精度は**表7.4**のとおりです。

■**表7.4　地図情報レベルと地形図縮尺の関係など**

地図情報レベル	相当縮尺	水平位置の標準偏差	標高点の標準偏差	等高線の標準偏差
250	1/250	0.12 m 以内	0.25 m 以内	0.5 m 以内
500	1/500	0.25 m 以内	0.25 m 以内	0.5 m 以内
1000	1/1000	0.70 m 以内	0.33 m 以内	0.5 m 以内
2500	1/2500	1.75 m 以内	0.66 m 以内	1.0 m 以内
5000	1/5000	3.5 m 以内	1.66 m 以内	2.5 m 以内
10000	1/10000	7.0 m 以内	3.33 m 以内	5.0 m 以内

(1) 基準点

■表 7.5　基準点

記　号	名　　称
△ 17.4	三角点
□ 17.4	水準点
● 135.7	標高点標石のあるもの
● 136	標高点標石のないもの
△ 17.4	電子基準点

(2) 建物等

■表 7.6　建物等

記　号	名　　称	記　号	名　　称	記　号	名　　称
◎	市役所・東京都の区役所	☼	工場	⌂	記念碑
○	町村役場・政令指定都市の区役所	⌖	発電所・変電所	╷	煙突
⚲	官公署（特定の記号のないもの）	文	小・中学校	⚲	電波塔
△	裁判所	⊗	高等学校	☼	灯台
◇	税務署	(大)文	大学	凹	城跡
⊗	警察署	(専)文	高専	∴	史跡・名勝・天然記念物
✕	交番・駐在所	✝	病院	⌓	噴火口・噴気口
Ψ	消防署	开	神社	♨	温泉・鉱泉
⊕	保健所	卍	寺院	⚓	漁港
⊖	郵便局	⊟	高塔	⌂	老人ホーム
血	博物館	📖	図書館	⚡	風車

（3）交通等

■表 7.7 交通等

記　号	名　称
===）==（= ===）-−（-	道路（破線部はトンネル）
＿＿＿（163）＿＿＿	国道及び線路番号
JR線（単線／複線以上）	JR線
単線　｜　複線以上	
普通鉄道（単線／複線以上）	普通鉄道
単線　｜　複線以上	
・＿＿＿・＿＿＿・	送電線

（4）植　生

■表 7.8 植　生

記号の拡大	記号の配置	名　称	記号の拡大	記号の配置	名　称
｜　｜	" " / " "	田	●● / ●	∴ ∴ / ∴	茶畑
∨	ˇ ˇ / ˇ	畑・牧草地	○	๑ ๑ / ๑	広葉樹林
○̇	๐ ๐ / ๐ ๐	果樹園	∧	∧ ∧ / ∧	針葉樹林
⅄	⅄ ⅄ / ⅄ ⅄	桑畑	｜ ｜	ⅲ ⅲ / ⅲ ⅲ	荒地

補足 📖

各種地図整備の過程で，平成 25 年度版の 1/25000 地形図より「工場☼」と「桑畑⅄」の地図記号が廃止されました。ただ，過去問題等での表記があるため，本書ではそのまま掲載しています。一方で，平成 31 年 3 月に「自然災害伝承碑」が新しい地図記号として追加されました。

自然災害伝承碑

7.4.3 等高線の読み方

等高線は，同じ標高の点をたどって連ねた線で，地形を表現したものです。等高線として描かれている線のことを**主曲線**と呼び，この線を見やすくするために5 本ごとに少し太く描かれた線を**計曲線**といいます。また，地形の変化が大きく主曲線だけでは表現しきれない場合などは，主曲線の1/2 や1/4 の間隔で，**補助曲線**が破線や点線で描かれます。

等高線は地図情報レベル（又は縮尺）に応じて一定の間隔（1 m や5 m，10 m など）で描かれており，測量士補試験の地形図の読図で用いられる**地図情報レベル25000** では，**10 m 間隔**※で描かれています。

図7.10 に示す地形図（地図情報レベル25000）において，神社と市役所の標高差を求めてみましょう。

> ※何 m 間隔で描かれているのか確認したい場合は，地図に記されている三角点や水準点，標高点の数値を参考にしましょう

レベルが25000 の場合，等高線は10 m 間隔で描かれています。神社は計曲線の線上にあり，水準点の数値（113.2 m）を参考にすると，標高は100 m です。そこから等高線を数えると，市役所は6 本目にありますので，標高差は60 m ということになります。

別の求め方として，市役所を通る等高線の近くに標高点（39.6 m）がありますので，市役所の標高が40 m であることがわかります。そこから標高差を計算することもできます。

補足 📖

実際の地形図では同じ高度の等高線が並ぶ場合もあるので，読図は周辺の地形の状況も確認しながら行いましょう。

113.2

標高 100 m の線

計曲線

標高 40 m の線

主曲線

標高 50 m の線

39.6

地図情報レベル25000 の場合，等高線間隔は10 m

■**図7.10 地形図（地図情報レベル25000）**

問題 1 ✓✓✓

次の各表は，国土地理院発行の 1/25000 地形図の地図記号とその名称を対応させたものである。次の中で，記号と名称がすべて正しく対応しているものはどれか。

1	記　号	🏛	⛩	⊗
	名　称	博物館・美術館	神社	交番

2	記　号	📖	⊗	⊖
	名　称	図書館	小・中学校	郵便局

3	記　号	Y	♀	ılı
	名　称	桑畑	広葉樹林	荒地

4	記　号	☖	⌀	☼
	名　称	風車	電子基準点	灯台

5	記　号	⌂	⸙	⸞
	名　称	老人ホーム	官公署	温泉・鉱泉

1　×　交番はⅩで，⊗は警察署です。
2　×　小・中学校は**文**で，⊗は高等学校です。
3　×　広葉樹林は°₀°で，°₀°は果樹園です。
5　×　温泉・鉱泉は♨で，⸞は噴火口・噴気口です。

【解答】4

出題傾向

地形図の地図記号を問うパターンです。こうした出題パターンは少なくなりましたが，地図記号そのものは，最低限覚えておきましょう。

問題 2 ✓✓✓

　図は国土地理院刊行の電子国土 25000 の一部（縮尺を変更，一部を改変）である。次の文は，この図に表現されている内容について述べたものである。明らかに間違っているものはどれか。

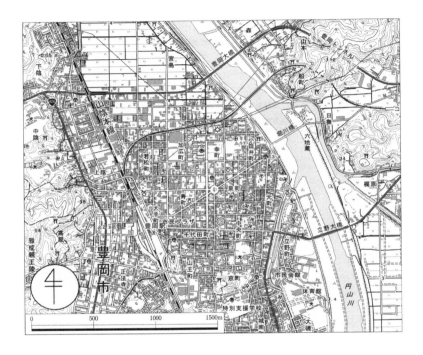

1　標高 55.8 m の三角点から標高 3.4 の三角点までの水平距離は，およそ 2010 m である。

2　豊岡トンネルの東側の杭口と西側の杭口の標高差は，20 m 以下である。

3　山陰本線豊岡駅の記号の北西角から税務署までの水平距離は，およそ 580 m である。

4　市役所から図書館までの水平距離は，410 m である。

5　立野大橋より南側かつ円山川より東側には，主に田が広がっている。

 最近は電子国土からの地図が多く，図中にスケールが表示されていることも多いので，距離はそれを参考にしましょう。

1　×　標高55.8 mの三角点から標高3.4の三角点までの距離を，スケールを参考に計測すると，およそ**3000 m**あります。

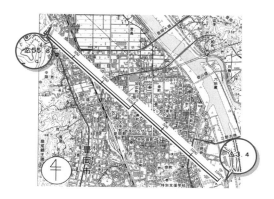

■解図1

2　○　標高差の計測は等高線の数を数えます。1/25000地形図では等高線は10 m間隔で描かれており，50 mごとに少し太めの線（計曲線）で表されています。その上で計測すると，標高差は20 m以内に収まっています。

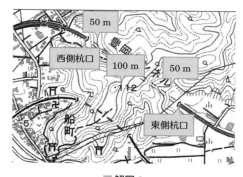

■解図2

3　○　スケールを参考に計測すると，豊岡駅の北西角から税務署までの距離はおよそ580 mです。

■解図3

7章

295

4 ○ スケールを参考に計測すると，市
   役所から図書館までの距離はおよそ
   410 m です。

■解図 4

5 ○ 立野大橋から南，円山川から東の
   エリアには田んぼが広がっていま
   す。

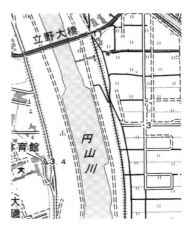

■解図 5

【解答】1

┏出題傾向┓
地図を読み解く力を問うパターンの問題です。地図記号を必ず覚えるとともに，地
図上での距離計測や等高線から標高差を求められるようにしましょう。

7.5 ▶ 地形図の読図（経緯度計算）

最近の地形図読図の問題では，経緯度を求めるパターンが多くなっています。過去問題を解いて，そのパターンを身に付けておきましょう。

7.5.1　地形図上の経緯度の求め方

地形図上で経緯度を求める場合，多くはその四隅に経緯度が示されているか，図中の記号の経緯度座標が別表などで表記されています。

経緯度の計算方法としては，地形図上で計測した横（又は縦）の長さと経度差（又は緯度差）の比で経緯度の値を求めます。

図 **7.11** のように，測定された地図より，ある地点（ここでは消防署 Ｙ）の経緯度値を求めてみましょう。

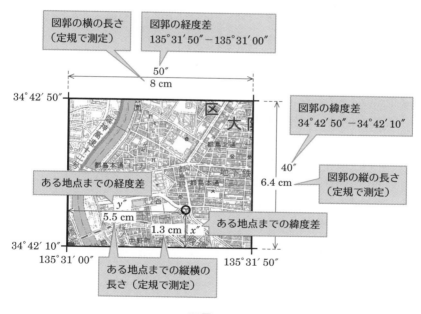

■ 図 **7.11**

＜ある地点の緯度の計算＞

図 7.11 を参照して比の式で表すと

　図郭の緯度差：図郭の縦の長さ

　　＝ある地点までの緯度差 x：ある地点までの縦の長さ

比の計算の「内項の積＝外項の積（☞ 1.4.3 項「比の計算」）」で式をたてると

　図郭の縦の長さ × ある地点までの緯度差 x

　　＝図郭の緯度差 × ある地点までの縦の長さ

x を求める式にすると

$$\text{ある地点までの緯度差 } x = \frac{\text{図郭の緯度差} \times \text{ある地点までの縦の長さ}}{\text{図郭の縦の長さ}}$$

数値を代入すると

$$x = \frac{40'' \times 1.3 \text{ cm}}{6.4 \text{ cm}} = 8.125 \fallingdotseq 8''$$

x は図郭左下の緯度からの値なので，34° 42′ 10″ に x を加えてある地点（消防署）の緯度を求めることができます。

　　ある地点（消防署）の緯度 = 34° 42′ 10″ + 8″ = 34° 42′ 18″

経度も同様に求めます。

＜ある地点の経度の計算＞

　図郭の経度差：図郭の横の長さ

　　＝ある地点までの経度差 y：ある地点までの横の長さ

緯度の計算と同様に「内項の積＝外項の積」で式をたてると

　図郭の横の長さ × ある地点までの経度差 y

　　＝図郭の経度差 × ある地点までの横の長さ

y を求める式にすると

$$\text{ある地点までの経度差 } y = \frac{\text{図郭の経度差} \times \text{ある地点までの横の長さ}}{\text{図郭の横の長さ}}$$

数値を代入すると

$$y = \frac{50'' \times 5.5 \text{ cm}}{8 \text{ cm}} = 34.375 \fallingdotseq 34''$$

y は図郭左下の経度からの値なので，135° 31′ 00″ に y を加えてある地点（消防署）の経度を求めることができます。

ある地点（消防署）の経度 = 135° 31′ 00″ + 34″ = 135° 31′ 34″
すなわち，ここで例に出したある地点（消防署）の緯度，経度の値は

緯度：34° 42′ 18″　　　経度：135° 31′ 34″

となります。

　図は，国土地理院発行の 1/25000 地形図の一部（縮尺を変更，一部を改変）である。この図にある交番の建物の経緯度はいくらか。ただし，図の四隅に表示した数値は，経緯度を表す。

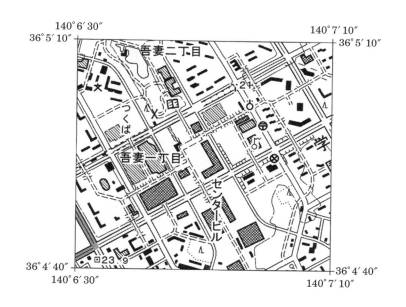

	緯度	経度
1	北緯 36° 04′ 53″	東経 140° 07′ 01″
2	北緯 36° 04′ 55″	東経 140° 07′ 01″
3	北緯 36° 04′ 59″	東経 140° 06′ 42″
4	北緯 36° 05′ 01″	東経 140° 06′ 57″
5	北緯 36° 05′ 04″	東経 140° 06′ 42″

7章

図郭の四隅にある経緯度値を用いて当該地物の経緯度を求める問題です。定規で測定した長さとの比例式により求めてください。

交番の地図記号は（X）です。

　　　図郭の緯度差は 36° 5′ 10″ − 36° 4′ 40″ = 30″

　　　図郭の経度差は 140° 7′ 10″ − 140° 6′ 30″ = 40″

　図郭の縦横の長さと交番までの縦横長さを定規で測定すると，**解図**のようになります。

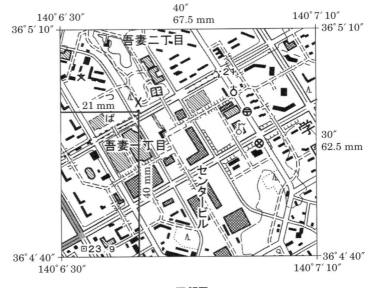

■解図

交番までの緯度差を x，経度差を y として，比の式で表すと以下のようになります。

図郭の縦の長さ：図郭の緯度差＝交番までの縦の長さ：交番までの緯度差

62.5 mm：$30''$ ＝ 40 mm：x''　…①

図郭の横の長さ：図郭の経度差＝交番までの横の長さ：交番までの経度差

67.5 mm：$40''$ ＝ 21 mm：y''　…②

式①を「内項の積＝外項の積」で式をたてると

$30'' \times 40\ \text{mm} = 62.5\ \text{mm} \times x''$

x'' を求める式に変形し，計算すると

$$x'' = \frac{30'' \times 40\ \text{mm}}{62.5\ \text{mm}} = 19.2'' \fallingdotseq 19''$$

式②も同様に

$40'' \times 21\ \text{mm} = 67.5\ \text{mm} \times y''$

$$y'' = \frac{40'' \times 21\ \text{mm}}{67.5\ \text{mm}} = 12.44'' \fallingdotseq 12''$$

交番までの長さは左下隅を基準に測定したので，左下隅の経緯度値に交番までの緯度差 x（＝$19''$）と交番までの経度差 y（＝$12''$）の値を加えると

交番の緯度値：36° 4′ 40″ ＋ 19″ ＝ **36° 4′ 59″**

交番の経度値：140° 6′ 30″ ＋ 12″ ＝ **140° 6′ 42″**

よって，最も近い値は選択肢 3 となります。

【解答】3

7章

出題傾向

読図の経緯度計算の基本的な問題です。計算は少し面倒ですが，落ち着いて丁寧に解くようにしましょう。比の式の立て方と緯度・経度に注意してください。

問題 2 ☑ ☑ ☑

　図は，国土地理院刊行の電子地形図 25000 の一部（縮尺を変更，一部を改変）である。この図内に示す老人ホームの経緯度はいくらか。ただし，表に示す数値は，図内の三角点のうち 2 点の経緯度及び標高を表す。

種　別	経　度	緯　度	標　高〔m〕
四等三角点	130° 30′ 10″	33° 25′ 38″	225.46
四等三角点	130° 31′ 02″	33° 24′ 55″	41.98

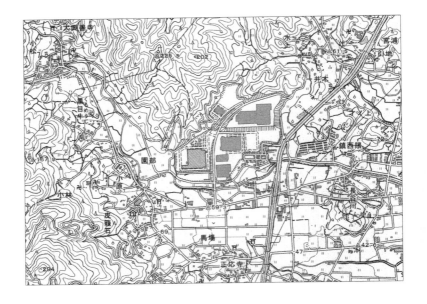

1　東経 130° 29′ 55″　　　北緯 33° 25′ 05″
2　東経 130° 29′ 57″　　　北緯 33° 25′ 16″
3　東経 130° 30′ 03″　　　北緯 33° 25′ 03″
4　東経 130° 30′ 17″　　　北緯 33° 24′ 47″
5　東経 130° 31′ 10″　　　北緯 33° 25′ 17″

図郭に経緯度は記されていませんが，図中の三角点の経緯度が表記されています。三角点を探す手間は増えますが，考え方や解き方は問題1と変わりません。

 図中より，別表で記された三角点（△）と老人ホーム（⌂）の位置を探します。

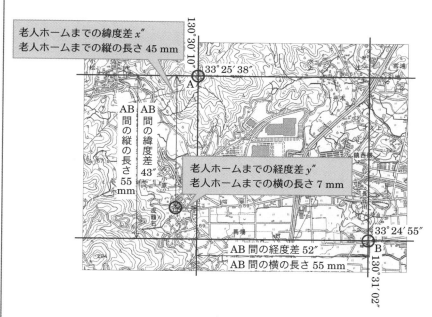

老人ホームまでの緯度差 x''
老人ホームまでの縦の長さ 45 mm

老人ホームまでの経度差 y''
老人ホームまでの横の長さ 7 mm

AB 間の縦の長さ 55 mm
AB 間の緯度差 43″

AB 間の経度差 52″
AB 間の横の長さ 55 mm

130°30′10″
33°25′38″
A

33°24′55″
130°31′02″
B

■解図

　三角点は地図上で小数第1位までの表記となりますので，標高 225.46 m の三角点は 225.5，標高 41.98 m の三角点は 42.0 と記されています。

　説明の便宜上，表の上段の三角点（△ 225.5）を A，下段の三角点（△ 42.0）を B とします。

　AB 間の緯度差：33° 25′ 38″ − 33° 24′ 55″ = 43″

　AB 間の経度差：130° 31′ 02″ − 130° 30′ 10″ = 52″

　AB 間の縦の長さ：55 mm

　AB 間の横の長さ：55 mm

注意 ⚠
経緯度差は絶対値として求めているので，大きい値から小さい値を差し引いています。

7
章

A～老人ホームの縦の長さ：45 mm　　A～老人ホームの緯度差：x

A～老人ホームの横の長さ：7 mm　　A～老人ホームの経度差：y

比の式で表すと以下のようになります。

AB 間の縦の長さ：AB 間の緯度差

　＝A～老人ホームの縦の長さ：A～老人ホームの緯度差

55 mm：43″ ＝ 45 mm：$x″$　…①

AB 間の横の長さ：AB 間の経度差

　＝A～老人ホームの横の長さ：A～老人ホームの経度差

55 mm：52″ ＝ 7 mm：$y″$　…②

式①を「内項の積＝外項の積」で式をたてると

43″ × 45 mm ＝ 55 mm × $x″$

$x″$ を求める式に変形し，計算すると

$$x″ = \frac{43″ × 45 \text{ mm}}{55 \text{ mm}} = 35.18″ ≒ 35″$$

式②も同様に

52″ × 7 mm ＝ 55 mm × $y″$

$$y″ = \frac{52″ × 7 \text{ mm}}{55 \text{ mm}} = 6.62″ ≒ 7″$$

老人ホームは，基準とした三角点 A から南西方向（緯度・経度ともに－（マイナス）方向）にあるので，三角点 A の緯度・経度値から緯度差 x（＝35″）・経度差（y＝7″）をともに差し引くことになります。

老人ホームの緯度値 ＝ 33° 25′ 38″ － 35″ ＝ **33° 25′ 3″**

老人ホームの経度値 ＝ 130° 30′ 10″ － 7″ ＝ **130° 30′ 3″**

したがって，最も近い値は選択肢 3 となります。

【解答】3

出題傾向

経緯度計算の問題は，このパターンが一番多く出題されています。計算方法は問題1と変わりません。指示された位置が基準となる点からどの位置関係にあるのか，しっかり押さえておきましょう。

7.6 ▶ 地形図の読図（面積計算）

読図問題の中で出題パターンとして少ないのが面積計算です。その多くは三角形の面積を問うものです。問題で指示された地図記号を結び，定規で距離を測定して三斜法により面積を求めます。

7.6.1　面積の計算

　読図の面積計算のほとんどが三角形の面積を求めるものです。まずはその求め方をおさらいしておきましょう。

　三角形の面積を求める方法は「三斜法」「三辺法」「座標法」の大きく3つがあります（**図7.12**）。ただ，測量士補試験は定規と手計算で解きますので，**三斜法**を用いて解くのが一番簡単です。

$$面積 = \frac{ah}{2}$$

（a）三斜法

$$面積 = \sqrt{s(s-a)(s-b)(s-c)}$$
$$s = \frac{1}{2}(a+b+c)$$

（b）三辺法（ヘロンの公式）

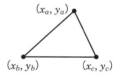

$$面積 = \frac{1}{2}\{x_a(y_b - y_c) + x_b(y_c - y_a) + x_c(y_a - y_b)\}$$

（c）座標法

■ **図7.12　三角形の面積を求める方法**

> **補足** 📖
> 三斜法とは，小学校で習う三角形の面積計算「底辺 a ×高さ h ÷2」です。

7.6.2　地形図上での面積計算

　当然のことですが，問題文に底辺の長さや高さの値が表記されている訳ではありません。まずは問題文中で指示された地図記号に印を付け，それらを線で結び三角形をつくります。

305

　地図記号を結んだ線だけでは三辺法で解くことになりますので，解法が難しくなります。そこで，三角形のいずれかの 1 辺を底辺として，底辺と垂直に交わるように高さの線を引きます。

　その後，底辺と高さの長さを定規で測定します。地図は縮小されていますので，測定した値を縮尺の分母倍し，三斜法で面積を求めます。

　図 7.13 を例として，底辺 a = 5.0 cm，高さ h = 2.6 cm の場合で考えます。この地形図を縮尺 1/25000 とした場合，実際の長さは縮尺倍するので

　　　底辺 a = 5.0 cm × 25000 = 125000 cm = 1.25 km

　　　高さ h = 2.6 cm × 25000 = 65000 cm = 0.65 km

　面積は三斜法により求めるので

　　　面積＝底辺 a×高さ h ÷ 2 = 1.25 km × 0.65 km ÷ 2 ≒ 0.41 km^2

となります。

注意⚠

測定した値は，面積の計算をする前に縮尺倍するようにしておきましょう。その際，単位換算も忘れないようにしましょう。

■**図 7.13　地形図上での面積計算（三斜法）**

問題 1 ☑ ☑ ☑

　図は，国土地理院発行の 1/25000 地形図（縮尺を変更，一部を改変）の一部である。この地形図に表示されている市役所と消防署の各建物の中心と水準点を結んだ三角形の面積はいくらか。

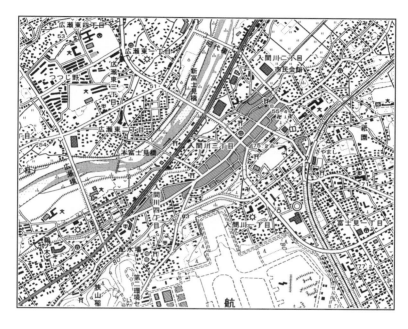

| 1 | 0.04 km² | 2 | 0.37 km² | 3 | 0.57 km² | 4 | 1.13 km² | 5 | 1.56 km² |

 図中の3点を線で結び三角形をつくり，三斜法により解きましょう。

解説 　図中より，市役所（◎）と消防署（Y）と水準点（⊡）の記号を探し，印をつけ，3 点を線で結びます。

　3 辺のうちの 1 辺（ここでは消防署と市役所を結ぶ線）を底辺と定めて，底辺と頂点（ここでは水準点）が垂直に交わる線を引き，高さを表す線を引きます。

　定規で底辺と高さの長さを測定すると

　　　　底辺 6.7 cm　　　高さ 2.7 cm

となります（**解図**）。

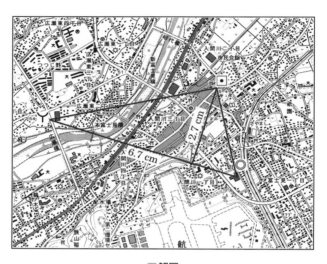

■**解図**

　地図上で測定した長さの実長を求めるため，縮尺（25000）倍します。

　　　底辺の実長 = 6.7 cm × 25000 = 167500 cm = 1.675 km

　　　高さの実長 = 2.7 cm × 25000 = 67500 cm = 0.675 km

三角形の面積は三斜法で求めます。

　　　三角形の面積 = 底辺 × 高さ ÷ 2

　　　　　　　　　 = 1.675 km × 0.675 km ÷ 2 ≒ **0.57 km²**

【解答】3

出題傾向

読図の面積計算はほとんどがこのパターンです。地図記号を覚えておけば簡単な三角形の計算で解くことができます。

応用測量

合格のワンポイントアドバイス

　準則では，応用測量として，「路線測量」，「用地測量」，「河川測量」，「その他」の4つを区分として設け，測量士補試験ではその他を除く3つの分野から出題されています。

　出題数は例年4問あり，路線測量から1〜2問，用地測量から1〜2問，河川測量から1問となります。文章問題と計算問題は半分ずつ出題されています。

　路線測量からは，ほぼ毎年曲線設置の問題が出題されています。覚える公式がいくつか出てきますが，そのほとんどは簡単な計算式から導き出せるものです。

　用地測量においても，毎年のように，座標から面積を求める関連の問題が出題されています。面積の求め方はパターンとして覚えると簡単なものです。

　河川測量は文章問題が多くなっていますが，時々，水位標に関わる標高を求める計算問題などが出題されます。近年では，体積（土量）にかかわる計算問題も出題されていますので，解けるようにしておきましょう。

8.1 ▶ 路線測量の作業工程

作業工程に関する出題は，工程全体の流れを問うものと，各工程の作業内容について問うものに分けられます。路線測量全体の流れを把握するうえで重要な項目になりますので，理解しておきましょう。

8.1.1　路線測量とは

準則において，『「路線測量」とは線状構造物建設のための調査，計画，実施設計等に用いられる測量をいう』と示されています。測量士補試験においては主に「道路」に関する測量として出題されており，道路線形をつくっていくことをイメージするとその作業も理解しやすいでしょう。

■図 8.1　道路線形

8.1.2　路線測量の作業工程

路線測量の標準的な作業工程は，以下の**図 8.2** に示すようになっています。

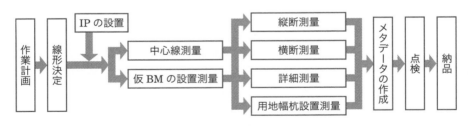

■図 8.2　路線測量の作業工程

(1) 線形決定

線形とは，路線の形状のことで，ここでは道路の平面的な形状を指します。路線選定の結果に基づき，**地図情報レベル 1000 以下の地形図上において，路線の交点（以下 IP）の位置を座標として定め，線形図データファイルを作成します。**

> **補足** 📖
> IP（Intersection Point）とは，直線道路の中心部分が交わる点のことです。一般に曲線となる部分に IP 杭を設置します。ただし，状況により設置できないこともあります。

（2）IP の設置

現地に直接 IP を設置する必要がある場合は，近くの 4 級以上の基準点に基づき，放射法等により設置します。また，IP には標杭を設置します。

（3）中心線測量

線形中心線の主要点及び中心点を現地に設置し，**図 8.3** のような線形地形図データファイルを作成します。中心点の設置は，近くの 4 級以上の基準点，IP 及び主要点に基づき，放射法等により行います。**道路中心杭（ナンバー杭）**の設置間隔は，実施設計において，**20 m** を標準としています。さらに，曲線の始点・終点，トンネル，橋梁の始点・終点，地形の変化点などにプラス杭を設置し，その位置を明示します（No. ○○ + ○○ m と記入）。

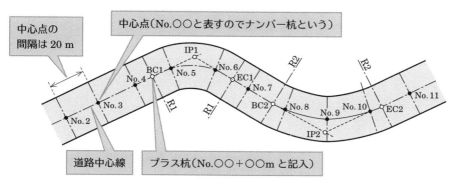

■図 8.3　線形地形図

（4）仮 BM 設置測量

仮 BM（ベンチマーク）とは，縦断測量及び横断測量に必要な水準点をいい，これを基準として各点の標高を定めています。

仮 BM 設置測量は，**平地では 3 級水準測量，山地では 4 級水準測量**により行います。設置間隔は 0.5 km を標準としています。

8章

（5）縦断測量

　中心杭や中心線上の地形変化点並びに中心線上の主要構造物の標高を定め，**図8.4**のような**縦断面図データファイル**を作成します。

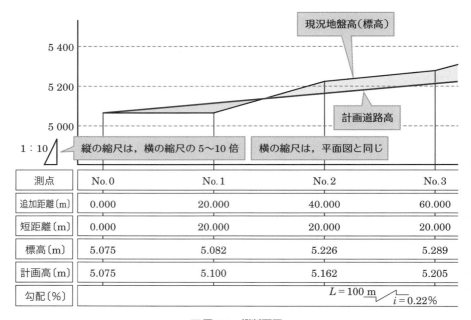

測点	No. 0	No. 1	No. 2	No. 3
追加距離〔m〕	0.000	20.000	40.000	60.000
短距離〔m〕	0.000	20.000	20.000	20.000
標高〔m〕	5.075	5.082	5.226	5.289
計画高〔m〕	5.075	5.100	5.162	5.205
勾配〔%〕			$L = 100 \text{ m}$	$i = 0.22\%$

■ **図 8.4　縦断面図**

　縦断測量は，仮 BM 又はこれと同等以上の水準点を基準に，**平地では 4 級水準測量**，山地では簡易水準測量により行います。

　縦断面図の横の縮尺（距離縮尺）は線形地形図と同一とし，縦の縮尺（高さ縮尺）は横の縮尺の **5 〜 10 倍**までを標準としています。これは，路線距離に比べ，高低差が小さいため，その形状をわかりやすく強調させるためでもあります。

（6）横断測量

　中心点等において，**中心線の接線に対して直角方向**の線上にある地形の変化点及び地物について，中心点からの距離及び地盤高を測定し，**図 8.5** のような**横断面図データファイル**を作成します。横断面図の縮尺は，縦断面図の高さを示した縦の縮尺と同一としています。

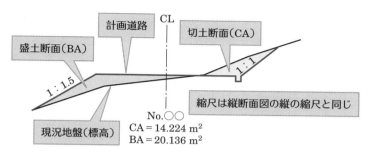

■ 図8.5　横断面図

(7) 詳細測量

　これまでの測量結果に基づき，主要構造物の設計に必要な詳細平面図データファイル，縦断面図データファイル及び横断面図データファイルを作成します。

　構造物の設計に用いるため，限定された範囲で，より詳細な図面が求められることになります。詳細平面図データの**地図情報レベルは250を標準**としています。

(8) 用地幅杭設置測量

　用地取得などに係る範囲を示すため，所定の位置に用地幅杭（ようちはばぐい）を設置する測量をいいます。中心線に対して直角方向の用地幅杭点座標値を計算し，それに基づき，近くの4級以上の基準点及び主要点，中心点から放射法等により用地幅杭を設置します。

　用地幅杭点及び中心点の位置を示す図を必要とする場合は杭打図（くいうちず）を作成します。

問題 1　☑ ☑ ☑

　図は，路線測量における標準的な作業工程を示したものである。　ア　～　オ　に入る作業名の組合せとして最も適当なものはどれか。

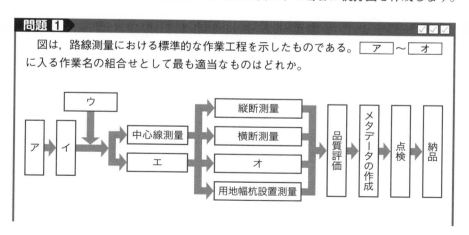

	ア	イ	ウ	エ	オ
1	作業計画	線形決定	IP の設置	仮 BM 設置測量	詳細測量
2	作業計画	線形決定	仮 BM 設置測量	IP の設置	法線測量
3	線形決定	作業計画	IP の設置	仮 BM 設置測量	詳細測量
4	作業計画	線形決定	仮 BM 設置測量	IP の設置	詳細測量
5	線形決定	作業計画	仮 BM 設置測量	IP の設置	法線測量

 どのような手順で各工程の作業が進んでいくのか整理しておきましょう。それさえつかめばさほど難しい問題ではありません。

【解説】 全体の工程は図 8.2 を参照してください。

【解答】 1

出題傾向

同様の問題は過去にも出題されています。本文中でまとめた各工程の作業内容をよく読んでおきましょう。

問題 2 ✓✓✓

次の文は，公共測量における路線測量について述べたものである。明らかに間違っているものはどれか。

1 線形図データファイルは，計算等により求めた主要点及び中心点の座標値を用いて作成する。

2 線形地形図データファイルは，地形図データに主要点及び中心点の座標値を用いて作成する。

3 縦断面図データファイルを図紙に出力する場合は，縦断面図の距離を表す横の縮尺は線形地形図の縮尺と同一のものを標準とする。

4 横断面図データファイルを図紙に出力する場合は，横断面図の縮尺は縦断面図の横の縮尺と同一のものを標準とする。

5 詳細平面図データの地図情報レベルは 250 を標準とする。

 各工程での作業内容の理解を問う問題です。

【解説】 4 × 横断面図データファイルを出力する場合の縮尺は，縦断面図の縦の縮尺と同一にすることを標準としています。

【解答】 4

問題 3 ☑ ☑ ☑

次の a ～ e の文は，公共測量における路線測量について述べたものである。間違っているものはいくつあるか。

a. 線形決定では，計算などによって求めた主要点及び中心点の座標値を用いて線形図データファイルを作成する。

b. IP杭は，道路の設計・施工上重要な杭であるので，必ず打設する。

c. 縦断面図データファイルは，縦断測量の結果に基づいて作成し，図紙に出力する場合は，高さを表す縦の縮尺を線形地形図の縮尺の2倍で出力することを原則とする。

d. 横断測量は，中心杭などを基準にして，中心点における中心線の接線に対して直角方向の線上にある地形の変化点及び地物について，中心点からの距離及び地盤高を測定する。

e. 詳細測量は，主要な構造物の設計に必要な杭打図を作成する作業をいう。

1 間違っているものは1つもない
2 1つ　3 2つ　4 3つ　5 4つ

a. ○ 線形決定では線形図データファイルを作成します。

b. × IP杭は必要がある場合に設置するもので，必ず打設する必要はありません。

c. × 縦断面図の縮尺は距離を表す横の縮尺は線形地形図と同じにして，高さ（高低差）を表す縦の縮尺は横の縮尺の **5 ～ 10倍**で示すことになっています。

d. ○ 横断測量では中心線の接線に対して直角方向の距離及び地盤高を測定し，横断面図データファイルを作成します。

e. × 詳細測量では，構造物の設計に必要な詳細平面図及び縦断面図，横断面図を作成します。**杭打図を作成するのは用地幅杭設置測量です**。

したがって，間違っているのは b，c，e の3つです。

【解答】4

出題傾向

作業工程では，その作業手順だけでなく，各工程での内容も覚えておきましょう。IP杭の打設や断面図の縮尺に関して，過去にも出題されています。

8 章

8.2 ▶ 路線測量の計算（曲線設置）

路線測量の計算は曲線設置に関するものがほぼ毎年のように出題されています が，問題のパターンが変わりやすく，一見難しいようにも思えます。しかし，公式だけでなく導き方も覚えておくと，さまざまなパターンに対応できます。

8.2.1 曲線設置における名称とその公式

曲線設置は，道路の平面線形における曲線部分の測点設置を指します。測量士補試験では単曲線（半径の中心が1つ）の計算が出題されます。

曲線設置に関する用語及び公式は次のようなものがあります。

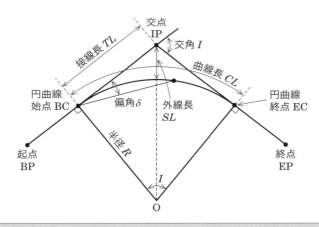

$$接線長 \ TL = R \times \tan\left(\frac{I}{2}\right) \quad 曲線長 \ CL = \frac{\pi RI}{180°} \quad 偏角 \ \delta = \frac{l}{2R} \times \frac{180°}{\pi}$$

■**図 8.6　曲線設置の各部の名称とその公式**

計算問題によく関係してくる公式は，**図 8.6** で示した，**接線長 TL, 曲線長 CL, 偏角 δ** です。式を覚えることも大切ですが，その求め方も含めて覚えましょう。

8.2.2 主な計算式の求め方

曲線設置の問題を解くにあたり，**図 8.7** の関係は押さえておいてください。

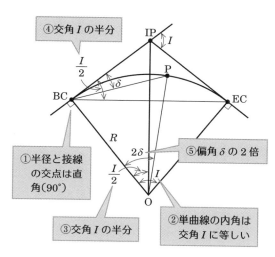

④交角 I の半分

$\frac{I}{2}$

δ

BC

①半径と接線の交点は直角（90°）

R

2δ

⑤偏角 δ の 2 倍

$\frac{I}{2}$

I

O

③交角 I の半分

②単曲線の内角は交角 I に等しい

IP I

P

EC

①半径と接線が交わる点（BC 又は EC）の角度は 90°

②単曲線の内角は交角 I と等しい

③∠IP-O-BC は交角 I の半分 $\left(\dfrac{I}{2}\right)$

④∠IP-BC-EC は交角 I の半分 $\left(\dfrac{I}{2}\right)$

⑤∠BC-O-P は偏角 δ の 2 倍

偏角 δ は交点 IP と円弧上の任意の点 P を挟む角

■ 図 8.7

（1）接線長 TL

接線長 TL は，タンジェントレングス（Tangent Length）と呼ばれるように，三角関数 tan の関係から導くことができます（☞ 1.1.7 項「関数表の使い方」）。

図 8.8 のように，△IP - O - BC を取り出して考えます。辺 BC - O は半径 R，辺 IP - BC は接線長 TL，∠IP - O - BC は $\dfrac{I}{2}$ となるので

$$\tan \frac{I}{2} = \frac{TL}{R}$$

TL を求める式に変形すると

$$TL = R \times \tan \frac{I}{2} \qquad (8 \cdot 1)$$

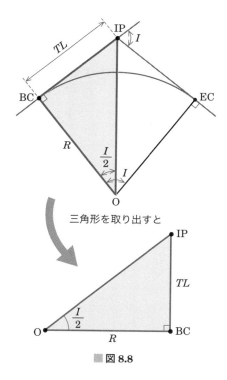

三角形を取り出すと

■ 図 8.8

(2) 曲線長 *CL*

図 **8.9** のように，曲線長 *CL* は半径 *R* の円周の長さのうち，交角 *I* の弧の長さを示していることになるので，円周の長さを $2\pi R$ として

$$CL = 2\pi R \times \frac{I}{360°}$$

$$CL = \frac{\pi R I}{180°} \qquad (8 \cdot 2)$$

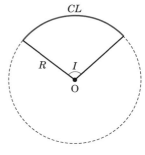

■図 **8.9**

(3) 偏角 δ

図 **8.10** のように，偏角 δ とは円曲線の接線（BC - IP）と円曲線上の任意の点 P（BC - P）に挟まれた角をいいます。

偏角 δ の公式は，BC から点 P までの長さ *l*（弧長）と半径 *R* と中心角 2δ（∠ BC - O - P）の関係をラジアン単位〔rad〕で表し，それをデグリー単位〔°〕に変換することで導きます。

ラジアン単位では，**弧長＝半径×角度**の関係が成り立ちます（☞ 1.1.1 項（3）「角度（ラジアン単位）」）。

したがって

$$l = R \times 2\delta$$

これを偏角 δ を求める式に変形すると

$$\delta = \frac{l}{2R} \quad \text{〔rad〕} \qquad (8 \cdot 3)$$

式（8・3）はラジアン単位ですので，これをデグリー単位〔°〕に換算すると

$$\delta = \frac{l}{2R} \times \frac{180°}{\pi} \qquad (8 \cdot 4)$$

このように偏角 δ の式を導くことができます。

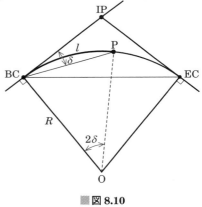

■図 **8.10**

補足 📖

ラジアン〔rad〕から度〔°〕に単位換算する式は 1.3.2 項参照

問題 1 ☑ ☑ ☑

　図に示すように，曲線半径 $R = 600$ m，交角 $\alpha = 90°$ で設置されている，点 O を中心とする円曲線からなる現在の道路（以下「現道路」という）を改良し，点 O′ を中心とする円曲線からなる新しい道路（以下「新道路」という）を建設することとなった。新道路の交角 $\beta = 60°$ としたとき，新道路 BC ～ EC′ の路線長はいくらか。ただし，新道路の起点 BC 及び交点 IP の位置は，現道路と変わらないものとし，円周率 $\pi = 3.14$ とする。なお，関数の数値が必要な場合は，巻末の関数表を使用すること。

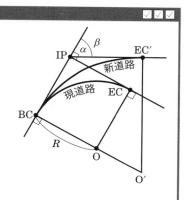

| 1　1016 m | 2　1039 m | 3　1065 m | 4　1088 m | 5　1114 m |

 　新道路の曲線長 CL（BC ～ EC′）を求めるにあたり，新道路の半径 $R′$（BC ～ O′）が未知数であることがわかります。そこで，新道路と現道路の IP が同じ点で，接線長 TL が変わらないということに着目してください。

解説　現道路より，接線長 TL を求めます。文中より，交角 $I = 90°$，半径 600 m，式（8・1）を用いて

$$TL = R \times \tan \frac{I}{2} = 600 \times \tan \frac{90°}{2}$$

$$= 600 \times \tan 45° = 600 \text{ m}$$

8章

Point

交角 $I = 90°$ のとき，半径 $R =$ 接線長 TL となります。これは，そもそも接線長と半径が交わる角が $90°$ であり，交角 I が $90°$ となることで，半径と接線長を結んでできる四角形が正方形となることからもわかります。

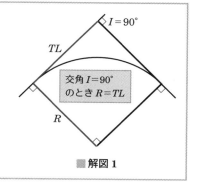

■ 解図 1

現道路と新道路のIPの位置が変わらないため，新道路の接線長 TL も同じということになります。**解図2**のように新道路の半径を R' として，式（8・1）から新道路の R' を求める式に変形します。接線長 $TL = 600$ m，新道路の交角 $I = 60°$ として，$TL = R' \tan \dfrac{I}{2}$ より

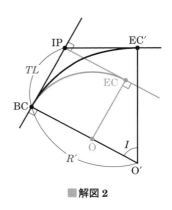

■**解図2**

$$R' = \frac{TL}{\tan \dfrac{I}{2}} = \frac{600}{\tan \dfrac{60°}{2}} = \frac{600}{\tan 30°}$$

$$= \frac{600}{0.57735} \fallingdotseq 1039.2 \text{ m}$$

これで，新道路の半径がわかったので，$R' = 1039.2$ m，新道路の交角 $I = 60°$ より式（8・2）を用いて

$$CL = \frac{\pi R' I}{180°} = \frac{3.14 \times 1039.2 \times 60°}{180°} \fallingdotseq \mathbf{1087.7 \ m}$$

よって，選択肢 4 が最も近い値となります。

【解答】4

出題傾向

曲線設置の出題例として最も多いパターンになります。新道路と現道路の位置を逆にしたパターンも出題されています。

問題 2　☑☑☑

図に示すように，起点を BP，終点 EP とし，始点 BC，終点 EC，曲線半径 $R = 200$ m，交角 $I = 90°$ で，点 O を中心とする円曲線を含む新しい道路の建設のために，中心線測量を行い，中心杭を，起点 BP を No.0 として，20 m ごとに設置することになった。このとき，BC における，交点 IP からの中心杭 No.15 の偏角 δ はいくらか。ただし，BP ～ BC，EC ～ EP 間は直線で，IP の位置は，BP から 270 m，EP から 320 m とする。また，円周率 $\pi = 3.14$ とする。なお，関数の数値が必要な場合は，巻末の関数表を使用すること。

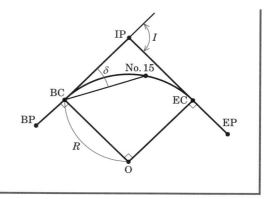

1 19°
2 25°
3 33°
4 35°
5 57°

偏角 δ を求めるパターンの問題です。

偏角 δ を求める式は，弧長 l と半径 R を用いて，式（8·4）より以下のようになります。

$$\delta = \frac{l}{2R} \times \frac{180°}{\pi}$$

解図において，いま，弧長 l にあたる BC から No.15 までの弧の長さが未知数となっていますので，問題文より与えられている数値から l を求めます。

起点 BP（No.0）から No.15 までの長さは，測点間隔 20 m より

$$20\ \text{m} \times 15 = 300\ \text{m}$$

BP ～ IP（270 m）から BC ～ IP（TL）を差し引くと BP ～ BC（BC の位置）が求まるので，式（8·1）より，$R = 200$ m，$I = 90°$ として

$$TL = R \times \tan \frac{I}{2}$$

$$= 200 \times \tan \frac{90°}{2} = 200\ \text{m}$$

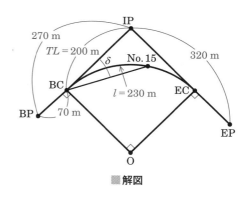

■解図

Point

交角 $I = 90°$ のとき，$TL = R$ となることを知っておくと計算の手間が省けます。

8章

BP 〜 BC（BC の位置）= 270 − 200 = 70 m

BC 〜 No.15（弧長 l）=「BP 〜 No.15」−「BP 〜 BC」となるので

弧長 l = 300 − 70 = 230 m

δ を求める式（8・4）に，R = 200，l = 230，π = 3.14 を代入すると

$$\delta = \frac{l}{2R} \times \frac{180°}{\pi} = \frac{230}{2 \times 200} \times \frac{180°}{3.14} = \textbf{32.9}°$$

よって選択肢 3 が最も近い値となります。 【解答】3

Point

パターンとして多くはありませんが，この傾向の問題にも慣れておきましょう。ラジアン単位はあまり馴染みがないかもしれませんが，偏角 δ を求める公式は覚えておきましょう。

問題 3

　平たんな土地で，図のように円曲線始点 BC，円曲線終点 EC からなる円曲線の道路の建設を計画している。交点 IP の位置に川が流れており杭を設置できないため，BC と IP を結ぶ接線上に補助点 A，EC と IP を結ぶ接線上に補助点 B をそれぞれ設置し観測を行ったところ，α = 112°，β = 148° であった。曲線半径 R = 300 m とするとき，円曲線始点 BC から円曲線の中点 SP までの弦長はいくらか。なお，関数の数値が必要な場合は，巻末の関数表を使用すること。

1　211.3 m
2　237.8 m
3　253.6 m
4　279.8 m
5　316.5 m

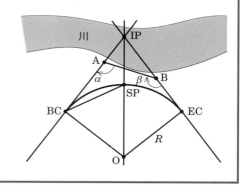

比較的難易度の高い問題なので，解法パターンを頭に入れておいてください。考え方のヒントは，△O‐BC‐SP が二等辺三角形であるということです。

解説 BC から中点 SP までの弦長を求めるにあたり，△O‐BC‐SP を考えます。

△O‐BC‐SP の辺 O‐BC，辺 O‐SP はともに半径 R となるので，**△O‐BC‐SP は二等辺三角形となります**（解図 1）。

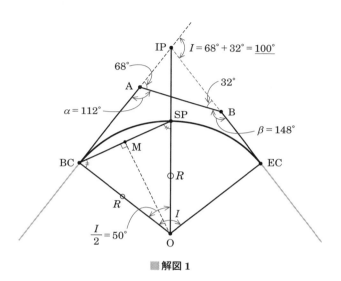

■解図 1

∠SP‐O‐BC は交角 I の $1/2$ となりますが，交角 I が未知数なので，α，β を用いて，交角 I を求めます。

$$I = (180° - \alpha) + (180° - \beta)$$
$$= (180° - 112°) + (180° - 148°)$$
$$= 100°$$

よって，∠SP‐O‐BC = 50°

O 点から辺 BC‐SP に対し垂線を引き，その交点を M とします。すると，△O‐M‐SP は直角三角形となり（解図 2），∠SP‐O‐M は 25°，辺 SP‐O は半径 $R = 300$ m なので

$$\sin 25° = \frac{辺 SP‐M}{300}$$

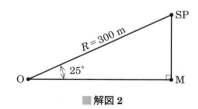

■解図 2

323

辺 SP‐M = 300 × sin 25° = 300 × 0.42262

$\quad$ ≒ 126.8 m

辺 SP‐BC は辺 SP‐M の 2 倍の長さになるので

$\quad$ 辺 SP‐BC = 126.8 × 2 = **253.6 m**

【解答】3

出題傾向

最近の測量士補試験の計算問題の傾向として，こうしたややこしい問題は少なくなりましたが，さまざまな問題パターンに対応できるようにしておきましょう。

問題 4

図 1 に示すように，点 O から五つの方向に直線道路が延びている。直線 AO の距離は 400 m，点 A における点 O の方位角は 120°であり，直線 BO の距離は300 m，点 B における点 O の方位角は 190°である。点 O の交差点を図 2 に示すように環状交差点に変更することを計画している。環状の道路を点 O を中心とする半径 R = 20 m の円曲線とする場合，直線 AC，最短部分の円曲線 CD，直線 BDを合わせた路線長はいくらか。ただし，円周率 π = 3.142 とする。なお，関数の値が必要な場合は，巻末の関数表を使用すること。

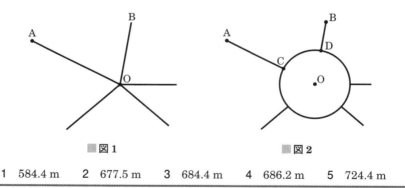

■図1　　　　■図2

1　584.4 m　　2　677.5 m　　3　684.4 m　　4　686.2 m　　5　724.4 m

 図に補助線などを描くと，求め方を導きやすくなります。なお，問題文中は方位角とありますが，数百メートルの測量範囲では方位角と方向角の差がわずかであることから，以下の解説では方向角として計算しています（⇒3.9節「方向角の計算」）。

問題の図に与えられている数値を書き入れます。

まず，CD間の交角 I を求めます。

測点 A，B に X 軸を描くと，∠AOB は 70°になることがわかります（**解図 1**）。これは円曲線 CD の中心角（交角 I）でもあるので，半径 $R = 20$ m として，曲線長 CL（円曲線 CD の長さ）は

$$CL = \frac{\pi R I^\circ}{180} = \frac{3.142 \times 20 \times 70}{180} = \frac{3.142 \times 70}{9} = 24.438 \text{ m}$$

解図 2 より

直線 AC = 400 − 20 = 380 m　　　直線 DB = 300 − 20 = 280 m

求めるのは，直線 AC + 円曲線 CD + 直線 BD を併せた距離なので

380 m + 24.438 m + 280 m = **684.438 m**

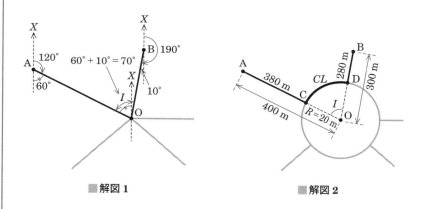

■解図 1　　　　　　　　　　　　　　　　■解図 2

【解答】3

8
章

出題傾向

新しい形での出題パターンです。図に書き込むことで答えが見えてくることになります。今後もこうしたパターンの問題が出題される可能性がありますので，覚えておきましょう。

8.3 ▶ 用地測量の作業工程

用地測量では，作業工程とその作業内容に関する問題が出題されています。作業の各工程と項目の概要を理解しておきましょう。

8.3.1　用地測量とは

　用地測量とは，土地や境界などについて調査し，用地取得などに必要な資料や図面を作成する作業をいいます。

　土地区画の所有関係を示した地籍図（**図 8.11**）などをイメージするとよいでしょう。

■ **図 8.11　地籍図**

8.3.2　用地測量の作業工程

準則に基づき実施される用地測量の作業工程は**図 8.12** に示すとおりです。

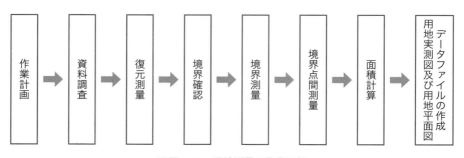

■ **図 8.12　用地測量の作業工程**

（1）資料調査

　資料調査では，土地の取得などに関して必要な諸資料を整理・作成します。

（2）復元測量

　境界確認の前に，地籍測量図などにより**境界杭**の位置を確認し，亡失などがあ

れば権利関係者に事前説明を行い，復元すべき位置に仮杭を設置します。

(3) 境界確認

現地において一筆ごとに土地の境界を確認する作業をいい，権利関係者立会いのもと境界点を確認し，標杭を設置します。

(4) 境界測量

現地において境界点を測定し，その座標値を求める作業をいいます。境界測量は近くの4級以上の基準点に基づき放射法等により行うとしています。ただし，やむを得ない場合は補助基準点に基づいて行うことができます。

(5) 境界点間測量

隣接する境界点間の距離を，TS等を用いて測定し，その精度を確認する作業をいいます。境界点間測量は境界測量や用地境界杭設置後に行い，境界点間の距離の全数について現地で測定します。

(6) 面積計算

境界測量の成果に基づいて取得用地及び残地の面積を算出します。面積計算は原則として座標法を用いて行います。

補足 📖
用地測量における面積計算を座標法としていることから，測量士補試験の用地測量における計算問題として「座標による面積計算」がよく出題されています。

問題 1 ✓✓✓

次のa〜dの文は，用地取得のために行う測量について述べたものである。作業の順序として正しいものはどれか。

a. 土地の取得等に係る土地について，用地測量に必要な資料等を整理及び作成する資料調査

b. 現地において一筆ごとに土地の境界を確認する境界確認

c. 取得用地等の面積を算出し，面積計算書を作成する面積計算

d. 現地において境界点を測定し，その座標値を求める境界測量

    1   a → c → d → b
    2   d → b → c → a
    3   b → a → d → c
    4   c → a → d → b
    5   a → b → d → c

8章

各工程における作業内容の概略を整理しておくと，さほど難しい問題ではありません。選択肢を当てはめながら，消去法で解いていくのも一つです。

解説

用地測量の作業工程は，本文中の図 8.12 に示したとおりです。
したがって，作業順序は，a → b → d → c となります。　　　　　　【解答】5

問題 2　　　　　　　　　　　　　　　　　　　　　　　　　　☑ ☑ ☑

　次の文は，標準的な公共測量作業規程に基づいて実施する用地測量について述べたものである。作業の方法が明らかに間違っているものはどれか。
1　境界測量を 4 級基準点に基づいて放射法により行う。
2　境界点間測量においては，隣接する境界点間又は境界点と用地境界点との距離を，全辺数の 5％について現地で測定する。
3　境界確認は，現地において転写図，土地調査表等に基づき，関係権利者立会いのうえ境界点を確認し，所定の標坑を設置することにより行う。
4　座標法により面積計算を行う。
5　用地実測図原図の境界点等必要項目を透写し，現地において建物等の必要項目を測定描画して用地平面図を作成する。

作業工程におけるそれぞれの内容の理解を問う問題です。しっかり読んで答えるようにしましょう。

解説

1　○　境界測量は境界点を測定し，その座標値を求める測量です。近くの 4 級以上の基準点に基づいて行われます。
2　×　境界点間測量は精度確認のために行われるもので，**全辺数についての境界点間距離**を測定します。
3　○　境界確認は土地の境界を確認する作業をいい，関係者立会いのうえ，境界を確認します。
4　○　面積計算は原則として座標法を用います。用地測量における計算問題として，座標による面積の求め方を覚える必要があります。
5　○　用地平面図は用地実測図を用いて作成され，用地実測図データの境界点の座標値等の必要項目を抽出するとともに，現地において建物等の主要構造物を測定して作成します。　　　　　　　　　　　　　　　　　　　　　　【解答】2

出題傾向

用地測量の作業工程としては問題 1 や 2 のパターンがほとんどです。各作業内容の概略をつかんでおきましょう。

8.4 ▶ 座標による面積計算（面積の算出）

 座標値から面積を求める問題はほぼ毎年出題されています。解き方を確実にマスターしましょう。

8.4.1　座標法による面積計算の考え方

座標法による面積計算は次の考え方で行われます。ただ，測量士補試験を解くうえでは，次項の計算手順を覚えてください。

図 8.13 のように，A (X_1, Y_1)，B (X_2, Y_2)，C (X_3, Y_3) の 3 点の座標が与えられた場合の三角形 ABC の面積 S は，**図 8.14** のように考えると，台形 B′BCC′ から台形① （B′BAA′）と② （A′ACC′）を引けばよいので

$$S = 台形 B′BCC′ - 台形① B′BAA′ - 台形② A′ACC′$$

となります。これを図 8.13 の座標値を用いた式で表すと

$$S = \underbrace{\frac{1}{2}\{(X_2 + X_3)(Y_3 - Y_2)\}}_{台形 B′BCC′} - \underbrace{\frac{1}{2}\{(X_2 + X_1)(Y_1 - Y_2)\}}_{台形① B′BAA′} - \underbrace{\frac{1}{2}\{(X_3 + X_1)(Y_3 - Y_1)\}}_{台形② A′ACC′}$$

$$= \frac{1}{2}\{X_1(Y_2 - Y_3) + X_2(Y_3 - Y_1) + X_3(Y_1 - Y_2)\}$$

となります。

一般的に n 角形の面積について，座標法を用いた公式は

$$S = \frac{1}{2}\left\{\sum_{i=1}^{n} X_i(Y_{i+1} - Y_{i-1})\right\} \tag{8·5}$$

となります。

注意 ⚠
測量で扱う座標軸は，縦軸が X，横軸が Y です。

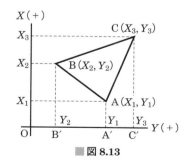

■ 図 8.13

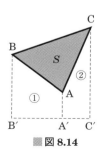

■ 図 8.14

8 章

329

座標法による面積計算の手順

　ここでは，座標法による面積計算を実際の例題を解きながら，その解法手順を解説していきます。公式としては式（8・5）ですが，問題を解くにあたっては，次のたすき掛けの方法を用いると，比較的簡単に解いていくことができます。

例題　　　　　　　　　　　　　　　　　　　　　　　　　　　✓✓✓

　境界杭 A，B，C，D を結ぶ直線で囲まれた四角形の土地の測量を行い，表に示す平面直角座標系の座標値を得た。この土地の面積はいくらか。

境界杭	X 座標〔m〕	Y 座標〔m〕
A	+1100.000	+1600.000
B	+1112.000	+1598.000
C	+1109.000	+1615.000
D	+1097.000	+1612.000

 解説　測量士補試験は電卓を使用することができません。そこで，計算を簡単にするため，測点 A を基準（座標値＝0）とした座標に変えます。
＜X 座標＞
　測点 A の X 座標は +1100 m なので，各測点の座標値から 1100 を差し引きます。
＜Y 座標＞
　測点 A の Y 座標は +1600 m なので，各測点の座標値から 1600 を差し引きます。
　これらをまとめると，**解表 1** のようになります。

解表 1

境界杭	X 座標	Y 座標
A	$1100-1100=0$	$1600-1600=0$
B	$1112-1100=12$	$1598-1600=-2$
C	$1109-1100=9$	$1615-1600=15$
D	$1097-1100=-3$	$1612-1600=12$

測点 A を基準（座標値＝0）とした座標は**解表2**のようになります。

■ 解表2

境界杭	X 座標	Y 座標
A	0	0
B	12	−2
C	9	15
D	−3	12

＜たすき掛けの方法＞

　解表2より，測点 D の下に次の点となる測点 A（A′ とする），測点 A の上に前の点となる測点 D（D′ とする）を書き加えます。その A′ と D′ の Y 座標（すなわち測点 A の Y 座標＝0，測点 D の Y 座標＝12）も書き加えます。

　次に，各点の X 座標値と次の測点の Y 座標値を実線で結びます。同様に，今度は各点の X 座標値と前の測点の Y 座標値を破線で結びます。

　以上を書き加えたものが**解表3**になります。

> **補足** 📖
> ここで結んだ線がたすき掛けのようになるので，たすき掛けの方法と呼んでいます。

■ 解表3

境界杭　D′	X 座標	12　Y 座標
A	0	0
B	12	−2
C	9	15
D	−3	12

A′　　　　0

①A′ と D′ を書き加える

②A′ と D′ の Y 座標値を書き加える

③たすき掛けするように実線と破線を入れる

＜計算方法＞

　計算式は，X 座標値×（次の測点の Y 座標値－前の測点の Y 座標値）です。

　次の測点の Y 座標値は実線で，前の測点の Y 座標値は破線で結びましたので，各点を計算すると以下のようになります。

A　$0 \times ((-2) - 12) = 0$

B　$12 \times (15 - 0) = 180$

C　$9 \times (12 - (-2)) = 126$

D　$-3 \times (0 - 15) = 45$

A ～ D の結果を合計すると倍面積となり，最後に 2 で割ると，座標値の面積を求めることができます。

$0 + 180 + 126 + 45 = 351$（倍面積）

$351 \div 2 = 175.5$（座標値の面積）

【解答】 175.5 m²

注意⚠
面積の結果が－（マイナス）で出る場合がありますが，この符号は座標値を示すものなので，結果は絶対値として計算してください。

Point
たすき掛けの方法の手順を簡単に整理すると
1. 最初と最後の点のそれぞれ前の点と次の点の Y 座標値を書き加える
2. X 座標と Y 座標をたすき掛けで結ぶ（実線と破線）
3. X 座標値×（次の測点の Y 座標値－前の測点の Y 座標値）で式をたてる
4. 各式で求めた値を合計し，それを 2 で割る

補足📖
たすき掛けの方法は，どんな多角形にも対応しています。

問題❶ ✓✓✓

境界点 A，B，C，D を結ぶ直線で囲まれた四角形の土地の測量を行い，表に示す平面直角座標系の座標値を得た。この土地の面積はいくらか。なお，関数の数値が必要な場合は，巻末の関数表を使用すること。

境界点	X 座標 〔m〕	Y 座標 〔m〕
A	−15.000	−15.000
B	+35.000	+15.000
C	+52.000	+40.000
D	−8.000	+20.000

| 1 | 1250 m² | 2 | 1350 m² | 3 | 2500 m² |
| 4 | 2700 m² | 5 | 2750 m² | | |

例題の手順で解いてみましょう。

解説　点Aを原点においた座標値に変えると，**解表1**のようになります。点AのX座標，Y座標がともに「−15」なので，各座標値に「15」を加えています。

解表1

境界点	X座標〔m〕	Y座標〔m〕
A	0	0
B	50	30
C	67	55
D	7	35

┌─ **補足** 📖 ─────────┐
計算の便宜上，小数点以
下は省略しています。
└──────────────────┘

たすき掛けの方法で表記すると**解表2**のようになります。

解表2

境界点　D′	X座標〔m〕	35 Y座標〔m〕
A	0	0
B	50	30
C	67	55
D	7	35

　　　A′　　　　　0

計算式で表すと

(A　0 × (30 − 35) = 0)

┌─────────────────┐
X座標値が0の場合，結果は必
ず0になるので，省略しても
構いません
└─────────────────┘

B　50 × (55 − 0) = 2750

C　67 × (35 − 30) = 335

D　7 × (0 − 55) = −385

A〜Dを合計すると

2750 + 335 − 385 = 2700 m²（倍面積）

2700 ÷ 2 = **1 350** m²（面積）

【解答】2

8
章

> **注意** ⚠️
> この問題のように倍面積が選択肢にある場合があります。最後に 2 で割るのを忘れないようにしましょう。

出題傾向
座標法による面積計算として最も多いパターンの問題です。最近は一部の座標値を変えて，その変更後との面積差を求める問題なども出題されていますが，たすき掛けの方法をマスターしておけば確実に解けますので，落ち着いて問題に取り組むようにしましょう。

問題 2 ✓ ✓ ✓

　ある三角形の土地の面積を算出するため，公共測量で設置された 4 級基準点から，トータルステーションを使用して測量を実施した。表は，4 級基準点から三角形の頂点にあたる地点 A，B，C を測定した結果を示している。この土地の面積に最も近いものはどれか。なお，関数の数値が必要な場合は，巻末の関数表を使用すること。

地点	方向角	平面距離
A	0° 00′ 00″	32.000 m
B	60° 00′ 00″	40.000 m
C	330° 00′ 00″	24.000 m

1　173 m² 　2　195 m² 　3　213 m² 　4　240 m² 　5　266 m²

座標による面積計算を少し応用した問題です。表で与えられた数値から測点 A，B，C の座標値を求める必要がありますので，図を描くとよいでしょう。

解説 問題の表の数値を図に描くと **解図 1** のようになります。

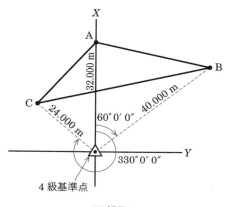

■ 解図 1

4 級基準点の座標値を（0, 0）として，各点の座標値を求めます（**解図 2**）。

- **A 点の座標値（X_A, Y_A）**

    $X_A = +32$ m　$Y_A = 0$ m

- **B 点の座標値（X_B, Y_B）**

    $X_B = 40$ m $\times \sin 30° = 40 \times 0.5 = +20$ m

    $Y_B = 40$ m $\times \cos 30° = 40 \times 0.86603 \fallingdotseq +34.641$ m

- **C 点の座標値（X_C, Y_C）**

    $X_C = 24$ m $\times \sin 60° = 24 \times 0.86603 \fallingdotseq +20.785$ m

    $Y_C = 24$ m $\times \cos 60° = 24 \times 0.5 = \boxed{-12 \text{ m}}$

> C 点の Y 座標は原点より左側にあるので－（マイナス）となります

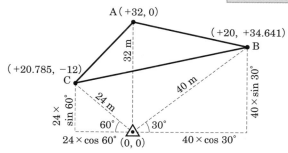

■ 解図 2　各点の座標

求めた座標値を**解表 1** のように整理し，**解表 2** のようにたすき掛けの方法で面積を求めると

8 章

	解表1			たすき掛け		解表2		

■解表1

点	X 座標 〔m〕	Y 座標 〔m〕
A	32	0
B	20	34.641
C	20.785	− 12

たすき掛けの方法で表記すると

■解表2

点 C′	X 座標 〔m〕	−12	Y 座標 〔m〕
A	32		0
B	20		34.641
C	20.785		− 12

A′　　　　　　0

A　$32 \times (34.641 - (-12)) = 32 \times 46.641 \doteqdot 1492.5$

B　$20 \times (-12 - 0) = 20 \times (-12) = -240$

C　$20.785 \times (0 - 34.641) = 20.785 \times (-34.641) \doteqdot -720$

A ～ C を合計すると

　$1492.5 - 240 - 720 = 532.5$ （倍面積）

　$532.5 \div 2 = \mathbf{266.25 \ m^2}$ （面積）

よって，最も近い値は選択肢 5 となります。

【解答】5

出題傾向

最近はこの問題パターンも増えてきましたので，解けるようにしておきましょう。

8.5 ▶ 座標による面積計算（座標点の変更）

座標による面積計算の応用問題で，土地の整正や道路の拡幅などにより用地の形状が変更した後の座標値を求める問題です。問題を解いてしっかりマスターしてください。

8.5.1　土地の整正

　屈曲している境界線を，面積を変えずに直線に正すことを**土地の整正**又は**境界整正**といいます。土地は，複雑な形状ほど使い勝手が悪く，その価値は下がります。そこで，隣り合う土地で面積を変えずに，整然とした区画である四角形などに変更し，区画を整えることで，土地の付加価値を上げることができます。

8.5.2　座標点の変更

　座標点変更の問題は，座標による面積計算の応用として出題されています。
　面積の求め方に関しては，前節（8.4節）のたすき掛けの方法と全く同じです。次に示す例題では，座標による面積算出後以降の解説をしていきます。

例題　✓✓✓

　図のように直交する道路に接した五角形の土地 ABCDE を，同じ面積の長方形の土地 AFGE に整正したい。トータルステーションを用いて点 A, B, C, D, E を測定したところ，表の結果を得た。土地 AFGE に整正するには，点 G の X 座標値をいくらにすればよいか。

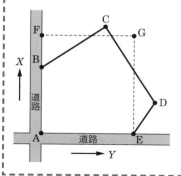

境界点	X 座標〔m〕	Y 座標〔m〕
A	11.220	12.400
B	41.220	12.400
C	61.220	37.400
D	26.220	57.400
E	11.220	47.400

土地 AFGE は四角形ということから，点 G の X 座標は点 F の X 座標と同じ位置になるので，辺 AF の長さを求めることで，点 F の X 座標がわかることになります。

 8.4 節の方法により，土地 ABCDE の面積を算出すると，1575 m² となります。土地 ABCDE と土地 AFGE は形が違っても面積は同じです。

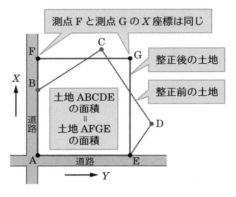

測点 F と測点 G の X 座標は同じ

整正後の土地

整正前の土地

土地 ABCDE の面積 ＝ 土地 AFGE の面積

■ 解図

いま，辺 AE の長さは土地の整正前後で長さが変わらないので

辺 AE の長さ＝点 E の Y 座標－点 A の Y 座標 = 47.400 － 12.400 = 35 m

土地 AFGE は四角形なので，縦×横（辺 AF×辺 AE）で面積が求まります。算出結果より，面積 = 1575 m²，辺 AE = 35 m なので

1575 m² ＝辺 AF × 35 m

辺 AF を求める式に変形すると

辺 AF $= \dfrac{1575 \text{ m}^2}{35 \text{ m}} = 45$ m

辺 AF の長さが 45 m なので，点 F の X 座標は点 A の X 座標に辺 AF の長さを加えることで求まります。

点 F の X 座標＝点 A の X 座標＋辺 AF = 11.220 + 45 = 56.22 m

点 F の X 座標と点 G の X 座標は同じ位置になるので，点 G の X 座標 = 56.22 m となります。

【解答】56.22 m

問題 1 ✓✓✓

　図のように道路と隣接した土地に新たに境界を引き，土地 ABCDE を同じ面積の長方形 ABGF に整正したい。近傍の基準点に基づき，境界点 A，B，C，D，E を測定して平面直角座標系に基づく座標値を求めたところ，表に示す結果を得た。境界点 G の Y 座標値はいくらか。

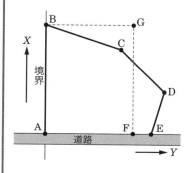

境界点	X 座標〔m〕	Y 座標〔m〕
A	−11.520	−28.650
B	+35.480	−28.650
C	+26.480	+3.350
D	+6.480	+19.350
E	−11.520	+15.350

1　+6.052 m　　2　+7.052 m　　3　+8.052 m

4　+9.052 m　　5　+10.052 m

 例題と違い，土地の整正前後で縦軸の長さが同じになっています。点 G の Y 座標は，点 F の Y 座標と同じなので，例題を参考に解いてみましょう。

 ＜面積の計算＞

　面積計算の数値を簡単にするため，**解表1** のように点 A を原点（0）においた座標に置き換え，たすき掛けの方法を用いて，面積を求めます（**解表2**）。

X 座標は各点
+11.520

Y 座標は各点
+28.650

■**解表1**

境界点	X 座標〔m〕	Y 座標〔m〕
A	0	0
B	47	0
C	38	32
D	18	48
E	0	44

たすき掛けの方法で表記すると

■**解表2**

境界点	X 座標〔m〕	Y 座標〔m〕
A	0	0
B	47	0
C	38	32
D	18	48
E	0	44

8章

計算式で表すと

B　47 × (32 − 0) = 1504

C　38 × (48 − 0) = 1824

D　18 × (44 − 32) = 216

B ～ D を合計すると

1504 + 1824 + 216 = 3544 m² （倍面積）

3544 ÷ 2 = 1772 m²

> **注意** ⚠
> 測点 A と測点 E の X 座標が
> 0 なので Y 座標値の追記と計
> 算式は省略しています。

<点 G の Y 座標>

土地の整正後の四角形 AFGB の点 G の Y 座標と点 F の Y 座標は同じになることから，点 F の Y 座標値を求めればよいことがわかります。

土地 ABCDE の面積と土地 ABGF の面積は同じであり，辺 AB の長さが土地の整正前後で変わらないことから

$$辺 AB の長さ = 点 B の X 座標 − 点 A の X 座標$$
$$= 35.480 − (−11.520) = 47 m$$

土地 ABGF の面積 = 辺 AB × 辺 AF より，辺 AF を求める式に変形すると

$$辺 AF = \frac{土地 ABGF の面積}{辺 AB} \quad \cdots ①$$

土地 ABGF の面積 = 1748 m²，辺 AB = 47 m を式①に代入すると

$$辺 AF = \frac{1772 \ m^2}{47 \ m} ≒ 37.702 \ m$$

点 F の Y 座標は点 A の Y 座標に辺 AF の長さを加えることで求まりますので

$$点 F の Y 座標 = (−28.650) + 37.702 = 9.052 \ m$$

したがって，点 G の Y 座標も **9.052 m** となります。

よって，最も近い選択肢は 4 となります。

【解答】4

出題傾向

出題頻度の高い問題ですので解き方を覚えましょう。例題と問題 1 では整正前後で変わらない座標軸が異なりますので，注意して解きましょう。また，最近では整正後の面積比率を変更させるパターンの問題も出題されていますので，問題文をよく読んで解くようにしましょう。

問題 **2**　チャレンジ！ ✓✓✓

図は，境界点 A，B，C，D で囲まれた土地を表したものであり，直線 AD は道路との境界線となっている。この道路が拡幅されることになり，新たな道路境界線 PQ が引かれることとなった。直線 AD と直線 PQ が平行であり，拡幅の幅が 3.0 m である場合，点 P，B，C，Q で囲まれた土地の面積はいくらか。なお，点 A，B，C，D の平面直角座標系における座標値は，表のとおりとする。関数の数値が必要な場合は，巻末の関数表を使用すること。

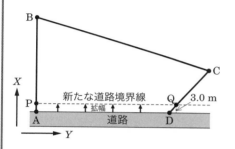

境界点	X 座標（m）	Y 座標（m）
A	−15.000	−33.000
B	+17.000	−33.000
C	0.000	+30.000
D	−15.000	+15.000

1　1115.50 m^2　　**2**　1219.50 m^2　　**3**　1368.00 m^2

4　1462.00 m^2　　**5**　1507.50 m^2

 拡幅後の座標点を計算で求めた後に，座標による面積算出を行います。

 ＜道路拡幅後の座標値＞

（点 A → 点 P）

点 A の座標（−15.000，−33.000）から，X 軸方向に +3.000 m 移動するので，点 P の座標は（**−12.000，−33.000**）となります。

（点 D → 点 Q）

点 D の座標（−15.000，+15.000）から，X 軸方向に +3.000，Y 軸方向に y（未知数）移動するので，移動量 y を考えると，点 Q は測線 DC 上にあるので，点 D と点 C の座標距離からその比で求めることができます。それを図示すると，**解図**のようになります。

したがって，Y 軸方向の移動量 y は +3.000 となり，**点 Q の座標は（−12.000，+18.000）**となります。

8章

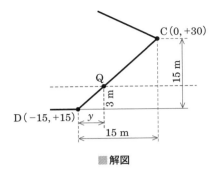

■解図

<座標法による面積計算>

　各境界点における座標を**解表1**のように整理し，点Pを原点においた座標にすると**解表2**のようになります。

■**解表1**　道路拡幅後の土地PBCQの座標値

境界点	X座標〔m〕	Y座標〔m〕
P	−12.000	−33.000
B	+17.000	−33.000
C	0.000	+30.000
Q	−12.000	+18.000

■**解表2**　点Pを原点においた座標値

境界点	X座標〔m〕	Y座標〔m〕
P	0	0
B	+29	0
C	+12	+63
Q	0	+51

　解表3のようにたすき掛けで計算すると

　　　B　$29 \times (63 - 0) = 1827$
　　　C　$12 \times (51 - 0) = 612$
　よってB〜Cを合計すると
　　　$1827 + 612 = 2439 \, \mathrm{m^2}$（倍面積）
　　　$2439 \div 2 = \mathbf{1219.50 \, m^2}$（面積）
　よって，選択肢は2となります。

【解答】2

■**解表3**

境界点	X座標〔m〕	Y座標〔m〕
P	0	0
B	+29	0
C	+12	+63
Q	0	+51

注）測点Pと測点QのX座標が0なのでY座標値の追記と計算式は省略

出題傾向

　座標点変更の問題としては比較的新しいパターンですが，今後も出題される可能性がありますので，覚えておきましょう。

8.6 ▶ 河川測量の概要

河川測量の文章問題は，作業上の用語や注意事項などを問う問題が多く出題されています。しっかりマスターしておきましょう。

8.6.1 河川測量とは

河川測量（かせんそくりょう）とは，河川の洪水や高潮などによる災害発生防止のための調査や，河川の維持管理，河川工事に必要な資料を得るための測量をいいます。

8.6.2 河川測量の作業工程

準則における河川測量の作業工程は**図 8.15** に示すとおりです。工程順序というよりも，出てくる用語や作業上の注意事項のポイントを押さえておきましょう。

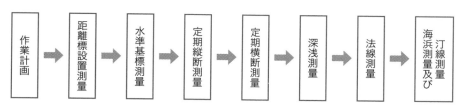

■図 8.15　河川測量の作業工程

（1）距離標設置測量

距離標（きょりひょう）（**図 8.16**）は，河川の河口（かこう）（又は幹川合流地点（かんせん））から上流に向かっての距離を示したもので，橋などの河川構造物の位置を表す際にも利用されます。

図 8.17 のように，距離標は河心線（かしんせん）（河川の流れの中心となる線）の接線に対して直角方向の両岸の堤防法肩（ていぼうのりかた）又は法面（のりめん）に設置され，河口（又は幹川合流地点）を起点として，河心に沿って 200 m

■図 8.16　距離標

間隔を標準として設置されます。

　距離標設置測量は地形図上で位置を選定し，その座標値に基づき，**近くの3級基準点**から，TSによる**放射法**又はGNSS測量機によるネットワーク型RTK法により行います。

　距離標の埋設は，**コンクリート又はプラスチックの標杭を**，測量計画機関名及び距離番号が記入できる長さを残して埋め込むことにより行います。

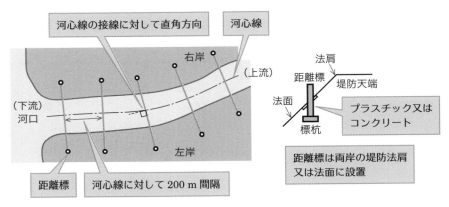

■ 図8.17　距離標の設置方法

(2) 水準基標測量

　水準基標は，河川水系の高さ基準を統一するために設けられるもので，**水位標**に近接した位置に設置するものとしています。

　水準基標測量は，定期縦断測量の基準となる水準基標の標高を定める測量をいい，2級水準測量により行われます。設置間隔は5～20kmを標準としています。

(3) 定期縦断測量

　定期縦断測量は，左右両岸の距離標の標高並びに堤防の変化点の地盤及び主要な構造物について，距離標からの距離及び標高を測定し，**縦断面図データファイル**を作成します。

　観測の基準とする点は水準基標とし，観測路線は他の水準基標に結合するように行います。**平地では3級水準測量，山地では4級水準測量**（状況によっては簡易水準測量も可能）で行います。

（4）定期横断測量

定期横断測量は，左右両岸の視通線上の地形変化点について測定し，横断面図データファイルを作成します。地形変化点については，距離標からの距離及び標高を測定します。その方法は，**図 8.18** のように**水際杭**を境にして，**陸部**と**水部**に分け，**陸部については横断測量**（路線測量の横断測量と同様）を行い，水部については深浅測量を行います。

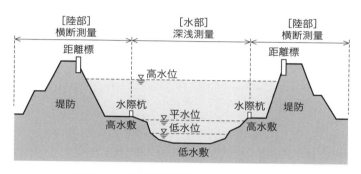

■ **図 8.18　定期横断測量における陸部と水部**

（5）深浅測量

深浅測量は，河川，貯水池，湖沼又は海岸において，**河床部（水底部）の横断地形を明らかにする**ため，水深，測深位置又は船位，水位又は潮位を測定し，横断面図データファイルを作成する作業をいいます。

　水深の測定は，音響測深機を用いて行いますが，水深が浅い場合は，ロッド又はレッドを用いて直接測定します。

　測深位置又は船位の測定は，ワイヤーロープ，TS，GNSS 測量機のいずれかを用いて行います。

補足 📖

各作業内容の注意事項について問われる出題がありますが，「法線測量」「海浜測量」「汀線測量」についての出題は，これまでほとんどありません。

8章

問題❶ ☑ ☑ ☑

次の文は，公共測量における河川の距離標設置測量について述べたものである。
ア ～ エ に入る語句の組合せとして最も適当なものはどれか。

河川における距離標設置測量は， ア の接線に対して直角方向の左岸及び右岸の堤防法肩又は法面などに距離標を設置する作業をいう。なお，ここで左岸とは イ を見て左，右岸とは イ を見て右の岸を指す。

距離標の設置は，あらかじめ地形図上に記入した ア に沿って，河口又は幹川への合流点に設けた ウ から上流に向かって200 m ごとを標準として設置位置を選定し，その座標値に基づいて，近傍の3級基準点などから放射法などにより行う。また，距離標の埋設は，コンクリート又は エ の標杭を，測量計画機関名及び距離番号が記入できる長さを残して埋め込むことにより行う。

	ア	イ	ウ	エ
1	河心線	下流から上流	終点	木
2	河心線	上流から下流	起点	プラスチック
3	河心線	上流から下流	終点	プラスチック
4	堤防中心線	上流から下流	起点	プラスチック
5	堤防中心線	下流から上流	終点	木

こうした虫食い問題は，答えの選択肢を当てはめていきながら考えていきましょう。すべてを覚えていなくても，おのずと選択肢が絞られていきます。

解説

距離標は河心線の接線に対して直角方向の両岸の堤防法肩又は法面に設置されます。河川は上流から下流を見て左側が左岸，右側を右岸と呼びます。

距離標は河口又は幹川の合流点を起点として，一般に200 m ごとに設置されます。そこで用いられる標杭の材質はコンクリート又はプラスチックです。

【解答】2

出題傾向

距離標設置測量については，ここで示されている内容について問われることがほとんどです。

問題 2 ☑☑☑

　次の文は，公共測量における河川測量について述べたものである。明らかに間違っているものはいくつあるか。

a. 河心線の接線に対して直角方向の両岸の堤防法肩又は法面に距離標を設置した。

b. 水位標から離れた堤防上の地盤の安定した場所に水準基標を設置した。

c. 定期横断測量において，水際杭を境として陸部は横断測量，水部は深浅測量を行った。

d. 深浅測量は，流水部分の縦断面図を作成するために行う。

e. 流量の観測は，流れの中心や河床の変化が大きい河川の湾曲部において行う。

　1　間違っているものは1つもない
　2　1つ　　3　2つ　　4　3つ　　5　4つ

a. ○　距離標は河心線の接線に対して直角方向の両岸の堤防法肩又は法面に設置するよう準則で定められています。その間隔は河川の河口又は幹川への合流地点に設けた起点から，河心線に沿って200mを標準としています。

b. ×　水準基標は河川水系の高さの基準となるもので，水位標から近い位置に設置するものとされています。

c. ○　定期横断測量は，水際杭を境として，陸地部分はレベルなどを用いた横断測量，水部については，船上から水深を計測する深浅測量を行います。

d. ×　深浅測量は河川測量における定期横断測量の一環として行われ，各地点での水深などを測定し，水底部の地形を明らかにし，流水部の横断面図を作成します。

e. ×　流量計算は各地点での流速を測定し，流水部の断面に平均流速をかけることで求めるので，流速を測定する場合，その流れに大きな変化がある場所は避ける必要があります。例として，水流が乱れていない場所，水流が急激又は緩慢すぎない場所などです。河床の変化が大きい河川の湾曲部などは避けるべきです。

　よって，間違っているものはb，d，eの3つです。

【解答】4

出題傾向

問題1や問題2は河川測量の概要問題として出題頻度が高いものです。こうした注意事項に関しては，例年同じようなことが出題されていますので，過去問題を解いて慣れておきましょう。

8章

8.7 ▶ 平均河床高の計算

平均河床高の問題は図を描くことが重要です。図を描くことができれば簡単に解くことができますので，面倒と思わずに図を描いてから解くようにしましょう。

8.7.1　堤防各部の名称

　平均河床高の問題では，測点の説明として堤防各部の名称が記されていることがあるので，それらの名称を知っておく必要があります。**図 8.19** に主な名称について示します。

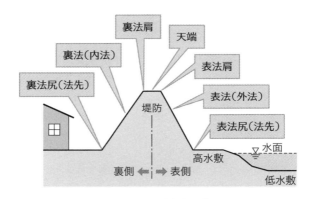

■図 8.19　堤防各部の名称

8.7.2　平均河床高

　平均河床高とは，**図 8.20** のように平常時に川の水が流れている河床部の平均高さのことです。平均河床高の標高が前回の高さより高ければ，河床部に土砂の堆積が推測され，低ければ，河床部の浸食が考えられます。

　河床部はもちろん一定ではありませんので，河床部の断面積 A を求め，それを河床部の河幅 B で割ることで，平均河床高 H を求めることができます。

　　平均河床高 H＝河床部の断面積 A÷河床部の河幅 B

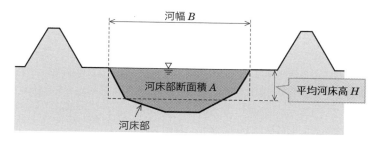

■ 図 8.20　平均河床高

問題 1　☑ ☑ ☑

　表は，ある河川の横断測量を行った結果の一部である。この横断面における左岸の距離標の標高は 13.2 m である。また，各測点間の勾配は一定である。この横断面の河床部における平均河床高の標高を m 単位で小数第 1 位まで求めよ。なお，河床部とは，左岸堤防表法尻から右岸堤防表法尻までの区間とする。

測点	距離〔m〕	左岸距離標からの比高〔m〕	測点の説明
1	0.0	0.0	左岸距離標上面の高さ
	0.0	−0.2	左岸距離標地盤高
2	1.0	−0.2	左岸堤防表法肩
3	3.0	−4.2	左岸堤防表法尻
4	6.0	−6.2	水面
5	9.0	−6.7	
6	10.0	−6.2	水面
7	13.0	−4.2	右岸堤防表法尻
8	15.0	−0.2	右岸堤防表法肩
9	16.0	−0.2	右岸距離標地盤高
	16.0	0.0	右岸距離標上面の高さ

　1　6.5 m　　2　7.0 m　　3　7.5 m　　4　8.0 m　　5　8.5 m

8 章

まずは図を描きましょう。必要な図は河床部の断面となるところです。

解説
平均河床高の計算には河床部の断面積が必要となります。

問題文中より，河床部は「左岸表法尻から右岸表法尻までの区間」とありますので，測点番号 3 〜 7 が河床部断面となります。この区間において，距離幅（横方向）が 10 m（3 〜 13 m），比高幅（縦方向）が 2.5 m（−4.2 〜 −6.7 m）ありますので，1 m を 1 マスとした断面図を描きます（**解図 1**）。

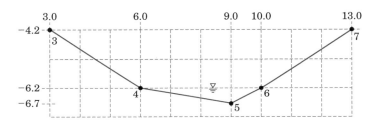

■ **解図 1**　問題の表の数値をもとに描いた河床部の断面図

次に**解図 2**のように河床部断面を計算がしやすいように三角形と四角形に区切ります。

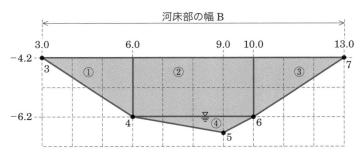

■ **解図 2**　河床部の断面を区切る

解図 2 より，①〜④のそれぞれの面積を求めます。

①　$\dfrac{1}{2} \times 3 \times 2 = 3$

②　$4 \times 2 = 8$

③　$\dfrac{1}{2} \times 3 \times 2 = 3$

④ $\dfrac{1}{2} \times 4 \times 0.5 = 1$

①〜④を合計すると

$3 + 8 + 3 + 1 = 15 \text{ m}^2$（河床部の断面積 A）

平均河床高は

平均河床高 $H =$ 河床部の断面積 $A \div$ 河床部の幅 B

より，河床部の断面積 $A = 15 \text{ m}^2$，河床部の幅 $B = 10 \text{ m}$ として

平均河床高 $H = 15 \text{ m}^2 \div 10 \text{ m} = 1.5 \text{ m}$

求めるべきは，平均河床高の標高です。

問題文中より，左岸の距離標の標高は 13.2 m とあります。そこから，堤防法尻までが 4.2 m，さらにそこから平均河床高が 1.5 m 下がりますので，**解図 3** のようになります。

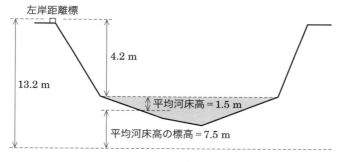

左岸距離標

4.2 m

13.2 m

平均河床高＝1.5 m

平均河床高の標高＝7.5 m

■ 解図 3

したがって，平均河床高の標高は

平均河床高の標高 $= 13.2 \text{ m} - 4.2 \text{ m} - 1.5 \text{ m} = \mathbf{7.5 \text{ m}}$

【解答】3

> **注意** ⚠
> 「平均河床高」と「平均河床高の標高」は異なります。間違えないように注意してください。
> 問題パターンとして，図が問題に描かれているものもあります。

8章

8.8 ▶ 応用測量における水準測量

路線測量や河川測量において実施される水準測量ですが，計算自体は直接水準測量の昇降式や器高式などです。計算は簡単ですので，解けるようしっかりマスターしておきましょう。

8.8.1 応用測量における水準測量

　測量士補試験では，応用測量の分野において，各測点の高低差から標高を求める水準測量の問題が出題されています。その種類としては，直接水準測量の昇降式と器高式で求める方法と，間接水準測量で求める方法の3パターンです。これらは，路線測量や河川測量の作業の一つとして行われる縦断測量や横断測量，河川測量における水位標設置測量として行われています。

> **補足** 📖
> 間接水準測量については
> 3.11 節で解説しています。

8.8.2 水位標の設置測量

　標高は，一般に東京湾の平均海面（T.P.：Tokyo Peil）を基準として定められていますが，河川管理においてはその河川固有の基準面を用いる場合もあります。例えば，東京湾と大阪湾では平均海面に 1.3 m の差があり，河川構造物の高さを考える

■表 8.1　河川固有の基準面の例

河川名	略称記号	東京湾平均海面との差
利根川，江戸川	Y.P.	−0.8402 m
荒川，多摩川	A.P.	−1.1344 m
淀川	O.P.	−1.3000 m

うえでは河川固有の基準面でないと不都合が生じてきます。そこで，**表 8.1** のように河川固有の基準面が数値として定められています。

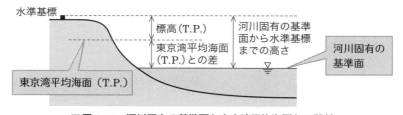

■図 8.21　河川固有の基準面と東京湾平均海面との関係

8.8.3 直接水準測量（昇降式）

水準測量（昇降式）は標尺の読定値を基準として求める方法です（**図 8.22**）。これを野帳（観測手簿）にまとめると，**表 8.2** のようになります。

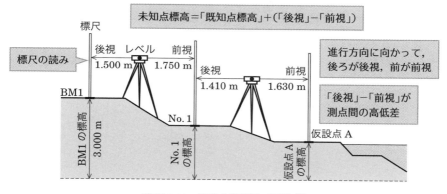

図 8.22　直接水準測量（昇降式）

表 8.2　昇降式野帳（観測手薄）

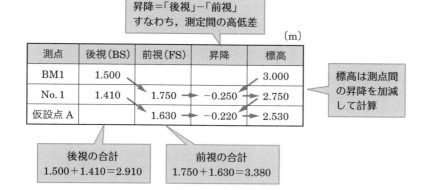

測点	後視（BS）	前視（FS）	昇降	標高
BM1	1.500			3.000
No. 1	1.410	1.750	−0.250	2.750
仮設点 A		1.630	−0.220	2.530

後視の合計
1.500＋1.410＝2.910

前視の合計
1.750＋1.630＝3.380

補足 📖

「後視の合計」−「前視の合計」は BM1 から仮設点 A の高低差なので，仮設点 A の標高＝ BM1 の標高＋（後視の合計−前視の合計）＝ 3.000＋（2.910−3.380）＝2.530 として求めることもできます。

8.8.4 直接水準測量（器高式）

水準測量（器高式）はレベルの視準線の高さ（器械高）を基準として求める方法です（**図8.23**）。これを野帳（観測手簿）にまとめると，**表8.3**のようになります。

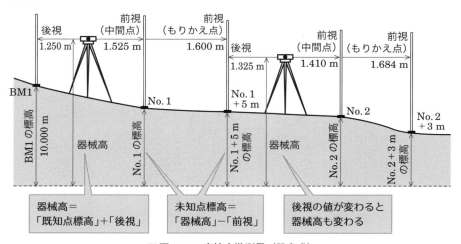

■ 図8.23　直接水準測量（器高式）

■ 表8.3　器高式野帳（観測手簿）

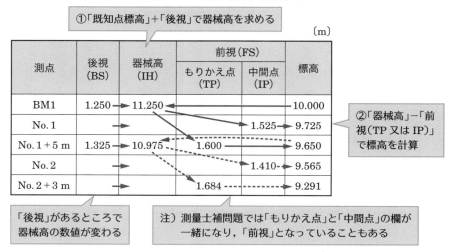

①「既知点標高」+「後視」で器械高を求める

〔m〕

| 測点 | 後視
(BS) | 器械高
(IH) | 前視(FS) | | 標高 |
			もりかえ点 (TP)	中間点 (IP)	
BM1	1.250	11.250			10.000
No. 1				1.525	9.725
No. 1＋5 m	1.325	10.975	1.600		9.650
No. 2				1.410	9.565
No. 2＋3 m			1.684		9.291

②「器械高」-「前視(TP又はIP)」で標高を計算

「後視」があるところで器械高の数値が変わる

注）測量士補問題では「もりかえ点」と「中間点」の欄が一緒になり，「前視」となっていることもある

問題 1 ☑☑☑

ある河川において，水位観測のための水位標を設置するため，水位標の近傍に仮設点が必要となった。図に示すとおり，BM1，中間点1及び水位標の近傍にある仮設点Aとの間で直接水準測量を行い，表に示す観測記録を得た。高さの基準をこの河川固有の基準面としたとき，仮設点Aの高さはいくらか。ただし，観測に誤差はないものとし，この河川固有の基準面の標高は，東京湾平均海面（T.P.）に対して1.300 m低いものとする。

測点	距離	後視	前視	標高
BM1	42 m	0.238 m		6.526 m（T.P.）
中間点1	25 m	0.523 m	2.369 m	
仮設点A			2.583 m	

1 　1.035 m 　　2 　2.335 m 　　3 　3.635 m 　　4 　4.191 m 　　5 　5.226 m

 昇降式により仮設点Aの標高を求めます。ただし，標高はT.P.で与えられていますので，河川固有の基準面の値に直す必要があります。

 解説 　測点（BM1）から測点（仮設点A）の高低差は後視の合計から前視の合計を差し引くことで求まりますので

　　　　後視の合計 = 0.238 m + 0.523 m = 0.761 m
　　　　前視の合計 = 2.369 m + 2.583 m = 4.952 m
　　　　BM1 ～仮設点A間の高低差 = 後視の合計 − 前視の合計
　　　　　　　　　　　　　= 0.761 m − 4.952 m = −4.191 m
　　　　仮設点Aの標高（T.P.）= 6.526 m − 4.191 m = 2.335 m

　仮設点Aの標高が求まりましたが，これは東京湾平均海面（T.P.）を基準としたものなので，河川固有の基準面としたものにする必要があります（**解図**）。

8章

355

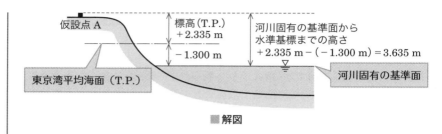

■解図

　問題文中より，河川固有の基準面は東京湾平均海面（T.P.）に対して 1.300 m 低いとありますので，計算で求めると

$$2.335 \text{ m} - (-1.300 \text{ m}) = \textbf{3.635 m}$$

【解答】3

注意 ⚠

水準測量の簡単な昇降式で解ける問題です。東京湾平均海面（T.P.）で与えられた標高を河川固有の基準面に直す必要がありますので，注意してください。

問題 2 ✓ ✓ ✓

　表は，ある公共測量における縦断測量の観測手簿の一部である。観測は，器高式による直接水準測量で行っており，BM1，BM2 を既知点として観測値との閉合差を補正して標高及び器械高を決定している。表中の ア ～ ウ に当てはまる値はそれぞれ何か。

地　点	距離 （m）	後視 （m）	器械高 （m）	前視 （m）	補正量 （mm）	決定標高 （m）
BM1		1.308	81.583			80.275
	25.00					
No. 1		0.841	ア	1.043	イ	ウ
No. 1 GH				0.854		80.527
	20.00					
No. 2				1.438		79.943
No. 2 GH				1.452		79.929
	5.00					
No. 2＋5 m		1.329	81.126	1.585	＋1	79.797
No. 2＋5 m GH				1.350		79.776
	15.00					
No. 3				1.040		80.086
No. 3 GH				1.056		80.070
	20.00					
BM2		1.042	81.523	0.646	＋1	80.481

（GH は各中心杭の地盤高の観測点）

	ア	イ	ウ
1	81.381	0	80.540
2	81.381	+1	80.540
3	81.381	+1	80.541
4	81.382	0	80.541
5	81.382	+1	80.541

 器高式野帳の計算手順を覚えてください。それができれば簡単に解ける問題です。

 解説　器高式野帳の計算手順で考えると，まず，**ウ**（No.1 の決定標高）は BM1 の器械高から No.1 の前視を差し引くことで求めることができます。

　ウ．No.1 の決定標高

　　（No.1 の決定標高）＝ BM1 の器械高 － No.1 の前視

> イの補正量がこの段階ではまだわからないので，現段階では（仮）としておきます

　　　　　　　　　　＝ 81.583 m － 1.043 m

　　　　　　　　　　＝ 80.540 m（仮）

　ア（No.1 の器械高）は，求めた**ウ**（No.1 の決定標高）に No.1 の後視を加えることで求めることができるので

　　ア（No.1 の器械高）＝**ウ**（No.1 の決定標高）＋ No.1 の後視

　　　　　　　　　　＝ 80.540 m ＋ 0.841 m

　　　　　　　　　　＝ 81.381 m（仮）

> **ウ**（No.1 の決定標高）の値が仮の値としているので，当然この値も仮となります

　次に，**イ**の補正量がいくらであるかを確認するため，次の手順を計算します。No.1 GH の決定標高は**ア**（No.1 の器械高）から No.1 GH の前視を差し引くことで求まりますので，この計算結果が表中の 80.527 m（No.1 GH の決定地盤高）になるかどうかを確認します。

　そのままの数値であれば，**イ**（No.1 の補正量）＝ 0，数値が違えばその分を**イ**（No.1 の補正量）として計上し，**ア**と**ウ**の値を変更します。

　　No.1 GH の決定標高＝**ア**（No.1 の器械高）－ No.1 GH の前視

　　　　　　　　　　＝ 81.381 m － 0.854 m ＝ 80.527 m

　計算の結果，表中の 80.527 m と変わらなかったので**イ**（No.1 の補正量）＝ 0 となり，前に求めた**ア**と**ウ**の値も変更はありません。

　　計算結果：**ア＝81.381　イ＝0　ウ＝80.540**

　よって選択肢は 1 となります。

[解答] 1

8章

8.9 ▶応用測量における土量（体積）計算

近年，応用測量において土量計算の問題が出題されています。しばらく出題されていなかった問題がひさびさに出題され，その後頻出問題となる可能性もあります。解き方を覚えておけば難しい問題ではありませんので解けるようにしましょう。

8.9.1　両端断面平均法

堤防や道路のように同様の断面が細長く続く場合の土量計算に用いられる方法が両端断面平均法（図8.24）です。ある区間で切り取った両端の断面積をそれぞれ計算し，それを平均した値にその区間距離をかけて求めます。

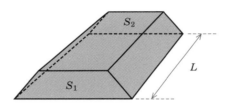

■図8.24　両端断面平均法の模式図

両端の断面積を S_1 及び S_2，両端断面間の距離を L としたときの土量 V は次の式で求めることができます。

$$V = \frac{S_1 + S_2}{2} \times L \tag{8・7}$$

路線測量において道路計画をする際，区間ごとに切取り土量（切土量），盛土量を求めて合計すると，その路線全体の土量を求めることができます。

　図は，ある路線の横断測量によって得られた No.4 〜 No.6 の断面図と，その断面における切土断面積（CA）及び盛土断面積（BA）とを示したものである。各測点間の距離を 20 m とするとき，この区間における盛土量と切土量の差はいくらか。

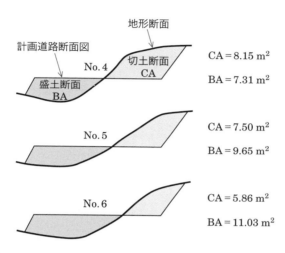

地形断面
計画道路断面図
No.4
切土断面
CA
盛土断面
BA

$CA = 8.15 \text{ m}^2$
$BA = 7.31 \text{ m}^2$

No.5

$CA = 7.50 \text{ m}^2$
$BA = 9.65 \text{ m}^2$

No.6

$CA = 5.86 \text{ m}^2$
$BA = 11.03 \text{ m}^2$

解説 　式（8・6）の両端断面平均法を用いて，各区間の切土量と盛土量を求めます。

No.4 〜 5 の切土量　$V = \dfrac{8.15 + 7.50}{2} \times 20 = 15.65 \times 10 = 156.5 \text{ m}^3$

No.5 〜 6 の切土量　$V = \dfrac{7.50 + 5.86}{2} \times 20 = 13.36 \times 10 = 133.6 \text{ m}^3$

No.4 〜 5 の盛土量　$V = \dfrac{7.31 + 9.65}{2} \times 20 = 16.96 \times 10 = 169.6 \text{ m}^3$

No.5 〜 6 の盛土量　$V = \dfrac{9.65 + 11.03}{2} \times 20 = 20.68 \times 10 = 206.8 \text{ m}^3$

補足 📖

路線測量の場合，一般に中心杭の間隔は 20 m となっているので，土量の値は両端の断面積を足して 10 倍した値となっています。

切土量の合計　156.5 + 133.6 = 290.1 m³
盛土量の合計　169.6 + 206.8 = 376.4 m³
盛土量と切土量の差　376.4 − 290.1 = 86.3 m³

【解答】86.3 m³

表にまとめると以下のようになります。

■解表

測点	断面積（m²）		距離（m）	土量（m³）	
	切土（CA）	盛土（BA）		切土	盛土
No. 4	8.15	7.31	20.0	156.5	169.6
No. 5	7.50	9.65			
No. 6	5.86	11.03	20.0	133.6	206.8
計				290.1	376.4

8.9.2　点高法

　点高法は，建物敷地の地ならしや土取り場と土捨て場の容積測定など，広い面積の土量計算などに用いられます。考え方としては，区分したエリアごとの平均高さを計算し，そこに水平面積を掛けることで体積（土量）を求めます。敷地を区分する方法としては，長方形と三角形の 2 つがあります。

＜長方形に区分した場合＞

　図 8.25 のように，ある地盤を四角柱として取り出して考えます。交点 A ～ D の地盤高を h_A ～ h_D，その水平面積を S とした場合，この四角柱の土量 V は次の式で求めます。

$$V = S \times \frac{h_A + h_B + h_C + h_D}{4}$$

　これは水平面積 S に地盤高 h_A ～ h_D の平均高さを掛けた式となっています。

　この方法で，ある土地を長方形に区分した場合を考えます（**図 8.26**）。

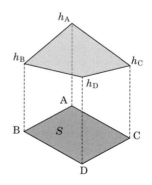

■図 8.25　区分した一つの四角柱

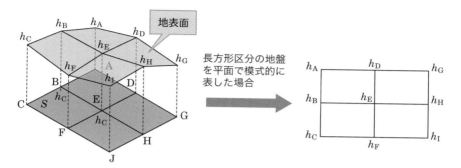

（a）長方形区分の立体イメージ

（b）長方形区分の平面イメージ

■図8.26　ある土地の長方形区分

交点 A ～ I の地盤高を h_A ～ h_I として，同様の方法で土量 V を計算すると

$$V = S \times \frac{h_A + h_B + h_D + h_E}{4} + S \times \frac{h_B + h_C + h_E + h_F}{4} +$$

$$S \times \frac{h_D + h_E + h_G + h_H}{4} + S \times \frac{h_E + h_F + h_H + h_I}{4}$$

$$= \frac{S}{4} \times (h_A + 2h_B + h_C + 2h_D + 4h_E + 2h_F + h_G + 2h_H + h_I)$$

上式をまとめると次の式が成り立ちます。

$$V = \frac{S}{4} \times (\Sigma h_1 + 2\Sigma h_2 + 3\Sigma h_3 + 4\Sigma h_4) \tag{8·8}$$

S：1 個の長方形の面積

Σh_1：1 個の長方形だけに関係する点の地盤高の和

Σh_2：2 個の長方形に共通する点の地盤高の和

Σh_3：3 個の長方形に共通する点の地盤高の和

Σh_4：4 個の長方形に共通する点の地盤高の和

＜三角形に区分した場合＞

三角形に区分した場合も長方形区分の場合と同様の方法で考えることができます。

8 章

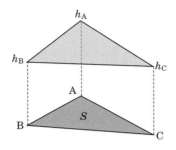

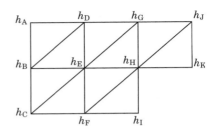

■図 8.27　区分した 1 つの三角柱　　　■図 8.28　三角形区分の平面イメージ

三角形区分の場合は次の式を用いることになります。

$$V = \frac{S}{3} \times (\Sigma h_1 + 2\Sigma h_2 + 3\Sigma h_3 + \cdots + n\Sigma h_n) \tag{8・9}$$

S：1 個の三角形の面積

Σh_1：1 個の三角形だけに関係する点の地盤高の和

Σh_2：2 個の三角形に共通する点の地盤高の和

Σh_3：3 個の三角形に共通する点の地盤高の和

Σh_n：n 個の三角形に共通する点の地盤高の和

例題　☑☑☑

　図は造成予定地を長方形に区分し，各点の地盤高を水準測量により測定した結果である。切土量と盛土量を等しくしてこの土地を平坦にするための地盤高はいくらになるか。ただし，長方形の区分 1 個の面積を 100 m² とし，体積は点高法で計算するものとする。

5.0	4.3	2.4
5.6	5.0	4.7
3.7	4.1	3.5

解説　切土と盛土の量を等しくして土地を平坦にするための地盤高とは，その場所の平均地盤高を求めることと同じです。そこで，点高法の考え方から各区分の平均高さを計算し，その値を使って区分全体の平均高さを求めます。

解図のように区分を①〜④として，それぞれの平均高さを求めます。

区分① $\dfrac{5.0 + 4.3 + 5.0 + 5.6}{4} = 4.975$ m

区分② $\dfrac{4.3 + 2.4 + 4.7 + 5.0}{4} = 4.1$ m

区分③ $\dfrac{5.0 + 4.7 + 3.5 + 4.1}{4} = 4.325$ m

区分④ $\dfrac{5.6 + 5.0 + 4.1 + 3.7}{4} = 4.6$ m

■解図

それぞれの区分での平均高さの平均が全体の平均地盤高となるので

区分①〜④の平均高さ $= \dfrac{4.975 + 4.1 + 4.325 + 4.6}{4} = \dfrac{18}{4} = 4.5$ m

【解答】4.5 m

問題 1

道路工事のため，ある路線の横断測量を行った。**図1**は得られた横断面図のうち，隣接する No.5 〜 No.7 の横断面図であり，その断面における切土部の断面積（CA）及び盛土部の断面積（BA）を示したものである。中心杭間の距離を 20 m とすると，No.5 〜 No.7 の区間における盛土量と切土量の差はいくらか。式（8・10）に示した平均断面法により求め，最も近いものを次の中から選べ。ただし，**図2**は，式に示した S_1，S_2（両端の断面積）及び L（両端断面間の距離）を模式的に示したものである。なお，関数の値が必要な場合は，巻末の関数表を使用すること。

土量 $V = \dfrac{S_1 + S_2}{2} \times L$ 　　　　　　　　　　　　　　(8・10)

V：両端断面区間の体積

S_1, S_2：両端の断面積

L：両端断面間の距離

8章

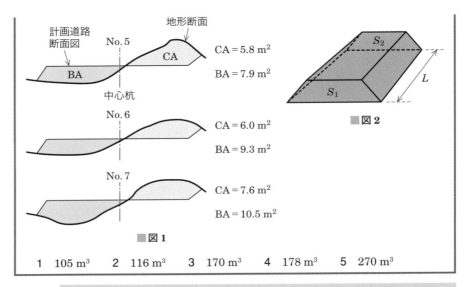

■図1

■図2

| 1 | 105 m³ | 2 | 116 m³ | 3 | 170 m³ | 4 | 178 m³ | 5 | 270 m³ |

両端断面平均法を用いる問題です。切土と盛土でそれぞれ分けて土量を計算して差を求めます。

解説　式（8・10）の両端断面平均法により，各区間の切土量，盛土量を求めます。

No.5 ～ 6 の切土量　$V = \dfrac{5.8 + 6.0}{2} \times 20 = 11.8 \times 10 = 118 \text{ m}^3$

No.6 ～ 7 の切土量　$V = \dfrac{6.0 + 7.6}{2} \times 20 = 13.6 \times 10 = 136 \text{ m}^3$

No.5 ～ 6 の盛土量　$V = \dfrac{7.9 + 9.3}{2} \times 20 = 17.2 \times 10 = 172 \text{ m}^3$

No.6 ～ 7 の盛土量　$V = \dfrac{9.3 + 10.5}{2} \times 20 = 19.8 \times 10 = 198 \text{ m}^3$

切土量の合計　$118 + 136 = 254 \text{ m}^3$

盛土量の合計　$172 + 198 = 370 \text{ m}^3$

盛土量と切土量の差　$370 - 254 = \mathbf{116 \text{ m}^3}$

【解答】2

出題傾向

過去の出題数は多くはありませんが，令和元年度に久しぶりに出題されたので，今後も出題される可能性があります。難しい問題ではないので，解けるようにしておきましょう。

問題 2 ✓✓✓

図に示すような宅地造成予定地を,切土量と盛土量を等しくして平坦な土地に地ならしする場合,地ならし後における土地の地盤高はいくらか。ただし,図のように宅地造成予定地を面積の等しい四つの三角形に区分して,点高法により求めるものとする。また,図に示す数値は,各点の地盤高である。なお,関数の値が必要な場合は,巻末の関数表を使用すること。

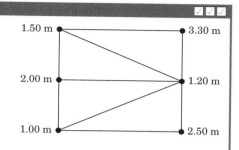

1 1.63 m **2** 1.73 m **3** 1.84 m **4** 1.92 m **5** 2.03 m

 切盛土量を平均して地ならしするということは,地盤高の平均を求めることと同じです。

 解説

解図のように区分を①～④として,それぞれの平均高さを求めます。

区分① $\dfrac{1.50 + 3.30 + 1.20}{3} = 2.00$ m

区分② $\dfrac{1.50 + 1.20 + 2.00}{3} = 1.57$ m

区分③ $\dfrac{2.00 + 1.20 + 1.00}{3} = 1.40$ m

区分④ $\dfrac{1.00 + 1.20 + 2.50}{3} = 1.57$ m

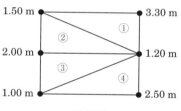

■解図

それぞれの区分で求めた平均高さの平均が全体の平均地盤高となるので

区分①～④の平均高さ $\dfrac{2.00 + 1.57 + 1.40 + 1.57}{4} = \dfrac{6.54}{4} = \mathbf{1.635\ m}$

したがって,もっとも近い選択肢は1となります。

【解答】1

出題傾向

両端断面平均法と同様に平成30年度に久しぶり出題されたので,今後も出題される可能性があります。難しい問題ではないので,解けるようにしておきましょう。

8章

索 引

索
引

索
引

〈編著者略歴〉

近藤大地（こんどう　たいち）

2006 年　大阪工業大学大学院工学研究科都市デ
　　　　　ザイン工学専攻修了
現　在　大阪府立西野田工科高等学校建築都市
　　　　　工学系　教諭

〈著者略歴〉

竹内一生（たけうち　いっせい）

2002 年　大阪工業大学工学部土木工学科卒業
現　在　大阪府立都島工業高等学校都市工学科
　　　　　教諭

松井享司（まつい　たかし）

2005 年　長岡技術科学大学大学院工学研究科環
　　　　　境システム工学専攻修了
現　在　京都市立京都工学院高等学校プロジェ
　　　　　クト工学科まちづくり分野　教諭

松井幸司（まつい　こうじ）

1999 年　西日本工業大学工学部土木工学科卒業
現　在　山口県立徳山商工高等学校環境システ
　　　　　ム科環境土木コース　教諭

やさしく学ぶ
測量士補試験　合格テキスト（改訂 3 版）

2016 年 10 月 20 日	第 1 版第 1 刷発行
2020 年 11 月 10 日	改訂 2 版第 1 刷発行
2023 年 12 月 25 日	改訂 3 版第 1 刷発行

編　著　者　近藤大地
発　行　者　村上和夫
発　行　所　株式会社　オーム社
　　　　　　郵便番号　101-8460
　　　　　　東京都千代田区神田錦町 3-1
　　　　　　電話　03(3233)0641(代表)
　　　　　　URL　https://www.ohmsha.co.jp/

© 近藤大地 2023

組版　新生社　　印刷・製本　平河工業社
ISBN978-4-274-23149-0　Printed in Japan

本書の感想募集　https://www.ohmsha.co.jp/kansou/
本書をお読みになった感想を上記サイトまでお寄せください。
お寄せいただいた方には，抽選でプレゼントを差し上げます。

マンガでわかる
物理［光・音・波編］
- 新田 英雄 著
- 深森 あき 作画
- トレンド・プロ 制作
- B5 変判／ 240 頁
- 定価（本体 2000 円【税別】）

マンガでわかる
電気数学
- 田中賢一 著
- 松下マイ 作画
- オフィス sawa 制作
- B5 変判／ 268 頁
- 定価（本体 2200 円【税別】）

マンガでわかる
電　気
- 藤瀧和弘 著
- マツダ 作画
- トレンド・プロ 制作
- B5 変判／ 224 頁
- 定価（本体 1900 円【税別】）

定価は変更される場合があります

ホームページ https://www.ohmsha.co.jp/　　TEL／FAX　TEL.03-3233-0643 FAX.03-3233-3440

関　数　表

平方根

	√		√
1	1.00000	51	7.14143
2	1.41421	52	7.21110
3	1.73205	53	7.28011
4	2.00000	54	7.34847
5	2.23607	55	7.41620
6	2.44949	56	7.48331
7	2.64575	57	7.54983
8	2.82843	58	7.61577
9	3.00000	59	7.68115
10	3.16228	60	7.74597
11	3.31662	61	7.81025
12	3.46410	62	7.87401
13	3.60555	63	7.93725
14	3.74166	64	8.00000
15	3.87298	65	8.06226
16	4.00000	66	8.12404
17	4.12311	67	8.18535
18	4.24264	68	8.24621
19	4.35890	69	8.30662
20	4.47214	70	8.36660
21	4.58258	71	8.42615
22	4.69042	72	8.48528
23	4.79583	73	8.54400
24	4.89898	74	8.60233
25	5.00000	75	8.66025
26	5.09902	76	8.71780
27	5.19615	77	8.77496
28	5.29150	78	8.83176
29	5.38516	79	8.88819
30	5.47723	80	8.94427
31	5.56776	81	9.00000
32	5.65685	82	9.05539
33	5.74456	83	9.11043
34	5.83095	84	9.16515
35	5.91608	85	9.21954
36	6.00000	86	9.27362
37	6.08276	87	9.32738
38	6.16441	88	9.38083
39	6.24500	89	9.43398
40	6.32456	90	9.48683
41	6.40312	91	9.53939
42	6.48074	92	9.59166
43	6.55744	93	9.64365
44	6.63325	94	9.69536
45	6.70820	95	9.74679
46	6.78233	96	9.79796
47	6.85565	97	9.84886
48	6.92820	98	9.89949
49	7.00000	99	9.94987
50	7.07107	100	10.00000

三角関数

度	sin	cos	tan	度	sin	cos	tan
0	0.00000	1.00000	0.00000				
1	0.01745	0.99985	0.01746	46	0.71934	0.69466	1.03553
2	0.03490	0.99939	0.03492	47	0.73135	0.68200	1.07237
3	0.05234	0.99863	0.05241	48	0.74314	0.66913	1.11061
4	0.06976	0.99756	0.06993	49	0.75471	0.65606	1.15037
5	0.08716	0.99619	0.08749	50	0.76604	0.64279	1.19175
6	0.10453	0.99452	0.10510	51	0.77715	0.62932	1.23490
7	0.12187	0.99255	0.12278	52	0.78801	0.61566	1.27994
8	0.13917	0.99027	0.14054	53	0.79864	0.60182	1.32704
9	0.15643	0.98769	0.15838	54	0.80902	0.58779	1.37638
10	0.17365	0.98481	0.17633	55	0.81915	0.57358	1.42815
11	0.19081	0.98163	0.19438	56	0.82904	0.55919	1.48256
12	0.20791	0.97815	0.21256	57	0.83867	0.54464	1.53986
13	0.22495	0.97437	0.23087	58	0.84805	0.52992	1.60033
14	0.24192	0.97030	0.24933	59	0.85717	0.51504	1.66428
15	0.25882	0.96593	0.26795	60	0.86603	0.50000	1.73205
16	0.27564	0.96126	0.28675	61	0.87462	0.48481	1.80405
17	0.29237	0.95630	0.30573	62	0.88295	0.46947	1.88073
18	0.30902	0.95106	0.32492	63	0.89101	0.45399	1.96261
19	0.32557	0.94552	0.34433	64	0.89879	0.43837	2.05030
20	0.34202	0.93969	0.36397	65	0.90631	0.42262	2.14451
21	0.35837	0.93358	0.38386	66	0.91355	0.40674	2.24604
22	0.37461	0.92718	0.40403	67	0.92050	0.39073	2.35585
23	0.39073	0.92050	0.42447	68	0.92718	0.37461	2.47509
24	0.40674	0.91355	0.44523	69	0.93358	0.35837	2.60509
25	0.42262	0.90631	0.46631	70	0.93969	0.34202	2.74748
26	0.43837	0.89879	0.48773	71	0.94552	0.32557	2.90421
27	0.45399	0.89101	0.50953	72	0.95106	0.30902	3.07768
28	0.46947	0.88295	0.53171	73	0.95630	0.29237	3.27085
29	0.48481	0.87462	0.55431	74	0.96126	0.27564	3.48741
30	0.50000	0.86603	0.57735	75	0.96593	0.25882	3.73205
31	0.51504	0.85717	0.60086	76	0.97030	0.24192	4.01078
32	0.52992	0.84805	0.62487	77	0.97437	0.22495	4.33148
33	0.54464	0.83867	0.64941	78	0.97815	0.20791	4.70463
34	0.55919	0.82904	0.67451	79	0.98163	0.19081	5.14455
35	0.57358	0.81915	0.70021	80	0.98481	0.17365	5.67128
36	0.58779	0.80902	0.72654	81	0.98769	0.15643	6.31375
37	0.60182	0.79864	0.75355	82	0.99027	0.13917	7.11537
38	0.61566	0.78801	0.78129	83	0.99255	0.12187	8.14435
39	0.62932	0.77715	0.80978	84	0.99452	0.10453	9.51436
40	0.64279	0.76604	0.83910	85	0.99619	0.08716	11.43005
41	0.65606	0.75471	0.86929	86	0.99756	0.06976	14.30067
42	0.66913	0.74314	0.90040	87	0.99863	0.05234	19.08114
43	0.68200	0.73135	0.93252	88	0.99939	0.03490	28.63625
44	0.69466	0.71934	0.96569	89	0.99985	0.01745	57.28996
45	0.70711	0.70711	1.00000	90	1.00000	0.00000	********

問題文中に数値が明記されている場合は，その値を使用すること。